U0206118

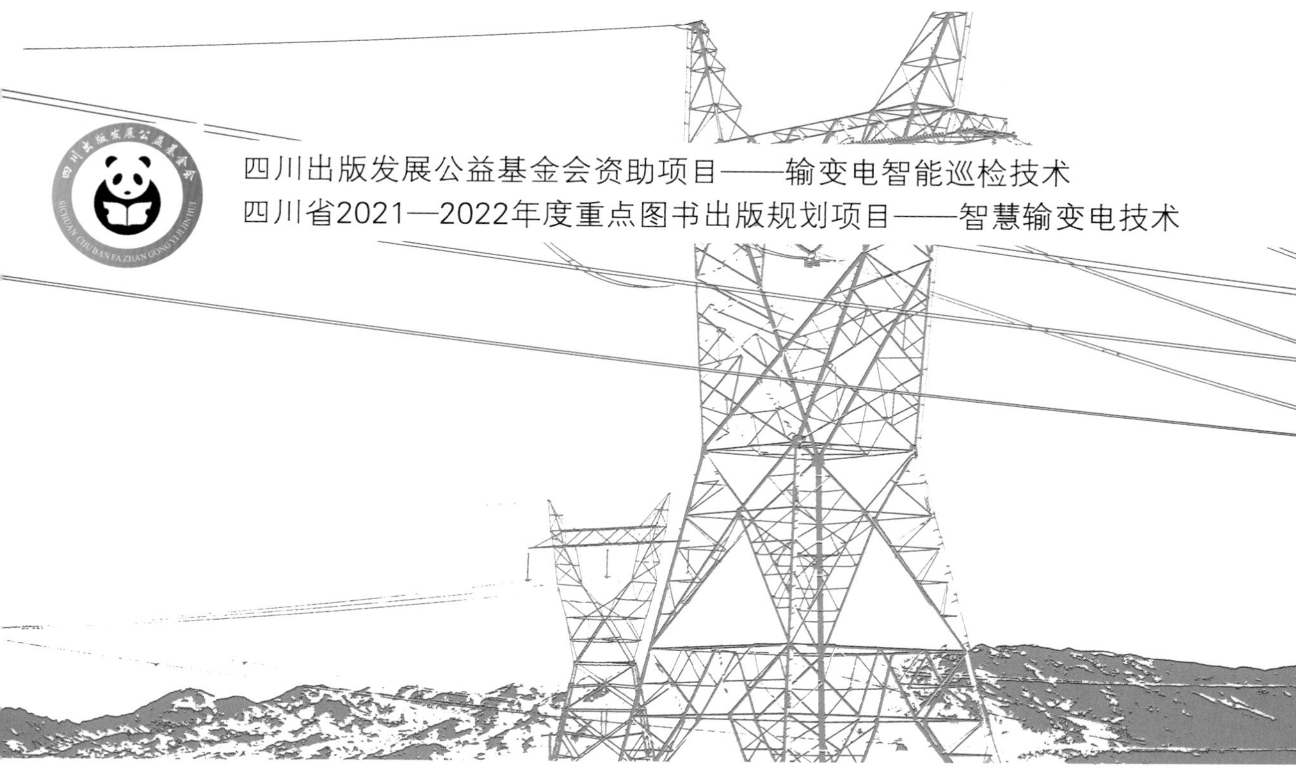

四川出版发展公益基金会资助项目——输变电智能巡检技术
四川省2021—2022年度重点图书出版规划项目——智慧输变电技术

基于变电站全闭环自动化运行的机器人巡检技术

王纪渝　黄绪勇　马　力　唐　标　程　俊
赵其根　王　欣　于　辉　秦雄鹏　◎著

西南交通大学出版社
·成　都·

图书在版编目（CIP）数据

基于变电站全闭环自动化运行的机器人巡检技术 / 王纪渝等著. —成都：西南交通大学出版社，2021.11
ISBN 978-7-5643-8335-0

Ⅰ. ①基… Ⅱ. ①王… Ⅲ. ①机器人－应用－变电所－电力系统运行－巡回检测 Ⅳ. ①TM63

中国版本图书馆 CIP 数据核字（2021）第 209246 号

Jiyu Biandianzhan Quanbihuan Zidonghua Yunxing de Jiqiren Xunjian Jishu

基于变电站全闭环自动化运行的机器人巡检技术

王纪渝 黄绪勇 马 力 唐 标 程 俊 赵其根 王 欣 于 辉 秦雄鹏 **著**

出 版 人 / 王建琼
策划编辑 / 李芳芳 李华宇
责任编辑 / 李华宇 张少华
封面设计 / 吴 兵

西南交通大学出版社出版发行
（四川省成都市金牛区二环路北一段 111 号西南交通大学创新大厦 21 楼 610031）
发行部电话：028-87600564 028-87600533
网址：http://www.xnjdcbs.com
印刷：四川玖艺呈现印刷有限公司

成品尺寸 185 mm × 240 mm
印张 15.25 字数 298 千
版次 2021 年 11 月第 1 版 印次 2021 年 11 月第 1 次

书号 ISBN 978-7-5643-8335-0
定价 79.00 元

前言

PREFACE

近几年随着智能巡检技术的蓬勃发展，变电站智能机器人逐渐成为变电站巡维的一种重要工具，特别是随着变电站自动化水平的提高和无人值守变电站的普及，运用多种智能技术手段，实现变电站的综合智能巡检，变电站“机巡”代替“人巡”已成为智能化电网发展的必然趋势。

然而随着变电站机器人的普及与应用，对电网企业各级变电运行人员提出了更高的要求：需要熟悉机器人本体基本结构，以便做好机器人的运维工作；需要熟练掌握机器人巡视业务，以便做好机器人的应用。

云南电网公司于2016年开始全面推广变电站巡检机器人，并开始进行变电站巡检机器人的全闭环自动运行技术的研究与应用，于2018年实现了变电站机器人全自动闭环运行的实用化应用。其主要特点是：加强了变电站机器人巡视的全过程管控能力，实现了全省范围内变电站机器人的规范化建设，统一规范了机器人巡视的业务流程，强化了全省范围内变电站机器人巡视综合管理。在国内首次实现了生产管理系统、机器人巡视主站和站端变电站机器人后台的纵向贯通，同时实现了机器人巡视集控主站和设备状态监测评价中心的横向对接，改变了各个变电站机器人巡视台账、巡视、数据分析等孤立的局面，从设备台账、业务规范、数据格式、通信接口等各方面实现了统一整合，为变电站巡视机器人的规范化建设奠定了基础，实现了云南电网公司变电站机器人巡视的集中管控，以及变电站机器人巡视作业从作业计划、工单分配、站内巡视、数据回传、数据分析到巡视作业绩效管控的闭环管理。

本书结合云南电网公司多年的变电站智能机器人的实际建设经验及应用成果，旨在为变电运行人员学习和掌握机器人巡检业务提供指导，从变电站巡维技术、机器人系统的构成、机器人系统的建设、机器人系统的集中管理与应用、机器人应用+、机器人系统运维等多个方面，结合变电站运行的实际情况，系统性地介绍了变电站全闭环自动化运行的机器人巡检技术。

由于作者水平有限，书中难免存在疏漏之处，欢迎广大读者批评指正。

作　者

2021 年 7 月

目录

CONTENTS

7

第1章 变电站巡维

1.1 变电站巡维概述

变电站设备的巡视和维护是变电运行人员的核心业务工作。设备巡视是指定期或不定期地对运行或备用的设备、设施的外观及其仪表、位置指示等方面进行检查，掌握设备、设施的状况、发生的异常及缺陷。设备维护是指为维持设备正常运行工况，对运行设备所采取的除检修、技术改造外的检查、维修、试验、保养等工作。

1.1.1 传统的设备巡视

传统的设备巡视可分为日常巡视、夜间巡视、交接班巡视、特殊巡视，主要由人工开展，在巡视过程中通过眼看、耳听、手触等方式收集、分析、判断设备运行状况。日常巡视是指运行人员按规定的时间和内容对变电站设备、设施进行巡视检查，及时发现设备、设施运行中存在的隐患及缺陷。夜间巡视是指运行人员按规定的时间和内容，在夜晚且设备无照明的情况下，针对设备导流部分有无过热、发红、打火，绝缘子表面有无闪络、放弧现象而进行的巡视。交接班巡视针对有人值班变电站、集控站、监控中心每轮值交接班时，由交接班人员共同对变电站、集控站、监控中心的生产设备、辅助设施和办公、生活设施进行的巡视，重点对上值移交的设备缺陷、安全措施、保护变更情况和运行方式等进行核对检查，确认符合接班条件。特殊巡视主要针对如单变、单线及重载运行，设备经过检修、技术改造或长期停用后重新投入运行，气象突变、地震后，或者法定节日及上级通知有重要保供电任务、变电站有特别维护要求等，对设备开展的巡视维护检查。随着视频监控系统技术的发展，也可利用变电站视频监控系统、调度自动化系统对所辖变电站设备开展远方巡视工作，及时了解掌握设备运行状况、异常信号等。

1.1.2　差异化巡维

随着设备管理水平和管理理念的不断提升，解决变电设备巡视维护过程中存在的“欠巡维”和“过巡维”等问题，部分企业提出了差异化的设备巡维策略，从设备重要度、健康度两个维度对设备管控等级进行划分，按照管控层级对不同管控等级设备采取不同的运维策略，包含周期性开展的日常巡维、专业巡维，非周期性触发的动态巡维、停电维护。目的是达到科学、合理调配运维资源，提高运维针对性和运维质量，提升设备精益化管理水平的目标。

差异化巡维中日常巡维是指按规定的周期和内容对设备开展的日常巡视、简单维护工作。专业巡维是指针对设备管控等级为Ⅰ、Ⅱ级的设备，由熟悉设备的专业人员按规定的周期和内容开展的设备巡维、带电检测等工作。动态巡维是指受电网风险、气象及环境变化、专项工作等因素影响，在特定条件下触发的、按规定内容开展的设备巡视、测试、维护工作。停电维护是指结合设备停电按规定内容开展的专项检查、维护等工作，但不包括周期性的停电检修工作及缺陷、异常处理。

1.1.3　巡视周期要求

设备巡视的周期可根据设备健康状况和重要程度不同，制定差异化的巡视维护周期，一般不宜超过 2 月/次。巡视设备应包括全站所有一次、二次设备，辅助设施（如电子防盗系统、红外对射、视频监视系统、录音系统、标识、划线、暖通设备、建构筑物照明设施、接地装置等），手工器具、电动工器具、安全工器具、测试设备、办公设备、应急物资、备品备件等。巡视过程中应认真做好记录。

1.1.4　变电站设备维护

变电运行人员开展的设备维护可称为简单维护，主要内容可参考表 1-1。

表 1-1　变电站设备维护

序号	设备（设施）	项　目
1	SF_6 抄录	全站设备 SF_6 抄录，并记录环境温度
2	红外测温	全站设备红外测温

续表

序号	设备（设施）	项　目
3	变压器及油浸式电抗器	冷却器（包括水冷）风扇切换试验或主变风扇手动启动试验，检查主变的油温、绕温，并记录
4		冷却器电源切换，铁心及夹件接地电流测量，并记录
5		冷、热备用变压器轮换
6		硅胶更换，对油中灭弧的有载分接开关排气
7	断路器	瓷柱式、罐式断路器 SF_6 密封检查
8		断路器气动机构定期排水，并检查空气压缩机油位、油质及计数器
9		断路器气动机构、液压机构压力检查，并记录检查数据
10		记录断路器动作计数器指示数
11	避雷器	避雷器动作次数、泄漏电流值检查，并记录检查数据
12		雷雨季节前开展避雷器阻性电流测试，并记录测量数据
13	端子箱、机构箱、汇控箱、控制屏、保护屏、通信屏及其他屏柜	防潮、防火检查及维护，箱内照明检查及更换
14		清扫、封堵、防小动物检查及维护
15	站用交直流系统	蓄电池单支电压测量，并记录切换结果
16		逆变（UPS）电源自投装置试验
17		直流系统交流电源切换试验，站用变进线电源切换试验，并记录切换结果
18		蓄电池核对性充放电检查，充电机输出检查，充电模块电流检查
19	电容器（组）	硅胶更换
20	中性点成套装置	消弧装置（调匝式）有载开关调节次数检查，并记录；补偿原理消弧装置控制器参数，控制装置的接地告警次数记录
21	高压开关柜	运行中局部放电带电测试并记录
22	互感器	全站电压互感器二次回路公共接地点（N600）电流检测，并记录测量数据
23	串补平台设备	记录电导率传感器、温度传感器、压力表、流量计等表计的读数；记录膨胀水箱指示器读数和补水箱水位
24		串补 MOV 支路电流对比检查
25	通风设施启动	手动启动通风设施，检查运行应正常

续表

序号	设备（设施）	项　目
26	防小动物、防火设施	高压室、主控室、保护室、通信机房等电缆出入口的防小动物、防火措施检查及封堵，并记录检查结果
27	照明	事故照明切换正常
28		事故照明回路切换试验，并记录试验结果
29	建构筑物	沉降观测
30	安防系统	电子（脉冲）围栏、红外对射、图像监控功能测试，装置能正确告警
31	消防设施	消防水泵自启停试验。工作泵与备用泵转换运行 1～3 次试验记录。灭火器外观检查、压力值检查并对数据进行记录
32		火灾探测器、手动探测按钮抽检测试可用
33		末端放水试验 30 s 内启动喷淋灭火装置消防泵
34	机器人系统	清洁维护。手动充电功能试验正常，并对电池进行保养
35		对机器人系统进行全面检查
36	防误闭锁装置	防误闭锁装置全面检查和维护
37	其他设备	事故音响未掉电，手动测试正常。对过期药品、实物进行更换
38		变电站发电机定期检查及试验启动

1.2　变电站机器人巡维的发展现状

变电站设备巡检机器人，是电力特种机器人系列中的一种，主要用于代替人工完成变电站检测中遇到的急、难、险、重和重复性工作。变电站智能巡检机器人整合机器人技术、电力设备非接触检测技术、多传感器融合技术、模式识别技术、无轨导航定位技术以及物联网技术，采用自主或遥控方式对变电站室内外设备进行可见光、红外、声音等检测，可以替代或辅助人工开展室外设备巡视，减轻了基层班组一线员工的工作负担，实现了变电站全天候、全方位和全自主巡检作业。

1.2.1 变电站机器人国内外发展现状

在国外，日本、新西兰等国家有过变电巡维机器人的相关报道，但并未规模化推广运用。20 世纪 80 年代，日本三菱公司和东京电力公司就开始联合开发 500 kV 变电站巡检机器人，该机器人基于路面轨道行驶，使用红外热像仪和图像采集设备，配置辅助灯光和云台，自动获取变电站内实时信息。2003 年，日本研究者提出了变电站巡检机器人的研究方案，完成了实验室模拟实验，随后研制出了适用于 500 kV 变电站的巡检机器人，但由于技术问题，仅在很少的变电站试用，并停止了后续的研发。2008 年，圣西保罗大学研制了一种悬挂式移动机器人，主要用于变电站内发热点温度监测，该机器人悬挂在站内高空钢索轨道上，采用搭载红外热像仪进行站内设备测温。2012 年，新西兰电网公司与梅西大学合作研发了全地形变电站巡检机器人，该机器人配置有防碰撞的可见光摄像机和超声波传感器，并配置有用于现场设备图像和视频回传的一个高清可见光摄像机。

在我国，山东省电力公司电力科学研究院及下属的山东鲁能智能技术有限公司于 1999 年最早开始变电站巡检机器人研究，于 2001 年首次提出在变电站应用移动机器人技术进行设备巡检的想法，在 2002 年成立了国家电网公司电力机器人技术实验室，主要开展电力机器人领域的技术研究。2005 年，成功研制出第一台功能样机，并在山东 500 kV 长清变电站投运，后续在国家“863”项目支持和国家电网公司多方项目支持下，研制出系列化变电站巡检机器人。2012 年 2 月，中国科学院沈阳自动化研究所研制出轨道式变电巡检机器人，实现冬季下雪、冰挂情况下的全天候巡检。2014 年 1 月，浙江国自机器人技术有限公司成功研制出激光导航式变电站巡检机器人，并在浙江瑞安变电站投运。2014 年 5 月，深圳市朗驰欣创科技有限公司研制的变电站巡检机器人在湖南麻糖变电站投运。在我国，随着电力机器人市场的明确，越来越多的厂家投入到变电站智能巡检机器人的研制中，大大促进了变电站巡检机器人的快速发展。据统计，2016 年我国国内变电站设备巡检机器人产量为 559 台，国内市场需求量为 547 台，需求规模为 3.74 亿元；2017 年我国国内变电站设备巡检机器人产量为 806 台，国内市场需求量为 790 台，国内市场规模达到 5.17 亿元。

1.2.2 变电站智能机器人系统组成及分类

变电站智能机器人巡视系统由巡视机器人、本地监控后台、机器人室、网络传输、导航设施、微气象检测设备等部分组成。巡检机器人系统为网络分布式架构，整体分为三层，分别为基站层、通信层和终端层（见图 1-1）。基站层由机器人后台、硬盘录像机、硬件防火墙及智能控制与分析软件系统组成；通信层由网络交换机、无线网桥等设备组成，负责建立站控层与智能终端层间透明的网络通道；终端层包括移动机器人、充电室和固定监测点等。移动机器人与后台机之间为无线通信，固定监测点与后台机之间的通信为光纤通信。

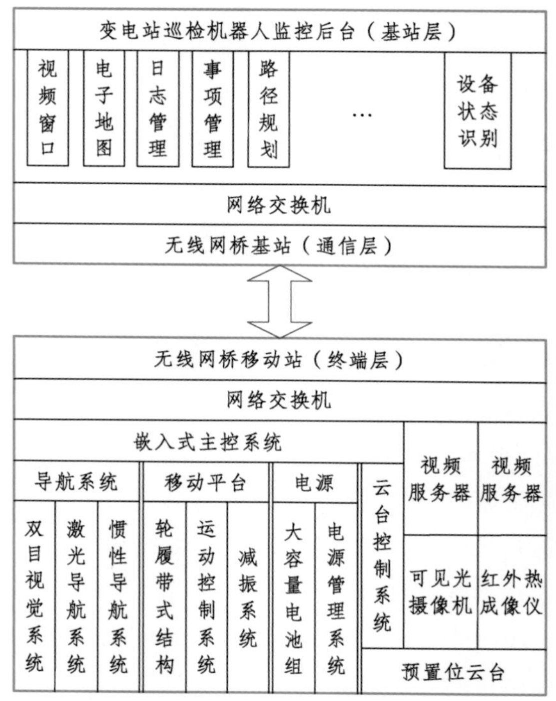

图 1-1　变电巡检机器人系统结构框图

变电站智能巡视机器人由移动载体、通信设备和检测设备等组成。根据巡检功能及设备的不同，可分为变电站设备带电水冲洗机器人系统、变电站设备局放检测机器人系统、换流站阀厅检测机器人系统、室内轨道智能巡检机器人系统。根据使用的移动载体不同，可分为轮式巡视机器人和轨道式巡视机器人。轮式巡视机器人也称轮式移动机器人，是机器人移动载体安装在车轮，通过轮子转动带动机器人移动的巡视机器人。轨道式巡视机器人是指通过安装固定轨道，在轨道上进行移动开展巡视作业的智能巡视机器人，主要应用于变电站室内环境，如阀厅、保护室、开关柜室、GIS（Gas

Insulated Switchgear，气体绝缘全封闭组合电器）室等。根据使用模式的不同，可分为单站式和多站式巡视机器人。单站式是指将机器人固定应用于单个变电站巡检的使用模式。多站式是指对机器人进行集中调配管理，实现机器人与变电站“一对多”的使用模式。各类巡检机器人如图 1-2 ~ 图 1-5 所示。

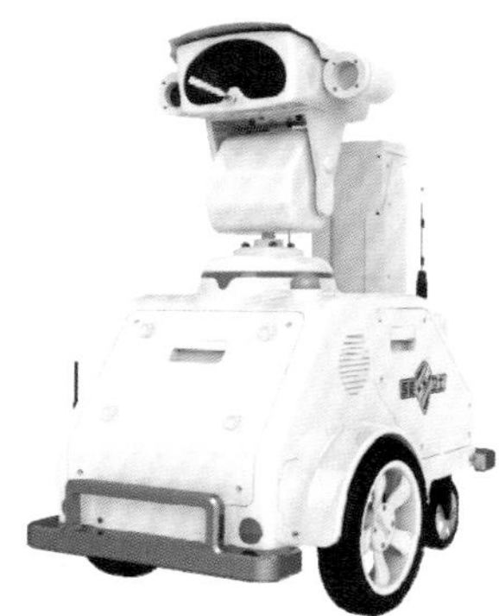

图 1-2 变电站巡检机器人（轮式）

图 1-3 室内轨道巡检机器人

图 1-4 换流站阀厅智能巡检机器人

图 1-5　变电站设备带电水冲洗机器人

1.2.3　变电站巡视机器人具备的主要功能

（1）巡视功能：支持全自主和遥控两种巡视模式。可利用可见光检测设备对变电站设备进行外观检查，对位置状态进行识别，准确读取变压器、CT 等充油设备的油位计指示、避雷器泄漏电流指示、SF_6 气体压力等表计指示，对漂浮物、异物判断，构、建筑物巡视，二次压板、转换开关投退状态识别，二次设备指示灯状态识别等。

（2）检测功能：配置可见光摄像机、红外热成像仪和声音采集、微气象采集等检测设备，并能将所采集的红外成像图片、可见光图片、视频和声音上传至监控后台。

（3）测温功能：对站内设备进行温度检测，能按照 DL/T 664—2008《带电设备红外诊断应用规范》的要求对电流致热型和电压致热型缺陷或故障进行自动分析判断，并提出预警。

（4）仪表读数：对有读数的表盘及油位标记进行数据读取，自动记录和判断，并提出报警。

（5）噪声识别：能够对设备运行噪声进行采集、远传和分析。

（6）微气象数据采集：具有环境温度、湿度和风速采集功能。

（7）系统互联：遵循 DL/T 860《变电站通信网络和系统》现行标准，提供与变电站综自系统、安全生产管理系统、安防系统、视频系统等的接口。

（8）集控模式：支持集控管理模式，实现多个变电站机器人巡视系统的集控管理，集控后台接口规约开放，适用于不同厂家及型号机器人的接入。

（9）信息交互：机器人能与本地监控后台进行双向信息交互，本地监控后台应能与远程集控后台进行双向信息交互，信息交互内容包括检测数据和机器人本体状态数据。

（10）自检功能：机器人应具备自检功能，自检内容包括电源、驱动、通信和检测设备等部件的工作状态，发生异常时应能就地指示，并能上传故障信息。

（11）音视频远传：具备实时图像远传和双向语音传输功能，可实现就地或远程视频巡视和作业指导。

（12）报警功能：具备设备检测数据的分析报警功能；报警发生时，应立即发出报警信息，伴有声光提示，并能人工退出/恢复；报警信号能远传。

（13）防碰撞：机器人配备防碰撞功能，在行走过程中如遇到障碍物应及时停止，在全自主模式下障碍物移除后应能自行恢复行走。

（14）巡视报告：巡视数据应能自动形成巡视报告。

（15）自主充电：机器人具有自主充电功能，能够与机器人室内充电设备配合完成自主充电，电池电量不足时能够自动返回充电。

（16）辅助功能：机器人应配备夜间照明设备和雨刷器。

（17）控制功能：机器人应能正确接收本地监控和远程集控后台的控制指令，实现云台转动、车体运动、自动充电和设备检测等功能，并正确反馈状态信息；能正确检测机器人本体的各类预警和告警信息，并可靠上报。

1.3 变电站机器人巡维的主要内容

1.3.1 变电站机器人巡检方式

变电站巡检机器人的巡检方式主要包括例行巡检、全面巡检、夜间巡检、专项巡检。

例行巡检是指利用机器人对站内设备状态及外观、设备渗漏油、表计、变电站运行环境等方面进行的常规性巡查。全面巡检是指机器人在例行巡检的基础上增加全站设备的红外精确测温。夜间巡检是指夜间熄灯后利用机器人开展的红外精确巡检，重点检查设备接头有无过热现象。专项巡检是指利用机器人根据设备巡检的需求所开展的巡检任务，如红外测温、表计、设备状态、充油、充气设备、噪声、避雷器、断路器、主变以及缺陷跟踪等专项巡检，包括针对动态巡视要求开展的特殊巡视项目。

1.3.2　变电站机器人巡检内容

检测系统是巡检机器人的重要组成部分，如图 1-6 所示。通过可见光、红外和声音等传感器采集设备状态数据，巡检机器人可以自主完成设备的巡检任务，对变电站设备自主进行图像信息采集、智能分析与诊断，及时发现变电站设备的故障与缺陷，实时在线监控设备的运行状态，保证设备的正常运行。

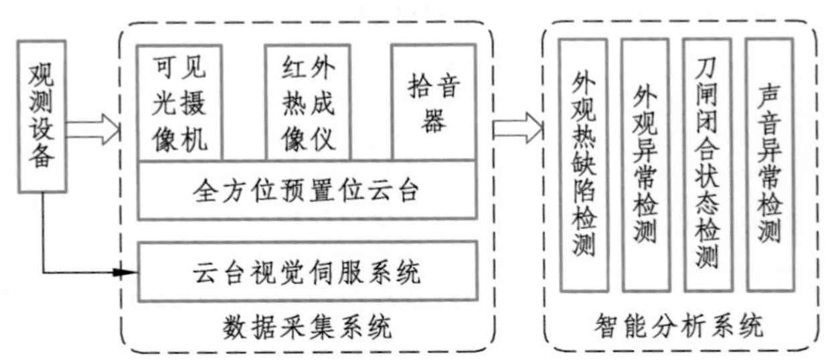

图 1-6　变电站巡检机器人检测系统

1. 设备热缺陷红外测温

为了在设备带电的状态下及时发现设备缺陷，以保证电力设备的安全运行，变电站巡检机器人采用红外热像仪完成对设备热缺陷的检测。目前，红外热像仪在电力设备检测中应用最为广泛，它可以将红外辐射变为可见的热分布图像，具有定量测定、定性成像功能及较高的空间和温度分辨率，不但具有稳定可靠、测温迅速、不受电磁干扰等特点，而且具有信息采集、存储、处理和分析方便等优点。变电站智能巡检机器人红外普测，是通过预先设置多个监测点，从多个角度对全站设备进行整体性扫描式温度采集。系统能够对变压器、互感器等设备本体以及各开关触头、母线连接头等的温度进行检测，并采用温升分析、同类或三相设备温差对比、历史趋势分析等手段，对设备温度数据进行智能分析和诊断，实现对设备热缺陷的判别和自动报警。

2. 设备状态识别

变电站智能巡检机器人对设备状态的监控主要包括刀闸状态、开关状态、仪表（指针式仪表、数字式仪表）读数等。目前，变电站智能巡检机器人可以实现上述需求，并实时监控设备当前的运行情况。巡检机器人所采集的室外设备图像，常因为环境光照不佳或物体表面采光不均等原因，存在噪声大、对比度不高等缺点，对设备的图像处理带来不利的影响。巡检机器人通过数字图像处理、模式识别等技术，研究开发智能识别算法，使巡检机器人能够自动识别设备状态，完成设备刀闸的“分”与“合”、开关图像的分合指示及仪表指针读数等识别工作。

3. 设备外观异常检测

电力设备常见外观异常主要包括污损、破损和异物。巡检机器人通过图像处理、纹理分析及模式识别等相关技术完成对设备外观的检测与识别。通过对图像进行灰度化、滤波去噪等预处理，进一步突出图像中待检测设备的特征，为后续目标提取与匹配、纹理分析、识别等提供保障。但在实际情况中，通常无法预知设备异常的类型，具体图像处理方法的选取需要根据现场图像的特征以及通过实验方法进行确定。

4. 设备声音异常识别

在变电站中，设备的运行情况表现形式是多种多样的，即具有多样性。例如，油枕表、油温表的数值可以反映变压器的运行状态，变压器的声音也可以实时反映变压器的当前工作状态。运行状态的这种多样性带来了设备检测方式的多样性，即通过声音分析设备的状态具有可行性。因此，通过机器人代替人工巡视时，机器人搭建声音识别模块模板进行设备声音分析具有重要的学术意义和实用意义。变电站内设备正常运行时，声音具有一致性、周期性，与故障时的声音有一定的差异，变电站设备异常声音能够有效地预先反映重大事故和危急情况的发生，因此通过声音分析可以对变电站设备的运行状态进行判别。设备声音识别本质上是一种模式识别过程，其基本结构主要包括声音信号预处理、特征提取、特征建模、建立匹配模型库、模式匹配等几个功能模块。

5. 局放检测

随着运维一体化的推进，设备的局放试验工作原来由检修人员进行改为运行人员进行，并作为定期巡视的一项内容执行。在局放测试试验中，不同的测试人员对测试的结果影响较大，如选择参考环境的不同、对局放测试仪的使用、局放测试点的选择等。有些改进型机器人安装有 5 轴机械臂，末端携带先进局放探测头，并实现了开关柜局放检测功能，减少人为测试因素的影响，数据的对比分析更具说服力。在实际应用中,先由专业局放检测人员对开关柜不同部位定点进行暂态的电压局部放电检测，确定最优局放测试中参考背景及开关柜局放测试点，在开关柜上做好相应的标记，对机器人进行编程调试，使机器人的局放试验定点定位进行，通过多次的人工复测和机器人检测数据进行对比分析，得出机器人巡检数据的一致性，可代替人工进行局放试验及分析。

综上所述，目前变电站巡视机器人可开展的巡检内容包括：

- 一次设备的外观；
- 一次设备的本体和接头的温度；
- 断路器、隔离开关的分合状态；
- 变压器、CT 等充油设备的油位计指示；
- SF_6气体压力等表计指示；
- 避雷器泄漏电流指示；
- 变压器、电抗器等噪声；
- 漂浮物、异物判断；
- 构、建筑物巡视；
- 二次压板、转换开关投退状态；
- 二次设备指示灯状态。

1.4 “人巡”和“机器人巡视”对比

智能机器人巡检系统能够实现变电站全天候、全方位和全自主巡检作业，可以代替人开展例行日常巡视、抄录表计、红外普测等 12 项工作。从智能巡检机器人的推广应用上看，基本可取代人工巡检，运维人员只需定期到现场核对性巡检，其他时间在主站远程检查上传信息即可。机器人开展巡视具有以下优点：

1．提高了巡检质量

机器人巡检不受各类主观、客观因素影响，数据记录可靠性高，存储安全、可追溯；一个设备检测点多角度、多方位检测，检测数据更准确；相对于人，机器人巡检作业规范化，检测数据更客观。机器人可以针对同一设备，每次都可确保在位置、角度、配置参数方面的高度一致性，结果可对比性强。

2．大幅减轻人员负担

例如，夏季进行人工红外测温时，运维人员需长时间在高温环境下工作，整个测温过程非常烦琐，工作量大；通过现场查看开关刀闸状态、确认报警信息等工作，运维人员需在运维站与变电站间多次往返。采用机器人后可以减轻工作量，减少往返次数。

3．提升了工作效率和效益

500 kV 变电站每两天开展一次例行巡视，在配置机器人后，机器人半天即可巡视一次，巡检频度提高 3 倍，同时人工例行巡视只需每周一次，工作量下降 71.4%；同样，220 kV、110 kV 变电站在配置机器人后，巡检频次和人工工作量上都有明显的增加和减少。

第 2 章　变电站巡维机器人的系统组成及要求

变电站巡视机器人系统是指由变电站巡检机器人、本地监控系统、远程监控系统、机器人室等部分组成（见图 2-1），能够通过全自主或遥控模式进行变电站巡检作业或远程视频巡视和指导的变电站巡检系统。

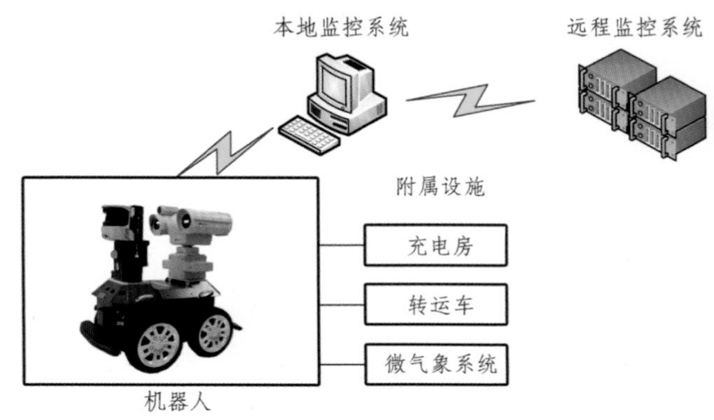

图 2-1　变电站巡维机器人系统的组成

2.1　变电站巡视机器人的分类

根据不同的划分角度，变电站机器人可以进行以下分类：

（1）按照机器人行动方式分类：变电站巡检机器人可分为履带式巡检机器人、轮式巡检机器人、室内轮式巡检机器人和室内轨道式机器人，如图 2-2 所示。

（a）履带式

（b）轮式

（c）室内轮式

（d）室内轨道式

图 2-2　变电站巡视机器人按行动方式的分类

履带式机器人的越野性能强，适合于野外的环境，但是对转弯半径的要求较高，当前在变电站巡视中基本不采用。

轮式机器人分为两轮驱动式和四轮驱动式轮式机器人。四轮驱动式机器人相比于两轮驱动式机器人，对凸凹不平路面和湿滑冰雪路面有更高的通过向，在相同条件下具有更好的爬坡性，转弯半径小，启动和加速更佳，直线行驶更稳定，因此是当前变电站室外巡视的主要类型。

室内轮式机器人主要是针对变电站小室的狭小空间环境的要求而设计的轮式机器人，相对室外轮式机器人而言，爬坡能力较弱。

室内轨道式机器人的运行方式是根据预设定的机器人轨道进行运动，运动方向是沿着轨道进行左右或上下直线运动。

（2）按照机器人用途分类：在变电站中机器人可分为巡视机器人、带电清扫机器人（见图 2-3）、操作机器人等。

带电清扫机器人主要用于在带电情况下对电瓷设备进行清扫作业，实现隔离开关、避雷器、互感器等绝缘瓷瓶外绝缘的清扫工作。一般由移动小车、绝缘机械结构、毛刷毛爪、液压驱动系统、控制系统、绝缘传感器系统、图像监控系统等组成。

变电站操作机器人（见图 2-4）是通过加装操作机械臂，实现变电站内简单的电气操作。

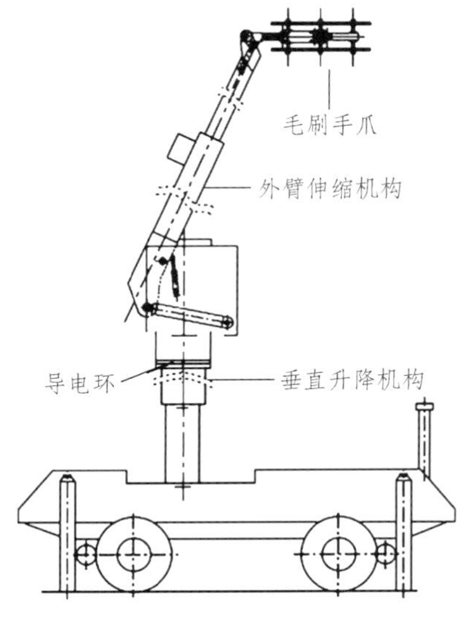

图 2-3 带电清扫机器人

图 2-4 变电站操作机器人

（3）按照机器人的导航方式分类：变电站巡视机器人可分为磁导航、激光导航和组合导航机器人。磁导航方式是通过在变电站道路预埋磁轨道，机器人依靠磁场感应沿着磁轨道运行。此类导航方式，需要在前期对变电站路面进行改造，在设计并规划好巡视路径后进行磁轨预埋。激光导航通过激光雷达、惯性测量单元、编码器等多种传感器获得位置信息，实现自主导航。机器人在初次进入巡检环境时，通过激光雷达扫描周围环境，生成初始环境地图。此后机器人在该环境运行时，将激光实时扫描的地形与初始环境地图进行精确匹配，从而进行定位。

2.2　机器人本体的基本构成

变电站巡视机器人本体通常包括传感单元、运动控制单元、供电单元、导航单元、外形结构部件和附属单元六大部分，如图 2-5 所示。

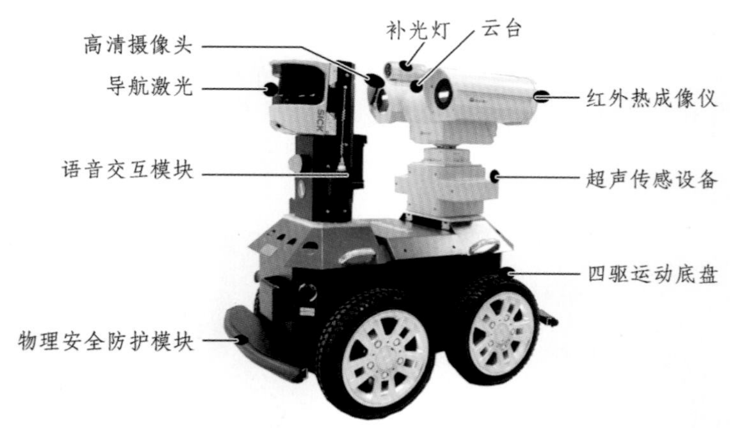

图 2-5　典型变电站巡视机器人的组成

2.2.1　传感单元

传感单元主要是用于实现机器人对变电站相关信息的采集，如高清摄像机、红外线热像仪、超声传感器、拾音器等。变电站巡视机器人通过传感单元实现可见光检测、红外测温、表记读取、声音拾取等功能。

1. 可见光探测

可见光摄像机用于观察设备外观和读取仪表数值，一般具备自动或手动对焦功能，视频分辨率达 1080p，光学变焦倍数达 30 倍，采用自动光圈设计，通过检测视频信号平均值，自动控制镜头光圈的扩大或缩小，即可在不同照度下获得标准视频信号电平。机器人云台上安装了强光 LED 照明灯和雨刷器，实现可见光夜间和雨天探测。照明灯和雨刷器由本地监控后台或远程集控后台进行控制。

2. 红外热像探测

红外热像仪的红外探测器接收物体辐射热量，把它转换成电信号，经后续放大、滤波、模数转换，CPU 处理后在图像显示器上显示。在实际测温中，首先采用高精度黑体进行标定，找出黑体温度与图像灰度值的对应关系。红外热成像仪具备自动对焦功能，可在实时影像中叠加显示温度最高点位置及温度值，红外热像仪热灵敏度一般优于 50 mK，测温精度优于 2 K。

3. 声音探测

机器人安装有扩音器和麦克，可实现与监控后台双向语音对讲和现场声音采集。同时，通过采集运行设备的正常和异常声音，提取出声音的特征参数，建立正常和异常声音模型库。将机器人采集的噪声数据传送到控制后台，基于音频诊断软件和模型库进行运行状态识别，判断设备异常声音，并发出警报。声音检测分析流程如图 2-6 所示。

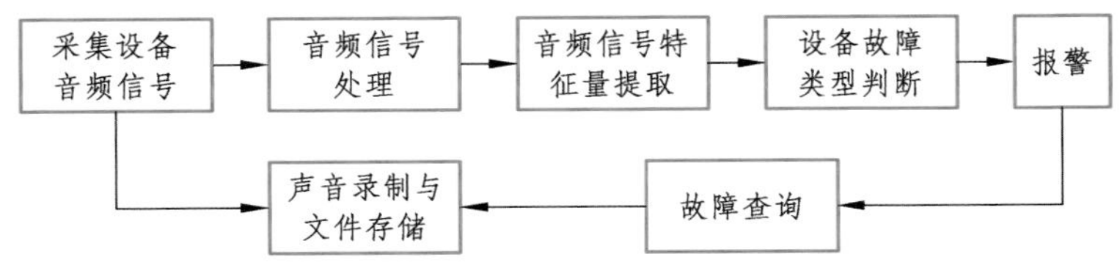

图 2-6 声音检测分析流程

2.2.2 运动控制单元

变电站巡视机器人的运动控制单元主要由运动控制器、电机驱动器、电机、减速器、车轮、超声波避障模块、手动遥控模块、状态指示灯等组成，如图 2-7 所示。

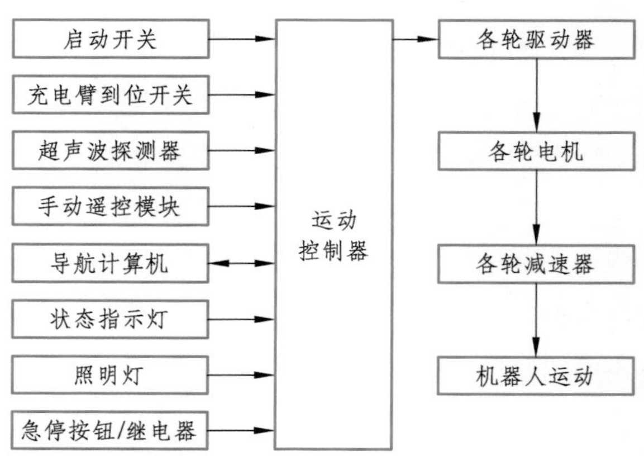

图 2-7　变电站巡视机器人运动控制单元

运动控制系统主要实现与监控后台的通信以及对车体及云台的控制功能，实时接收车体、云台状态信息并上传，其工作流程如图 2-8 所示。

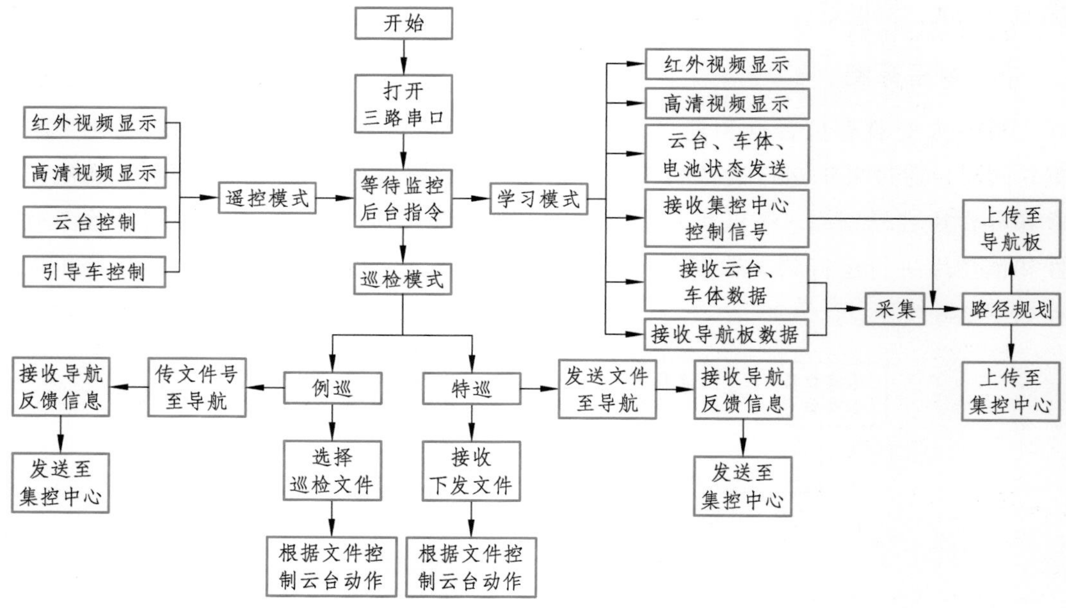

图 2-8　控制单元工作流程

为适应变电站户外运行需求，一般机器人车体选用轮式四轮驱动，在运动控制中应用 PID 控制及 PMSM 矢量控制算法进行车体控制，实现转速精确控制和转矩快速响应，保证了控制算法的成熟性和稳定性。四轮独立驱动及柔性匹配控制实现了零转弯半径，原地 360° 旋转，现场路径规划灵活，环境适应能力强。驱动电机使用低磁阻大扭矩驱动电机，系统调速范围宽、效率高、可靠性好，机器人最大运行速度可达 1.1 m/s，可越过 10 cm 障碍物，爬坡能力达到 25°。

2.2.3 供电单元

供电单元是指变电站巡视机器人本体的能量供给系统，通常采用锂电池供电，保证机器人各个功能模块的正常工作。

1．电池选型

变电站巡视机器人通常采用磷酸铁锂电池供电，电池额定电压 36 V，电池容量 50 Ah。为满足电池充放电及储运状态下的安全要求，电池安装在防爆、阻燃材料制作的专用电池箱内。

2．电源管理系统

锂电池组电源管理系统（Batteries Management System，BMS）一般采用集中式管理。BMS 由主控单元（Central Control Units，CMU）和若干个监控单元（BMU）组成。BMU 检测和均衡管理电池模块的电压和温度，并将数据传给 CMU。CMU 检测锂电池组的总电压、总电流及绝缘度，负责与机器人控制系统及充电机通信，对电池组充放电进行保护。

锂电池间各个参数不可避免地存在一些微小差异，由于内阻、自放电影响及充放电次数增多，电池间参数差异会放大，将减少锂电池寿命甚至产生电源安全隐患。通过 BMS 实施均衡管理，电池组将保持较好的一致性，可延长电池寿命和降低成本，确保电池一次充电后续航能力不小于 5 h，提高系统可靠性和稳定性。

2.2.4 导航单元

机器人导航就是通过传感器感知环境和自身的状态，实现在有障碍物的环境中，面向目标的自主移动。机器人的导航方式有很多，如惯性导航、磁导航、基于传感器数据导航、卫星导航、视觉导航等。不同的导航方式分别适用于各种不同的环境，包括室内和室外环境，结构环境和非结构化环境。一般来说，变电站巡视机器人常用导航模式有磁导航、激光导航和 GPS 导航三种。

1. 磁导航

磁导航是在变电站机器人的运行路径上，开出深度为 10 mm 左右、宽 5 mm 左右的沟槽，在其中埋入导线。在导线上通以 5 ~ 30 kHz 的交变电流，在导线周围产生磁场。机器人通过磁传感器检测磁场强度，引导机器人沿所埋设的路径进行运动。

2. 激光导航

变电站巡视机器人激光导航系统一般由激光器旋转机构、反射镜、光电接收装置和数据采集与传输装置等部分组成。工作时，激光经过旋转镜面机构向外反射，当扫描到有后向反射器构成的合成路标时，反射光经光电接收器件处理作为检测信号，启动数据采集程序读取旋转机构的码盘数据（目标的测量角度值），然后通过通信传递到上位机进行数据处理，根据已知的位置和检测到的信息，就可以计算出传感器当前在路标坐标系统下的位置和方向，从而达到进一步导航定位的目的。

激光定位原理如图 2-9 所示，在所需定位环境中的固定位置安装 n（$n \geqslant 3$）个路标，并建立全局坐标系 XOY，各路标在 XOY 坐标系下的位置已知；以旋转激光传感器转动中心 O_S 建立传感器坐标系 $X_SO_SY_S$，传感器每扫描一周就会得到被检测到路标相对于 X_S 轴的夹角 λ_i（$i = 1, 2, \cdots, n$）；检测到环境中至少 3 个路标后，经过迭代计算就可以得到传感器中心 O_S 在全局坐标系 XOY 下的坐标（x, y）以及传感器坐标系 X_S 轴与全局坐标系 X 轴之间的夹角 θ。由于变电站内巡检路线中的路径绝大多数为直线，机器人运行路径均可简化为直线路径，对于巡检路线中长距离转弯则可以用几段直线路径代替，因此机器人导航控制就可以归结为对机器人相对于当前路径的位置偏差 ΔS 和航向偏差 $\Delta\theta$ 的控制，如图 2-10 所示。实际导航时，利用激光定位传感器实时输出的高精度定位数据，由机器人运动控制器处理后闭环控制机器人运动，使其沿着预先设定的路径行驶。

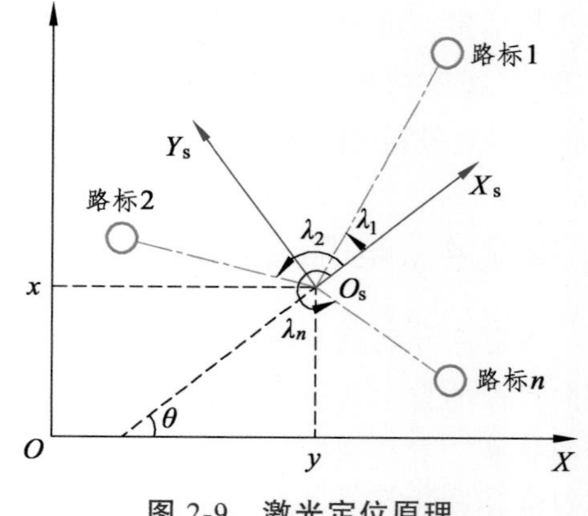

图 2-9　激光定位原理

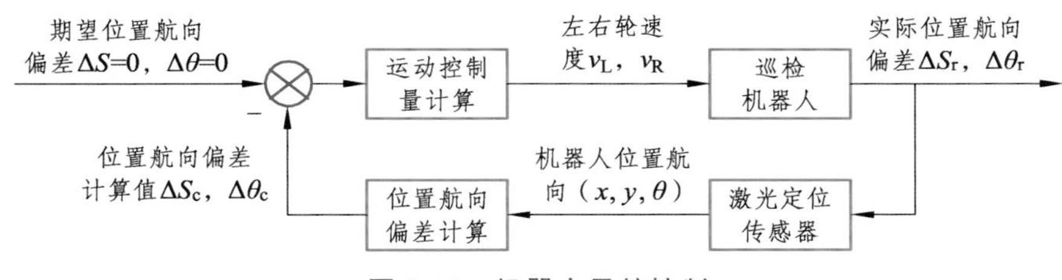

图 2-10 机器人导航控制

3. GPS 导航

变电站巡检机器人 GPS 导航系统主要由高精度差分 GPS（全球定位系统）和导航控制系统两部分组成，后台监控计算机则主要为远程监控人员提供人机界面，其通过无线网络与导航控制系统交换数据，监控并显示机器人运行状态，接收操作人员的指令，并将这些指令下达至导航系统，同时具备全局路径规划、数据存储等功能。

2.2.5 外形结构部件

机器人外形结构设计以简洁实用、硬朗可靠为基本原则，配合良好的平面切割技术，兼顾重量、稳定性和防护等级要求；表面采用喷塑和阳极氧化工艺处理，具有较强的防腐性能；机器人结构大量采用铝合金材料，质量小于 100 kg。

2.2.6 附属单元

机器人的附属单元是指配合机器人各主要单元完成工作的附属模块，如无线传输系统、补光灯、安全防护挡板等。

1. 无线传输系统

机器人通过无线网桥与本地监控后台实现双向、实时信息交互。信息交互内容包括机器人本体状态和被检测设备图像、语音和指示性数据。机器人采用 5.8 GHz 频段高质量等级的室外专用数字无线网桥，实现长距离多路视频、音频以及数据的实时传输，最长传输距离达 10 km，数传误码率$\leqslant 10^{-6}$，数传时延$\leqslant$20 ms，图传时延$\leqslant$300 ms，由于此频段的无线网桥无须申请无线执照，比其他有线网络设备更方便部署。机器人通过无线网桥接收监控后台的控制指令，进行云台转动、设备检测、车体运动和自动充电，检测机器人状态和各类预警、告警信息并进行上报。在通信中断、接收的报文内容异常等情况下，图像、语音、数据不丢失，同时系统将发出告警信息，并在通信恢复后自动续传。

2．补光灯

变电站机器人在夜间或阴暗的环境中，通过补光灯提高高清影像的拍照效果。

3．安全防护挡板

变电站机器人安全防护挡板主要用于机器人在行驶过程中，防止机器人由于触碰环境中的物体而损坏机器人的附属设施。它一般安置在机器人的前下方。

2.3　本地监控系统

本地监控系统是指部署在变电站内的机器人监控、机器人控制、数据处理分析和存储的系统平台，通常由台计算机、无线通信设备、监控分析软件和数据库等构成。机器人与本地监控后台通过无线局域网连接，采用 TCP/IP 进行数据交互。交互内容如图 2-11 所示。

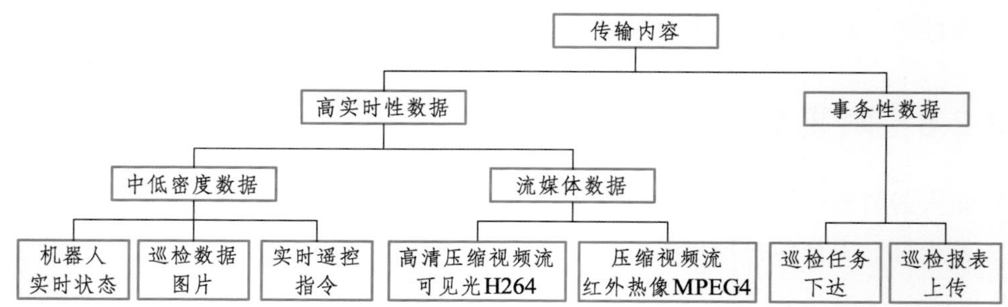

图 2-11　机器人与监控后台的数据交互

目前，机器人后台监控系统通常包括机器人通信、微气象信息采集、本地监控客户端通信、数据库管理、巡视任务执行、红外测温、任务配置、界面展现人机交互、信息查询检索、数据分析、报表统计等功能。通过与机器人的交互，按照系统预设的巡视任务来控制机器人完成变电站的例行巡视和特殊巡视工作，并将机器人采集的设备巡检数据进行校验后存储；系统针对机器人采集的设备巡检数据进行分析，根据设定的告警阈值自动生成设备告警信息。

本地监控系统通常含以下功能模块（见图 2-12）：

（1）实时监控模块负责查看机器人运行过程中的图像信息、车体状态信息、车体行进信息、电池状态信息、巡检现场气象信息、巡检任务信息等。

（2）任务规划模块分为例行任务规划、特巡任务规划和遥控巡检任务规划 3 种模式，可随时进行任务模式的切换。根据变电站巡检需求，例行任务规划可提前生成若干巡检任务，每天定期巡检；特巡任务规划可实时生成临时巡检任务，执行特殊巡检任务。

（3）远程遥控模块可以实时遥控机器人到规定地点做规定动作。该模块可通过手柄控制云台方位和俯仰，控制车体速度和方向。

（4）配置中心模块包括设备配置、地图配置和基本配置 3 个子界面。设备配置界面包括红外配置、可见光配置、车体配置和云台配置。

（5）历史查询和数据分析模块可实现可见光图像、红外图像、声音以及表计读数、设备位置状态、注油设备油位等信息的存储、诊断和查询。

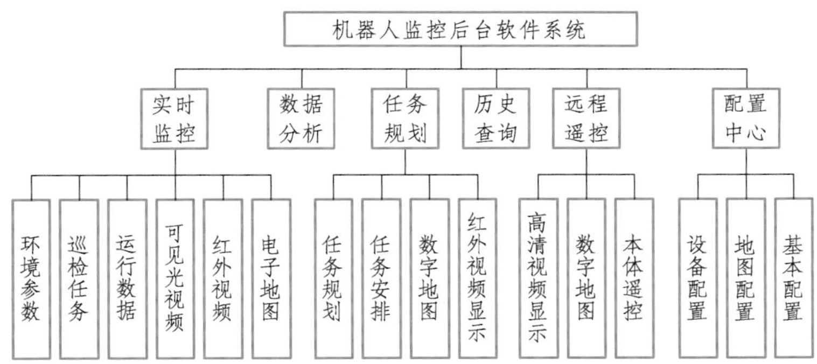

图 2-12 本地监控系统的组成

2.4 远程监控系统

变电站巡视机器人远程监控系统（见图 2-13）是指以多个变电站巡检机器人为业务单元、以集控主站平台为管理核心的机器人管理体系，通过分布式的机器人数据采集处理和集中式的集中管理优化，达到机器人巡检替代人工巡视、提高变电站的智能化水平的目的。

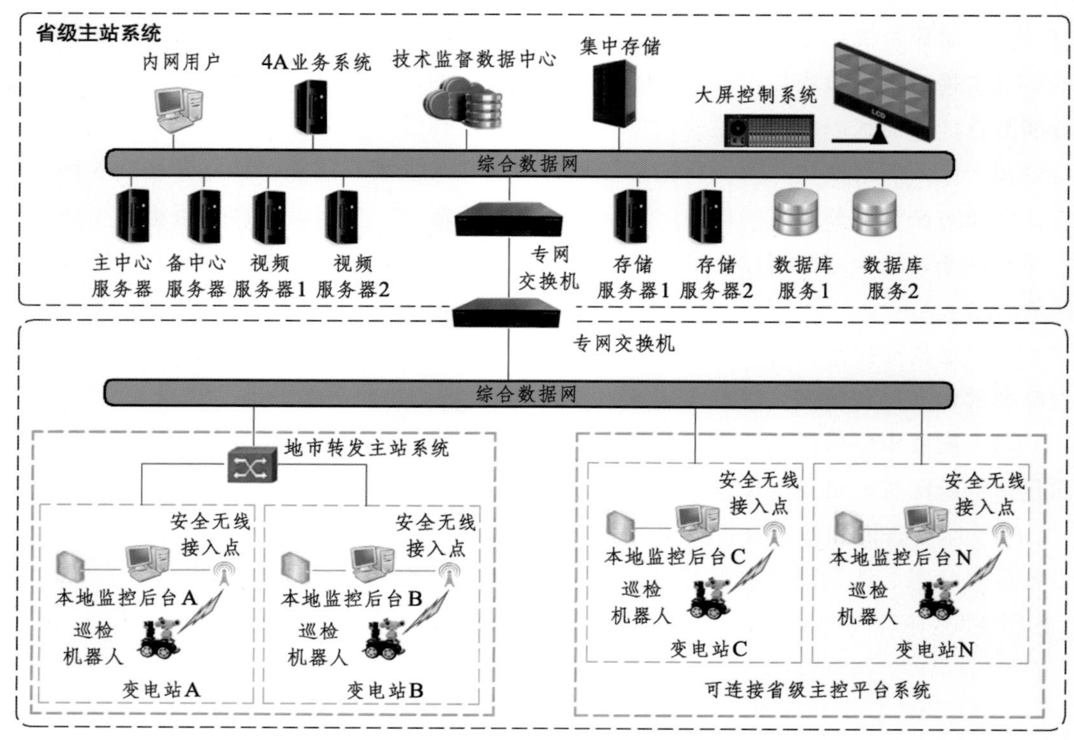

图 2-13　远程监控系统架构

机器人远程监控系统由本地监控系统和集控主站系统两部分组成。其中，本地监控系统即为分布于各地变电站的巡检机器人系统，主要负责采集站内的日常巡检数据，数量可以扩展至全省所有变电站机器人；集控主站系统为部署在省公司的机器人管理分析系统，用于集中监控机器人运行、汇总分析巡检数据并统一管理全省的机器人巡检业务。

同时，主站平台系统提供数据共享与交换接口，与电力业务系统、第三方机器人厂家系统等，实现数据的共享与交换，将机器人巡检与人员巡检的数据进行共享，实现数据的深度应用。

2.5　变电站巡视机器人附属设施

变电站巡视机器人通常停放在充电房内。充电房（见图 2-14）安装有充电装置、自动门、网络设备、温湿度调节装置等设施，配合机器人实现全天候自主充电。机器人具有实时电量检测及自动充电功能，充电方式采用电池与充电装置接触式充电。同时，充电房也是机器人防风、避雨及非巡检状态下的停放处。

图 2-14 变电站机器人充电房

充电房外形尺寸一般在 2.0 m（宽）×2.5 m（长）×2.8 m（高）左右，采用一体化箱式结构，安装在变电站高压设备区的空地上，所在位置比站内主干道高，修筑的地基自然放坡与站内道路相连。充电房选址原则：

（1）靠近主控室，基建和调试方便；

（2）选择平整地面，避免坑洼明显地带；

（3）不宜过于远离巡检区域。

2.6 变电站巡视机器人的技术要求

2.6.1 基本要求

1. 变电站机器人巡视功能要求

变电站机器人可以通过全自主或遥控方式进行变电站巡视。也就是机器人可以根据预先设定的巡视内容、时间、周期、路线等参数信息，自主启动并完成巡视任务；或由操作人员选定巡视内容并手动启动巡视，机器人可自主完成巡视任务。遥控巡视模式由操作人员手动遥控机器人，完成巡视工作，如作业巡视。

一般全自主和遥控巡视模式的优先级可预先设置，默认为全自动模式，遥控模式具有更高的优先级。

对于巡视系统，应具备灵活的巡视任务模式设置功能，应能根据巡视任务，自动优化巡视路径，提升巡视效率，应针对数据读取不成功采取重复读取等方式提高数据读取成功率，应具备不同作业任务冲突处理功能。

变电站机器人应具备如下巡视能力：一次设备的外观；一次设备的本体和接头的温度；断路器、隔离开关的分合状态；变压器、CT 等充油设备的油位计指示；SF_6气体压力等表计指示；避雷器泄漏电流指示；变压器、电抗器等噪声；漂浮物、异物判断；构、建筑物巡视；二次压板、转换开关投退状态；二次设备指示灯状态。

2．检测能力

变电站机器人需要配置能代替“人工”完成的变电站巡视，根据变电站巡视的工作内容，配置可见光摄像机、红外热成像仪和声音采集、微气象采集等检测设备，完成相关信息的采集，并上传至监控后台。同时，针对不同的需要，对机器人可以配置超声、局放等检测设备。

（1）测温功能：应能够对站内设备进行温度检测，能按照 DL/T 664—2008《带电设备红外诊断应用规范》的要求对电流致热型和电压致热型缺陷或故障进行自动分析判断，并提出预警。通常，测温范围为 $-20\sim300$ °C，精度不大于 ±2 K。无 GIS（HGIS）设备换流站、变电站成像分辨率不小于 320 ppi × 240 ppi；有 GIS（HGIS）设备换流站、变电站成像分辨率不小于 640 ppi × 480 ppi。

（2）仪表读数：应能够对有读数的表盘及油位标记进行数据读取，自动记录和判断，并提出报警。读数的误差小于 2%。一般上传视频的分辨率不小于 1080p，最小光学变焦倍数不小于 30 倍。

（3）噪声识别：能够对设备运行噪声进行采集、远传及分析。一般监听距离不小于 5 m，频率响应在 20 Hz ~ 20 kHz。

（4）微气象检测：一般需要具有环境温度、湿度和风速采集功能。

3．互联互通能力

变电器机器人系统应遵循 DL/T 860 变电站通信网络和系统现行标准，提供与变电站综自系统、南网安全生产管理系统、安防系统、视频系统等的接口。系统应支持集控管理模式，实现多个变电站机器人巡视系统的集控管理，集控后台接口规约开放，适用于不同厂家及型号机器人的接入。机器人应能与本地监控后台进行双向信息交互，本地监控后台应能与远程集控后台进行双向信息交互，信息交互内容包括检测数据和机器人本体状态数据。

站内，机器人与后台要求在 1 000 m 范围内，可以有效传输影像和数据信息。数传误码率不大于 10^{-6}，时延不大于 20 ms。图传时延不大于 300 ms。

4. 自检功能

机器人应具备自检功能，自检内容包括电源、驱动、通信和检测设备等部件的工作状态，发生异常时应能就地指示，并能上传故障信息。

5. 报警功能

变电站机器人应具备设备检测数据的分析报警功能；报警发生时，应立即发出报警信息，伴有声光提示，并能人工退出/恢复；报警信号能远传。

6. 自主充电能力

变电站机器人巡视过程中，采用的锂电池供电，一般续航时间在 5 ~ 8 h，因此，在巡视过程中，检测到自身电量不足，需能自主返回充电房充电，以免导致电量不足在巡检过程中抛锚。

7. 防护能力

变电站巡视机器人应具备自身防护能力，主要体现在机器人应用于各种地区变电站的极端气候环境下，针对暴风大雨、湿热、高海拔、寒冷等恶劣气候条件，变电站强电场、强磁场环境，通过“三防”设计、防风设计、电磁兼容性、抗振设计以及温度适应性等设计，确保机器人在不同气候条件下长期可靠、安全稳定运行。

（1）“三防”设计。

机器人外壳采用静电喷涂工艺，具有防腐蚀、防水、防氧化“三防”功能，机器人内部传感、控制均采用模块化设计，标准化生产。机器人采用一体化结构设计，具有防水、防尘功能。整机满足 GB/T 4208—2017《外壳防护等级（IP 代码）》中 IP55 的设计要求，最大涉水深度大于 10 cm。

（2）防风设计。

机器人采用四轮驱动底盘结构，设备重心低，有利于机器人在地面上稳定运行。机器人本体结构设计紧凑和密封性高，具备抵抗 10 级风能力。

（3）电磁兼容设计。

机器人电子元器件中，电源、通信等模块采用屏蔽、隔离处理，关键信号通过阻抗匹配设计，各设备模块采用等电势共地设计，输入/输出接口采用滤波和保护设计，以确保各模块的信号完整性、安全性和可靠性。通常有如下要求：

静电放电抗扰度：满足 GB/T 17626.2 第 5 章严酷等级 4 级。

射频电磁场辐射抗扰度：满足 GB/T 17626.3 第 5 章严酷等级 3 级。

工频磁场抗扰度：满足 GB/T 17626.4 第 5 章严酷等级 4 级。

（4）防振动设计。

机器人在变电站巡检过程中，由于受路面环境的影响，不可避免地会有一定程度的振动，针对可能出现的固定螺丝松动、部件断裂等问题，采取以下防振措施：① 对所有紧固件增加弹垫、齿形垫圈，涂加螺纹胶及采用防松螺母等设计提高螺栓、螺钉的紧固效果及紧固强度；② 对部件断裂部分优化设计以提高部件强度；③ 增加防护套、减振弹簧等措施，减缓外力对管路连接部位的作用。

（5）温度适应性设计。

为保证在炎热或寒冷环境下正常工作和长期储藏，机器人所有部件和元器件均选用宽温度范围的工业级产品；在云台护罩内安装排热风扇和加温板，可自动对护罩内环境进行排热或加温，有利于护罩内可见光相机和红外探测器在不同温度环境下正常工作。机器人工作环境温度为 25 ~ 55 °C，存储环境温度为 30 ~ 65 °C，工作和存储环境相对湿度为 5% ~ 95%（无冷凝水）。

（6）防碰撞设计。

为防止变电站机器人在巡视过程中，误碰行驶轨道上的行人或障碍物，需进行防碰撞设计。要求在行走过程中如遇到障碍物应及时停止，在全自主模式下障碍物移除后应能自行恢复行走。同时，机器人一般设置有防护挡板，防止机器人实际对行人或障碍物碰撞时，保护机器人本体。机器人在最大运行速度下，制动距离不大于 0.5 m。

2.6.2　变电站机器人的工作环境

变电站巡视机器人必须对变电站的工作环境具有良好的适应性。通常，对于室内环境，要求适应环境温度为 – 10 ~ 50 °C，环境湿度不大于 90%。对于室外环境，要求适应环境温度为 – 25 ~ 50 °C，环境湿度为 5% ~ 95%，最大风速为 20 m/s（8 级大风），最大积雪厚度为 50 mm，最大涉水深度为 100 mm。海拔：4 000 m。

同时，机器人应该适应不同路面情况，爬坡能力不小于 20°，最小转弯半径不大于机器人本体的 2 倍，能有效通过 5 cm 以内的障碍物。

2.6.3 变电站机器人的云台要求

变电站机器人的云台性能对变电站内设备检测的可行性和效率有重要影响，由于变电站内设备有不同的检测对象，其位置变化多样，因此一般要求机器人云台具有不同的水平和垂直角度的运动能力，垂直范围为 $-10° \sim +90°$，水平范围 $\pm 180°$。

2.6.4 系统性能要求

1. 基本功能及性能

变电站巡视机器人后台系统应当人机界面友好、操作方便，信息显示清晰直观。用户在系统终端上进行巡视操作和数据录入操作的等待时间应不超过 1 s。

系统须提供手动控制和自动控制两种对机器人的控制方式，并能在两种控制模式间任意切换。手动控制功能可实现对机器人车体、云台、电源、可见光摄像机和红外热像仪的控制操作。自动控制时，系统能够在全自主的模式下，根据预先设定的任务或者由用户临时指定的任务，通过机器人各功能单元的配合实现对设备的检测功能。

系统提供二维电子地图或三维电子地图功能，实时显示机器人在电子地图上的位置，可实时记录、下载并在本地监控后台上显示智能巡视机器人的工作状态、巡视路线等信息，并可导出。电子地图上可根据任务标定机器人巡视路线轨迹，在任务中应实时反映任务进度。

系统提供显示、存储巡视机器人相关信息的功能，具体包括机器人驱动模块信息、电源模块信息、自检信息等。

系统提供采集、存储巡视机器人传输的实时可见光和红外视频的功能，并支持视频的播放、停止、抓图、录像、全屏显示等功能。

系统提供采集、存储巡视机器人传输的音频信号功能，并支持音频信息的录制、回放和可视化展示，展示内容包括声音波形、频域信息等。

系统提供采集、存储巡视机器人传输的红外热图功能，并能够从红外热图中提取温度信息。

2. 缺陷自动分析功能

后台系统的缺陷自动分析能力是变电站机器人代替人工巡视的基本保障，因此，对后台系统的缺陷分析能力有明确的要求：

（1）红外识别能力：自动在包含该设备的红外图像上标注出目标设备的区域，并自动对其温度进行分析，实现机器人的自动精确测温。

（2）三相设备对比分析：对采集到的三相设备温度进行温差分析，并进行自动判别和异常报警。

（3）仪表自动读取：对变电站内各种表计采集到的仪表设备图像进行分析，自动识别出仪表的读数，进行自动判别和异常报警。

（4）开关分合状态识别：对采集到的断路器、隔离开关设备图像进行分析，自动识别出断路器、隔离开关的分合状态。

（5）外观异常识别：对采集到的设备图像进行分析，自动识别出设备上存在的悬挂物或设备的缺损情况，进行自动判别和异常报警。

（6）声音异常识别：对采集到的设备的声音进行分析，自动识别出设备声音异常，进行自动判别和异常报警。

3. 系统分析功能

对于变电站巡视机器人后台系统的分析功能，一般有如下要求：

（1）提供自动生成设备缺陷报表、巡视任务报表等功能，并提供历史曲线展示功能，所有报表具有查询、打印等功能，报表可按照设备名称展示所有相关巡视信息。

（2）能将巡视任务中采集到的可见光图像、红外图像、声音、表计读数、设备位置状态、注油设备油位等信息存储在巡视数据库中，能够按照巡视时间、巡视任务、设备类型、设备名称、最高温度等过滤条件查询巡视数据。

（3）机器人后台要按照人工巡视路径展示巡视设备及巡视结果，每台设备巡视结果的多张照片要统一归集于每台设备目录下。

（4）具备数据趋势分析，将每次采集到的可见光图像、红外图像、声音表计读数、设备位置状态、注油设备油位等数据按用户设置时间段对数据的发展趋势、变化情况进行分析。

（5）系统应提供远程数据访问接口，可远程 Web 访问。

第3章 变电站巡视机器人的建设

3.1 变电设备巡视维护标准

根据《南方电网公司变电设备运维规程（试行）》和《云南电网有限责任公司生产运行管理办法（2018 版）》相关要求，将变电设备按照区域类别梳理出以下巡视内容，见表 3-1。

表 3-1 变电设备巡视维护标准

序号	区域类别	巡视设备	巡视项目	巡视内容
1	户外设备	敞开式隔离开关	红外测温	红外检查引线接头、动静触头连接处、机构箱等导电部位
			本体检查	（1）瓷套清洁，无损伤、裂纹、放电闪络或严重污垢。 （2）法兰处无裂纹、闪络痕迹。 （3）本体外观无异响、异味和明显破损、锈蚀现象。 （4）接线板无裂纹、断裂现象。 （5）基础无裂纹、沉降，支架无松动、锈蚀、变形，接地良好，地脚螺栓无松动、锈蚀
			底座及传动部位检查	（1）瓷瓶底座接地良好，无裂纹、锈蚀。 （2）垂直连杆、水平连杆无弯曲变形，无严重锈蚀现象。 （3）螺栓及插销无松动、脱落、变形、锈蚀
			导电回路检查	（1）三相引线松弛度一致，导线无散股、断股。线夹无裂纹、变形。 （2）隔离开关处于合闸位置时，合闸应到位（导电杆无欠位或过位）。 （3）隔离开关处于分闸位置时，触头、触脂无烧蚀、损伤。 （4）导电臂无变形、损伤、镀层无脱落。导电软连接带无断裂、损伤。 （5）防雨罩、引弧角、均压环等无锈蚀、死裂纹、变形或脱落。 （6）螺栓、接线座及各可见连接件无锈蚀、断裂、变形

续表

序号	区域类别	巡视设备	巡视项目	巡视内容
1	户外设备	敞开式隔离开关	机构箱检查	（1）机构箱无锈蚀、变形，密封良好，密封胶条无脱落、破损、变形、失去弹性等异常，箱内无渗水，无异味、异物。 （2）端子排编号清晰，端子无锈蚀、松脱、无烧焦打火现象。 （3）各电器元件无破损、脱落，安健环标识完整。 （4）垂直连杆抱箍紧固螺栓无松动，抱夹铸件无损伤、裂纹。 （5）分合闸机械指示正确，现场分合指示与后台一致。 （6）隔离开关操作电源空开应处于断开位置
			接地开关检查	（1）触指无变形、锈蚀。 （2）导电臂无变形、损伤。 （3）接地软铜带无断裂。 （4）各连接件及螺栓无断裂、锈蚀。 （5）正常运行时接地开关处于分闸位置，分闸应到位（通过角度或距离判断），分闸时刀头不高于瓷瓶最低的伞裙。 （6）闭锁良好，地刀出轴锁销位于锁板缺口内
2	户外设备	敞开式断路器	红外测温	（1）红外检查本体、机构箱、汇控箱、法兰、接头等部位。 （2）红外检查油断路器灭弧室温度分布，油面无异常
			本体检查	（1）瓷套清洁，无损伤、裂纹、放电闪络或严重污垢。 （2）法兰处无裂纹、闪络痕迹。 （3）本体外观无异响、异味和明显破损、锈蚀现象。 （4）接线板无裂纹、断裂现象。 （5）基础无裂纹、沉降，支架无松动、锈蚀、变形，接地良好，地脚螺栓无松动、锈蚀
			引线检查	引线应连接可靠，自然下垂，三相松弛度一致，无断股、散股现象
			SF_6 压力值检查	（1）表计外观完整，密封良好，无进水、凝露现象，SF_6 气体压力值应在厂家规定正常范围内。 （2）SF_6 表计防雨罩及二次接线盒无破损、松动

续表

序号	区域类别	巡视设备	巡视项目	巡视内容
2	户外设备	敞开式断路器	油位表计检查	油位表计外观完整，密封良好，无进水、凝露现象，对照油温与油位的标准曲线检查油位指示在正常范围内
			分合闸指示检查	分合闸指示与断路器拐臂机械位置、分合闸指示灯、相关二次保护显示及后台状态显示应一致
			液压机构检查	（1）读取高压油压表指示值，应在厂家规定正常范围内。 （2）液压系统各管路接头及阀门无渗漏现象，各阀门位置、状态正确。 （3）观察低压油箱的油位应正常（液压系统储能到额定油压后，通过油箱上的油标观察油箱内的油位，应在最高与最低油位标识线之间）
			弹簧机构检查	（1）检查机构外观，机构传动部件无锈蚀、裂纹。机构内轴、销无碎裂、变形，锁紧垫片无松动。 （2）检查缓冲器无漏油痕迹，缓冲器的固定轴正常。 （3）分合闸弹簧外观无裂纹、断裂、锈蚀等异常。 （4）机构储能指示应处于“储满能”状态。 （5）分合闸铁心无锈蚀（包含分合闸掣子及保持部分）
			气动机构检查	（1）检查气压表压力值无异常。 （2）空压系统各管路接头及阀门应无渗漏现象，各阀门位置、状态正确。 （3）气动机构的空压机油应无乳化现象。 （4）分合闸铁心无锈蚀（包含分合闸掣子及保持部分）
			机构箱及汇控箱电器元件检查	（1）电器元件及二次线无锈蚀、破损、松脱，箱内无烧焦的煳味或其他异味。 （2）分合闸指示灯、储能指示灯及照明应完好。分合闸指示灯能正确指示断路器位置状态。 （3）“就地/远方”切换开关应打在“远方”。 （4）储能电源空气开关应处于合闸位置。 （5）动作计数器读数应正常工作
			机构箱及汇控箱密封情况检查	（1）密封应良好，达到防潮、防尘要求。密封胶条无脱落、破损、变形、失去弹性等异常。 （2）柜门无变形情况，能正常关闭。 （3）箱内应无进水、受潮现象。 （4）箱底应清洁无杂物，二次电缆封堵良好。 （5）电缆进线完好。标识清晰、完好。 （6）端子排、电源开关无打火。 （7）接地引线应无锈蚀、松脱现象

续表

序号	区域类别	巡视设备	巡视项目	巡视内容
3	户外设备	变压器油浸式电抗器	红外测温	（1）红外检查引流线、引线接头等导电部位。 （2）红外检查本体、套管、油枕温度分布，油面无异常
			本体检查	（1）顶层温度计、绕组温度计外观应完整，表盘密封良好，无进水、凝露现象，现场温度计指示的温度、控制室温度指示装置、监控系统的温度基本保持一致，误差一般不超过 5 °C。 （2）本体外观无明显破损、锈蚀现象，本体基础无下沉，无异常振动声响。 （3）法兰、阀门、冷却装置、油箱、油管路等焊接或密封连接处应密封质量良好，无渗漏油迹象，下方地面无渗漏油污痕迹。 （4）铁心、夹件外引接地应良好，测试接地电流在 100 mA 以下。 （5）集气装置无气体
			引线检查	引线无散股或断股现象
			套管检查	（1）套管外观无明显破损、锈蚀现象。 （2）套管油位计外观完整，密封良好，无进水、凝露现象，对照油温与油位的标准曲线检查油位指示在正常范围内。 （3）套管、升高座焊接部位质量良好，无渗漏油迹象，下方地面无渗漏油污痕迹
			油枕检查	（1）油枕外观无明显破损、锈蚀现象。 （2）油枕油位计外观完整，密封良好，无进水、凝露现象，对照油温与油位的标准曲线检查油位指示在正常范围内 （3）油枕焊接部位质量良好，无渗漏油迹象，下方地面无渗漏油污痕迹
			冷却装置检查	（1）运行中的风扇和油泵运转平稳，无异常声音和振动。 （2）油泵油流指示器密封良好，指示正确，无抖动现象。 （3）冷却装置及阀门、油泵、油路等无渗漏
			吸湿器检查	（1）外观无破损，干燥剂变色部分不超过 2/3，否则应更换干燥剂及油封内变压器油。 （2）油杯的油位在油位线范围内，且杯底无积水。 （3）呼吸正常，并随着油温的变化油杯中有气泡产生

续表

序号	区域类别	巡视设备	巡视项目	巡视内容
3	户外设备	变压器油浸式电抗器	调压开关检查	（1）机构箱应密封良好，无雨水进入、潮气凝露。 （2）机构箱挡位指示正确，指针停止在规定区域内。 （3）机构箱控制元件及端子无烧蚀发热现象，指示灯显示正常。 （4）机构箱操作齿轮机构无渗漏油现象。 （5）在线滤油装置在滤油时无渗漏，检查压力表指示在标准压力以下，无异常噪声和振动。 （6）在线滤油装置控制元件及端子无烧蚀发热现象，指示灯显示正常。 （7）在线滤油装置应运转正常无卡阻现象
			非电量保护装置检查	（1）气体继电器应密封良好、无渗漏、无集聚气体。 （2）防雨罩无脱落、偏斜。 （3）瓦斯继电器内应充满油，油色无浑浊变黑现象。 （4）压力释放阀应无喷油及渗漏现象。 （5）突发压力继电器无渗漏油及渗漏声响
			端子箱、汇控箱检查	（1）端子箱、汇控箱内指示灯、二次空开（转换把手）指示正常。 （2）密封应良好，达到防潮、防尘要求。密封胶条无脱落、破损、变形、失去弹性等异常。 （3）柜门应无变形情况。接地引线应无锈蚀、松脱现象。 （4）电器元件及二次线无锈蚀、破损、松脱，箱内无烧焦的煳味或其他异味。 （5）箱内清洁、无杂物、无污垢，无受潮、积水，无放电痕迹。封堵措施完好。接线无松动、脱落。前后门密封完好。各指示灯指示正常。 （6）电缆进线完好。标识清晰、完好
4	户外设备	电压互感器、电流互感器	红外测温	红外检查互感器本体、连接部位
			本体检查	（1）外绝缘表面应无脏污，无破损、裂纹及放电现象。 （2）瓷套、底座、阀门和密封法兰等部位应无渗漏。 （3）金属部位应无锈蚀，底座、支架牢固，无倾斜、变形。 （4）设备外涂漆层清洁、无大面积掉漆。 （5）本体基础无下沉，无异常声响、振动。 （6）SF_6 气体压力表指示正常。 （7）油位指示在标准范围内

续表

<table>
<tr><th>序号</th><th>区域类别</th><th>巡视设备</th><th>巡视项目</th><th>巡视内容</th></tr>
<tr><td rowspan="2">4</td><td rowspan="2">户外设备</td><td rowspan="2">电压互感器、电流互感器</td><td>引线检查</td><td>引线无散股或断股现象</td></tr>
<tr><td>端子箱、汇控箱检查</td><td>（1）密封应良好，达到防潮、防尘要求。密封胶条无脱落、破损、变形、失去弹性等异常。
（2）柜门无变形情况。接地引线应无锈蚀、松脱现象。
（3）电器元件及二次线无锈蚀、破损、松脱，箱内无烧焦的煳味或其他异味。
（4）箱内清洁、无杂物、无污垢，无受潮、积水，无放电痕迹。封堵措施完好。接线无松动、脱落。前后门密封完好。各指示灯指示正常。
（5）电缆进线完好。标识清晰、完好。
（6）端子排、电源开关无打火</td></tr>
<tr><td rowspan="4">5</td><td rowspan="4">户外设备</td><td rowspan="4">避雷器</td><td>红外测温</td><td>红外检查避雷器本体、连接部位</td></tr>
<tr><td>本体检查</td><td>（1）瓷套及法兰完整，表面无脏污、裂纹、破损及放电现象。
（2）复合绝缘外套表面无脏污、龟裂、老化现象。
（3）与避雷器、计数器连接的导线及接地引下线无烧伤痕迹或断股现象。
（4）均压环（罩）无变形、歪斜。
（5）接地装置完整，无松动、锈蚀现象。
（6）基础无沉降，无异常声响</td></tr>
<tr><td>引线检查</td><td>引线无散股或断股现象</td></tr>
<tr><td>放电计数器及在线监测仪检查</td><td>（1）放电计数器外观完好，连接线牢固，内部无积水现象。
（2）避雷器泄漏电流指示正常。
（3）放电计数器读数应正常工作</td></tr>
<tr><td rowspan="3">6</td><td rowspan="3">户外设备</td><td rowspan="3">干式电抗器</td><td>红外测温</td><td>红外检查本体及一次接线端引线接头部位</td></tr>
<tr><td>本体检查</td><td>（1）外观完整无损，防雨罩完好，接头无变色现象。
（2）本体无异常振动和声响，基础无下沉，地面无熔铝、过热绝缘材料等异物。
（3）支柱绝缘子瓷瓶应无破损、裂纹、爬电现象。
（4）外包封表面应清洁、无裂纹，无爬电痕迹，无涂层脱落现象，无发热变色现象。
（5）撑条（引拔棒）无错位脱</td></tr>
<tr><td>引线检查</td><td>引线无散股或断股现象</td></tr>
</table>

续表

序号	区域类别	巡视设备	巡视项目	巡视内容
7	户外设备	电容器（组）	红外测温	红外检查本体及一次接线端引线接头部位
			本体检查	（1）检查瓷绝缘无脏污，无破损裂纹、放电痕迹。 （2）外部涂漆无变色，外壳无鼓肚、膨胀变形，无接缝开裂、渗漏油现象。 （3）绝缘包裹无脱落。 （4）电容器组上无异物
			引线检查	（1）母线及引线松紧适度，设备连接处无过热变色现象。 （2）接地引线无严重锈蚀、松动
			熔断器检查	熔断器外观完好，无锈蚀；弹簧完好，无锈蚀、断裂
			集合式电容器油枕检查	（1）油位指示在标准范围内。 （2）吸湿器外观无破损，干燥剂变色部分不超过2/3，否则应更换干燥剂。硅胶无变色
			其他检查	（1）网门关闭严密，无锈蚀或破损。 （2）场地环境无杂草、积水等。 （3）检查基础无开裂、下沉
8	户外设备	母线	红外测温	红外检查本体及一次接线端引线接头部位
			本体（跨线、引流线及引下线）检查	（1）无断股、散股。 （2）硬母线无振动、变形。 （3）母线无过紧、过松状况。 （4）无异物、异响、损伤、闪络、污垢。 （5）绝缘包裹材料完好，接头盒无脱落，相色标识无褪色、脱落
			绝缘子检查	（1）绝缘子无异常放电声。 （2）安装牢固，外表应清洁、无破损、无掉串、无裂纹及放电痕迹
			接线板、线夹及金具等检查	（1）均压环（球）无变形、放电痕迹。 （2）检查母线金具无松动，附件齐全。 （3）检查接线板和线夹连接牢固，螺栓无松动、锈蚀

续表

序号	区域类别	巡视设备	巡视项目	巡视内容
9	户外设备	组合电器	红外测温	红外测温气室外壳、机构箱、汇控箱、套管接头部位
			本体检查	（1）检查 GIS 外壳表面无生锈、腐蚀、变形、松动等异常，油漆完整、清洁。 （2）外壳接地良好。 （3）运行过程 GIS 应无异响、异味等现象。 （4）伸缩节无锈蚀、变形、松动等异常。 （5）GIS 底座无明显位移
			套管检查	（1）瓷套表面应无严重污垢沉积、破损伤痕。 （2）法兰处应无裂纹、闪络痕迹
			引线检查	引线应连接可靠，自然下垂，三相松弛度一致，无断股、散股现象
			SF_6压力值检查	（1）表计外观完整，密封良好，无进水、凝露现象，SF_6气体压力值应在厂家规定正常范围内。 （2）SF_6表计防雨罩及二次接线盒无破损、松动
			分合闸指示检查	各开关装置（包括断路器、隔离开关和接地开关）的分合闸指示应到位且与本体实际位置和分合闸指示灯显示一致
			电流互感器及电压互感器检查	（1）二次接线盒表面无严重锈蚀和涂层脱落。 （2）二次接线盒应密封良好，无水迹。 （3）外置式电流互感器应密封良好，无水迹（外置式电流互感器是指二次线圈不在 SF_6 气体内的电流互感器）
			传动连杆检查	（1）各开关装置的外部传动连杆外观正常，无变形、裂纹、锈蚀现象。 （2）连接螺栓无松动、锈蚀现象。各轴销外观检查正常
			液压机构检查	（1）液压系统各管路接头及阀门应无渗漏现象。 （2）观察油箱油位应正常。液压系统储能到额定油压后，通过油箱上的油标观察油箱内的油位，应在最高与最低油位标识线之间
			弹簧机构检查	（1）检查机构外观，机构传动部件无锈蚀、裂纹。 （2）机构储能指示应处于“储满能”状态。 （3）检查缓冲器应无漏油痕迹，缓冲器的固定轴正常。 （4）分合闸弹簧外观无裂纹、断裂、锈蚀等异常
			气动机构检查	空压系统各管路接头及阀门应无渗漏现象

续表

序号	区域类别	巡视设备	巡视项目	巡视内容
9	户外设备	组合电器	机构箱、端子箱及汇控柜检查	（1）电器元件及其二次线应无锈蚀、破损、松脱，机构箱内无烧糊或异味。 （2）分合闸指示灯、储能指示灯及照明应完好。分合闸指示灯能正确指示各开关装置的位置状态。 （3）机构箱底部应无碎片、异物。二次电缆穿孔封堵应完好。 （4）呼吸孔无明显积污现象，防爆膜无锈蚀。 （5）动作计数器应正常工作。 （6）“就地/远方”切换开关应打在“远方”。 （7）密封应良好，达到防潮、防尘要求。密封条无脱落、破损、变形、失去弹性等异常。 （8）柜门无变形情况，能正常关闭。 （9）箱内应无水渍或凝露。 （10）箱体底部应清洁，无杂物。二次电缆封堵良好。 （11）断路器储能电源空气开关在合闸位置，隔离开关、接地开关操作电源空开处于分闸位置
10	室内设备	高压开关柜	红外测温	红外检查柜体、电缆头、隔离开关动静触头、穿墙套管接线端部位
			本体检查	（1）柜体外观无变形、破损、锈蚀、掉漆。 （2）外壳及面板各螺栓齐全，无松动、锈蚀，柜体封闭性能完好。 （3）正常运行时带电显示指示灯应闪烁或常亮。 （4）无放电声、异味和不均匀的机械噪声
			断路器检查	（1）断路器分合闸指示与断路器实际状态及分合闸指示灯一致。 （2）储能指示位于“已储能”位置。 （3）动作计数器应正常显示
			隔离开关检查	（1）连杆无变形现象，刀闸触头无烧灼变色痕迹。 （2）瓷瓶应无裂纹、破损或脱落。 （3）隔离开关状态指示与本体实际状态一致
			放电次数及泄漏电流检查	（1）避雷器泄漏电流指示正常。 （2）放电计数器读数应正常工作
			穿墙套管检查	穿墙套管无放电现象

续表

序号	区域类别	巡视设备	巡视项目	巡视内容
10	室内设备	高压开关柜	电缆室检查	（1）热缩套应紧贴铜排，无脱落、高温烧灼现象。 （2）内部无受潮锈蚀，裸露的铜导体无铜绿。 （3）绝缘子、互感器、避雷器可视部分应完好，无异常。 （4）电缆终端头连接良好，无过热现象，温度蜡无熔化。 （5）电缆室封堵应完好，绝缘挡板无脱落、凝露或放电痕迹。 （6）接地开关状态指示与接地开关实际状态一致
			二次设备检查	（1）装置指示灯、连接片指示正常，装置无异常信号。 （2）操作显示装置指示与实际一致。 （3）开关柜面板上分合闸指示灯应能正确指示断路器位置状态。断路器远方就地转化把手在正常状态。 （4）电流、电压表计与实际负荷显示一致
11	室内设备	组合电器	红外测温	红外测温气室外壳、机构箱、汇控箱、套管接头部位
			本体检查	（1）检查 GIS 外壳表面无生锈、腐蚀、变形、松动等异常，油漆完整、清洁。 （2）外壳接地良好。 （3）运行过程 GIS 应无异响、异味等现象。 （4）伸缩节无锈蚀、变形、松动等异常。 （5）GIS 底座无明显位移
			SF_6 压力值检查	（1）表计外观完整，密封良好，无进水、凝露现象，SF_6 气体压力值应在厂家规定正常范围内。 （2）SF_6 表计防雨罩及二次接线盒无破损、松动
			分合闸指示检查	各开关装置（包括断路器、隔离开关和接地开关）的分合闸指示应到位且与本体实际位置和分合闸指示灯显示一致
			电流互感器及电压互感器检查	（1）二次接线盒表面无严重锈蚀和涂层脱落。 （2）二次接线盒应密封良好，无水迹。 （3）外置式电流互感器应密封良好，无水迹（外置式电流互感器是指二次线圈不在 SF_6 气体内的电流互感器）
			传动连杆检查	（1）各开关装置的外部传动连杆外观正常，无变形、裂纹、锈蚀现象。 （2）连接螺栓无松动、锈蚀现象。各轴销外观检查正常

续表

序号	区域类别	巡视设备	巡视项目	巡视内容
11	室内设备	组合电器	弹簧机构检查	（1）检查机构外观，机构传动部件无锈蚀、裂纹。 （2）机构储能指示应处于“储满能”状态。 （3）检查缓冲器应无漏油痕迹，缓冲器的固定轴正常。 （4）分合闸弹簧外观无裂纹、断裂、锈蚀等异常
			放电计数器及在线监测仪检查	（1）放电计数器外观完好，连接线牢固，内部无积水现象。 （2）避雷器泄漏电流指示正常。 （3）放电计数器读数应正常工作
			机构箱、端子箱及汇控柜检查	（1）电器元件及其二次线应无锈蚀、破损、松脱，机构箱内无烧糊或异味。 （2）分合闸指示灯、储能指示灯及照明应完好。分合闸指示灯能正确指示各开关装置的位置状态。 （3）机构箱底部应无碎片、异物。二次电缆穿孔封堵应完好。 （4）呼吸孔无明显积污现象，防爆膜无锈蚀。 （5）动作计数器应正常工作。 （6）“就地/远方”切换开关应打在“远方”。 （7）密封应良好，达到防潮、防尘要求。密封条无脱落、破损、变形、失去弹性等异常。 （8）柜门无变形情况，能正常关闭。 （9）箱内应无水渍或凝露。 （10）箱体底部应清洁无杂物。二次电缆封堵良好。 （11）断路器储能电源空气开关在合闸位置，隔离开关、接地开关操作电源空开处于分闸位置
12	室内设备	站用交直流系统	红外测温	红外检查关键装置（进线开关、汇流母排、馈线电缆接线处、充电装置，以及蓄电池组的连接点、蓄电池外壳与极柱等）的温度无异常
			蓄电池检查	（1）外观应无变形、裂纹、损伤、积灰，无鼓肚，密封良好，无渗液、爬酸，无异物、腐蚀。连接件应无变形、裂纹、损伤、灰尘、腐蚀等现象。 （2）柜内应无强烈气味，通风及其他附属设备应完好，巡检装置正常，无告警信号，蓄电池标识完好无脱落。 （3）浮充电流正常，浮充电流应小于 0.003C10

续表

序号	区域类别	巡视设备	巡视项目	巡视内容
12	室内设备	站用交直流系统	直流系统检查	（1）屏柜应无锈蚀、破损，封堵良好，基础无下陷，无异响、异味，接地线连接良好，各部件表面清洁，指示灯正常，电压、电流表计显示正常，屏顶防尘罩安装紧固。 （2）充电模块：充电模块工作正常，无异响，无异味，信号灯正常、无告警。输出/输入电流电压值、蓄电池电压值显示正常，数据实时更新，风扇运行正常。 （3）空开位置：检查空开位置与运行方式相符。各分路开关指示灯与实际运行相符。 （4）各部分元件：应无积尘、过热，各继电器、表计、指示灯应正常。 （5）端子排及接线：端子排、二次元件标识正确完好，接线紧固，无脱落、跳火。 （6）控制转换开关、熔断器：控制转换开关、熔断器按运行方式正常投入。标识清晰、完好，无漏投、误投情况。 （7）绝缘监测装置：检查绝缘监测装置运行正常，无告警信号，各支路绝缘电阻及正、负极对地电压显示正常。 （8）直流母线充电电压显示正常
			馈线屏检查	（1）屏柜应无锈蚀、破损，封堵良好，基础无下陷，无异响、异味，接地线连接良好。 （2）绝缘在线监测、馈电单元、远动通信装置等各元器件表面清洁，运行正常、各指示灯正常。 （3）母线、端子排、接线：标识正确完好，接线紧固，无脱落、跳火等。 （4）检查空开位置与运行方式相符，各分路开关指示灯与实际运行相符，标识完整、正确
			UPS 检查	（1）装置运行方式正确，输出电压正常，无异常现象，风机运行正常。 （2）监控单元工作正常，模拟盘的运行监视信号完好、指示正常。 （3）交流不间断电源设备标识清晰，无脱落。 （4）检查空开位置与运行方式相符，各分路开关指示灯与实际运行相符，标识完整、正确

续表

序号	区域类别	巡视设备	巡视项目	巡视内容
12	室内设备	站用交直流系统	交流系统检查	（1）屏柜外观生锈、破损，屏柜接地线连接良好，各元器件清洁，封堵良好，基础无下陷，无异响、异味，电流、电压指示正常，指示灯指示正常。 （2）一、二次导线无损伤、破裂。 （3）设备进线和母线电流电压数据，表计读数和实测值一致。 （4）指示正常，没有闪烁、熄灭现象。 （5）监控单元，开关量检测模块工作正常，无告警，设备无明显的异常声音。 （6）端子排、二次元件标识正确完好，接线紧固，无脱落、跳火。 （7）低压侧断路器按运行方式正常投入，储能正常，位置指示正确。各分路开关指示灯与实际运行相符，无漏投、误投情况，标识完整、正确
13	室内设备	保护装置通信装置	红外测温	红外检查端子排、电流端子部位
			屏柜检查	屏柜应无锈蚀、破损，封堵良好，基础无下陷
			装置检查	（1）装置指示灯、转换把手、二次空开指示正常，装置无异常信号。 （2）连接片标识清晰、完好，位置状态指示正确
14	室内设备	变压器	红外测温	（1）红外检查引流线、引线接头等导电部位。 （2）红外检查本体、套管、油枕、穿墙套管温度分布，油面无异常
			本体检查	（1）顶层温度计、绕组温度计外观应完整，表盘密封良好，无进水、凝露现象，现场温度计指示的温度、控制室温度指示装置、监控系统的温度基本保持一致，误差一般不超过 5 °C。 （2）本体外观无明显破损、锈蚀现象，本体基础无下沉，无异常振动声响。 （3）法兰、阀门、冷却装置、油箱、油管路等焊接或密封连接处应密封质量良好，无渗漏油迹象，下方地面无渗漏油污痕迹。 （4）铁心、夹件外引接地应良好，测试接地电流在 100 mA 以下。 （5）集气装置无气体
			引线检查	引线无散股或断股现象

续表

序号	区域类别	巡视设备	巡视项目	巡视内容
14	室内设备	变压器	套管检查	（1）套管外观无明显破损、锈蚀现象。 （2）套管油位计外观完整，密封良好，无进水、凝露现象，对照油温与油位的标准曲线检查油位指示在正常范围内。 （3）套管、升高座焊接部位质量良好，无渗漏油迹象，下方地面无渗漏油污痕迹
			油枕检查	（1）油枕外观无明显破损、锈蚀现象。 （2）油枕油位计外观完整，密封良好，无进水、凝露现象，对照油温与油位的标准曲线检查油位指示在正常范围内。 （3）油枕焊接部位质量良好，无渗漏油迹象，下方地面无渗漏油污痕迹
			冷却装置检查	（1）运行中的风扇和油泵运转平稳，无异常声音和振动。 （2）油泵油流指示器密封良好，指示正确，无抖动现象。 （3）冷却装置及阀门、油泵、油路等无渗漏
			吸湿器检查	（1）外观无破损，干燥剂变色部分不超过 2/3，否则应更换干燥剂及油封内变压器油。 （2）油杯的油位在油位线范围内，且杯底无积水。 （3）呼吸正常，并随着油温的变化油杯中有气泡产生
			调压开关检查	（1）机构箱应密封良好，无雨水进入、潮气凝露。 （2）机构箱挡位指示正确，指针停止在规定区域内。 （3）机构箱控制元件及端子无烧蚀发热现象，指示灯显示正常。 （4）机构箱操作齿轮机构无渗漏油现象。 （5）在线滤油装置在滤油时无渗漏，检查压力表指示在标准压力以下，无异常噪声和振动。 （6）在线滤油装置控制元件及端子无烧蚀发热现象，指示灯显示正常。 （7）在线滤油装置应运转正常无卡阻现象
			非电量保护装置检查	（1）气体继电器应密封良好、无渗漏、无集聚气体。 （2）防雨罩无脱落、偏斜。 （3）瓦斯继电器内应充满油，油色无浑浊变黑现象。 （4）压力释放阀应无喷油及渗漏现象。 （5）突发压力继电器无渗漏油及渗漏声响

续表

序号	区域类别	巡视设备	巡视项目	巡视内容
14	室内设备	变压器	端子箱、汇控箱检查	（1）端子箱、汇控箱内指示灯、二次空开（转换把手）指示正常。 （2）密封应良好，达到防潮、防尘要求。密封胶条无脱落、破损、变形、失去弹性等异常。 （3）柜门应无变形情况。接地引线应无锈蚀、松脱现象。 （4）电器元件及二次线无锈蚀、破损、松脱，箱内无烧焦的煳味或其他异味。 （5）箱内清洁、无杂物、无污垢，无受潮、积水，无放电痕迹。封堵措施完好。接线无松动、脱落。前后门密封完好。各指示灯指示正常。 （6）电缆进线完好。标识清晰、完好
			穿墙套管	瓷套完好无脏污、破损，无放电现象
15	室内设备	电容器组	红外测温	红外检查本体及一次接线端引线接头部位
			本体检查	（1）检查瓷绝缘无脏污、无破损裂纹、放电痕迹。 （2）外部涂漆无变色，外壳无鼓肚、膨胀变形，接缝无开裂、渗漏油现象。 （3）绝缘包裹无脱落。 （4）电容器组上无异物
			引线检查	（1）母线及引线松紧适度，设备连接处无过热变色现象。 （2）接地引线无严重锈蚀、松动
			熔断器检查	熔断器外观完好，无锈蚀；弹簧完好，无锈蚀、断裂
			其他检查	（1）围栏网无锈蚀或破损。 （2）检查基础无开裂、下沉
16	室内设备	断路器	红外测温	红外检查本体、机构箱、汇控箱、法兰、接头等部位
			本体检查	（1）瓷套清洁，无损伤、裂纹、放电闪络或严重污垢。 （2）法兰处无裂纹、闪络痕迹。 （3）本体外观无异响、异味和明显破损、锈蚀现象。 （4）接线板无裂纹、断裂现象。 （5）基础无裂纹、沉降，支架无松动、锈蚀、变形，接地良好，地脚螺栓无松动、锈蚀
			SF_6压力值检查	表计外观完整，密封良好，无进水、凝露现象，SF_6气体压力值应在厂家规定正常范围内

续表

<table>
<tr><th>序号</th><th>区域类别</th><th>巡视设备</th><th>巡视项目</th><th>巡视内容</th></tr>
<tr><td rowspan="4">16</td><td rowspan="4">室内设备</td><td rowspan="4">断路器</td><td>分合闸指示检查</td><td>分合闸指示与断路器拐臂机械位置、分合闸指示灯、相关二次保护显示及后台状态显示应一致</td></tr>
<tr><td>弹簧机构检查</td><td>（1）检查机构外观，机构传动部件无锈蚀、裂纹。机构内轴、销无碎裂、变形，锁紧垫片无松动。
（2）检查缓冲器无漏油痕迹，缓冲器的固定轴正常。
（3）分合闸弹簧外观无裂纹、断裂、锈蚀等异常。
（4）机构储能指示应处于“储满能”状态。
（5）分合闸铁心无锈蚀（包含分合闸掣子及保持部分）</td></tr>
<tr><td>机构箱及汇控箱电器元件检查</td><td>（1）电器元件及二次线无锈蚀、破损、松脱，箱内无烧焦的煳味或其他异味。
（2）分合闸指示灯、储能指示灯及照明应完好。分合闸指示灯能正确指示断路器位置状态。
（3）“就地/远方”切换开关应打在“远方”。
（4）储能电源空气开关应处于合闸位置。
（5）动作计数器读数应正常工作</td></tr>
<tr><td>机构箱及汇控箱密封情况检查</td><td>（1）密封应良好，达到防潮、防尘要求。密封胶条无脱落、破损、变形、失去弹性等异常。
（2）柜门无变形情况，能正常关闭。
（3）箱内应无进水、受潮现象。
（4）箱底应清洁无杂物，二次电缆封堵良好。
（5）电缆进线完好。标识清晰、完好。
（6）端子排、电源开关无打火。
（7）接地引线应无锈蚀、松脱现象</td></tr>
<tr><td rowspan="2">17</td><td rowspan="2">室内设备</td><td rowspan="2">隔离开关</td><td>红外测温</td><td>红外检查引线接头、动静触头连接处、机构箱、穿墙套管等导电部位</td></tr>
<tr><td>本体检查</td><td>（1）瓷套清洁，无损伤、裂纹、放电闪络或严重污垢。
（2）法兰处无裂纹、闪络痕迹。
（3）本体外观无异响、异味和明显破损、锈蚀现象。
（4）接线板无裂纹、断裂现象。
（5）基础无裂纹、沉降，支架无松动、锈蚀、变形，接地良好，地脚螺栓无松动、锈蚀</td></tr>
</table>

续表

序号	区域类别	巡视设备	巡视项目	巡视内容
17	室内设备	隔离开关	导电回路检查	（1）三相引线松弛度一致，导线无散股、断股。线夹无裂纹、变形。 （2）隔离开关处于合闸位置时，合闸应到位（导电杆无欠位或过位）。 （3）隔离开关处于分闸位置时，触头、触脂无烧蚀、损伤。 （4）导电臂无变形、损伤、镀层无脱落。导电软连接带无断裂、损伤。 （5）防雨罩、引弧角、均压环等无锈蚀、死裂纹、变形或脱落。 （6）螺栓、接线座及各可见连接件无锈蚀、断裂、变形
			接地开关检查	（1）触指无变形、锈蚀。 （2）导电臂无变形、损伤。 （3）接地软铜带无断裂。 （4）各连接件及螺栓无断裂、锈蚀。 （5）正常运行时接地开关处于分闸位置，分闸应到位（通过角度或距离判断），分闸时刀头不高于瓷瓶最低的伞裙。 （6）闭锁良好，地刀出轴锁销位于锁板缺口内
			其他检查	（1）围栏网无锈蚀或破损。 （2）瓷套完好无脏污、破损，无放电现象

3.2 智能巡视机器人巡视手段

机器人巡视手段主要有可见光巡视、红外巡视和声音巡视三大类。

3.2.1 可见光巡视

巡视机器人系统具备机器视觉功能，应用本体照相机、摄像机等可见光设备对变电站设备进行巡视，经图像预处理和滤波技术，消除室外环境雨雪、光照等对设备图像清晰度的影响，再通过设备图像精确匹配和模式识别技术，将非结构性数据转化成结构性数据，可进行一次设备仪表读数、油位指示、分合闸状态、二次设备指示灯指示、二次连接片状态、转换把手指示等的自动识别，如图 3-1 所示。

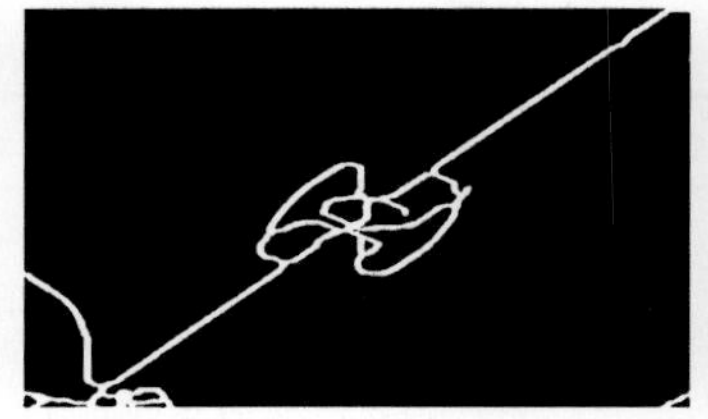
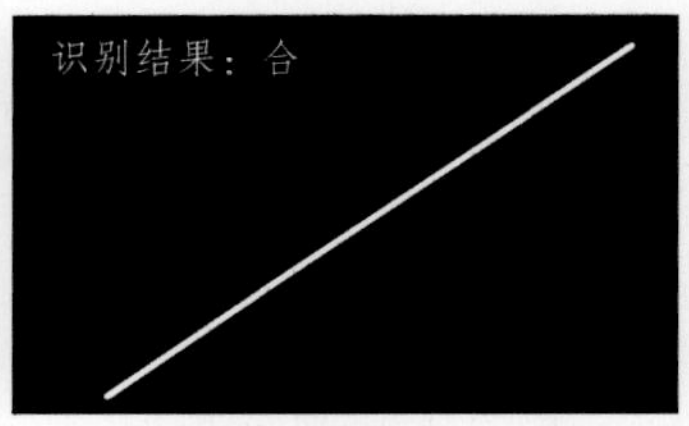

（a）刀闸的识别过程

（b）表计和开关识别结果

图 3-1 自动识别

设备外观检查通过本体照相机、摄像机等可见光设备对设备外观拍摄记录，并将图片或视频上传回系统，由人工在机器人后台上完成复测。

3.2.2 红外巡视

巡视机器人系统具备红外测温功能，应用本体红外热成像仪对变电站设备可能发生缺陷的关键测温点（本体、导线连接点、线夹、绝缘子）进行精确温度检测。同时针对同一设备，每次都可确保在位置、角度、配置参数方面的高度一致性，结果可对比性强，系统可自动保存测温数据，形成历史分析曲线和多样化的分析报表，便于运维人员进行诊断分析，保证了温度检测的精确性和有效性。

3.2.3 声音巡视

巡视机器人系统具备听觉功能。在机器人巡检过程中，通过拾音器采集设备运行中发出的声音，经对声音的时域和频域分析并比对设备异常声音特征库，可识别设备内部异常。

3.3 智能巡视机器人巡视点位选择

3.3.1 户外变压器及油浸式电抗器机器人巡视点位选择

机器人巡视该类型设备的方法主要有三种：采用红外巡视设备的引线接头、本体、套管、油枕等预置点位；采用声音巡视采集运行中设备的声纹；采用可见光巡视设备的本体、套管、油枕、冷却系统等预置点位，见表 3-2 ~ 表 3-4。

表 3-2 户外变压器及油浸式电抗器机器人红外巡视点位选择

序号	巡视点位	巡视手段	取景数量	取景及技术要求	识别模式
1	引线接头	红外	2	从两个方向分别以 120° 夹角取景，取景内容包含引线接头，拍摄距离在 15 m 以内，测温精度控制在 ±2 K，并按照 DL/T 664 规范要求配置点位阈值	全自主识别
2	本体	红外	8	从设备四面分别以 120° 夹角在每面上下部位各取景一次，取景内容为本体全覆盖，拍摄距离在 15 m 以内，测温精度控制在 ±2 K，并按照 DL/T 664 规范要求配置点位阈值	全自主识别
3	套管	红外	2	从两个方向分别以 120° 夹角取景，取景内容包含套管上端接线板和下端基座，拍摄距离在 15 m 以内，测温精度控制在 ±2 K，并按照 DL/T 664 规范要求配置点位阈值	全自主识别
4	油枕	红外	2	从两个方向分别以 120° 夹角取景，取景内容包含油枕本体两面，拍摄距离在 15 m 以内，测温精度控制在 ±2 K，并按照 DL/T 664 规范要求配置点位阈值	全自主识别

表 3-3 户外变压器及油浸式电抗器机器人声音巡视点位选择

序号	巡视点位	巡视手段	取景数量	取景及技术要求	识别模式
1	本体	声音	1	距离在 2 m 内，采集设备声纹，音频时长不小于 10 s	人工复测

表 3-4　户外变压器及油浸式电抗器机器人可见光巡视点位选择

序号	巡视点位	巡视手段	取景数量	取景及技术要求	识别模式
1	油位表检查	可见光	1	云台摄像头正对仪表表盘，清晰看清油位，拍摄距离在 5 m 以内，拍摄大小占整个视角的 1/4，读取数据的误差在 ±2% 内，并按照南网缺陷设备缺陷定级标准配置点位阈值	全自主识别
2	温度表计检查	可见光	1	云台摄像头正对仪表表盘，清晰看清油位，拍摄距离在 2 m 以内，拍摄大小占整个视角的 1/4，读取数据的误差在 ±2% 内，并按照南网缺陷设备缺陷定级标准配置点位阈值	全自主识别
3	呼吸器检查	可见光	1	以 90° 夹角取景，清晰看清硅胶变色情况，拍摄距离在 3 m 以内，拍摄大小占整个视角的 1/3，并按照南网缺陷设备缺陷定级标准配置点位阈值	全自主识别
4	调压挡位指示检查	可见光	1	云台摄像头正对仪表表盘，清晰看清油位，拍摄距离在 5 m 以内，拍摄大小占整个视角的 1/3，读取数据的误差在 ±2% 内，并按照南网缺陷设备缺陷定级标准配置点位阈值。	全自主识别
5	装置指示灯检查	可见光	1	云台摄像头正对装置指示灯，清晰识别指示灯状态，拍摄距离在 3 m 以内，拍摄大小占整个视角的 1/4，并按照南网缺陷设备缺陷定级标准配置点位阈值。	全自主识别
6	油流指示器检查	可见光	1	云台摄像头正对仪表表盘，清晰看清油位，拍摄距离在 5 m 以内，拍摄大小占整个视角的 1/3，读取数据的误差在 ±2% 内，并按照南网缺陷设备缺陷定级标准配置点位阈值	全自主识别
7	本体外观检查	可见光	8	从设备四面分别以 120° 取景本体及下方地面各一次，拍摄距离在 15 m 以内，拍摄大小占整个视角的 1/3，取景内容人工可清晰识别本体外观无明显破损、锈蚀现象，法兰、阀门、冷却装置、油箱、油管路等焊接或密封连接处应密封质量良好，无渗漏油迹象，下方地面无渗漏油污痕迹	人工复测

续表

序号	巡视点位	巡视手段	取景数量	取景及技术要求	识别模式
8	引线、接头检查	可见光	1	以 120° 夹角取景，拍摄距离在 15 m 以内，拍摄大小占整个视角的 1/3，取景内容人工可清晰识别引线无散股或断股现象，接头无氧化现象	人工复测
9	套管检查	可见光	2	分别以 120° 夹角取景本体及下方地面各一次，拍摄距离在 15 m 以内，拍摄大小占整个视角的 1/4，取景内容人工可清晰识别每相套管外观无明显破损、锈蚀现象，套管、升高座焊接部位质量良好，无渗漏油迹象，下方无渗漏油污痕迹	人工复测
10	油枕检查	可见光	1	分别以 120° 夹角取景本体正、侧面各一次，拍摄距离在 12 m 以内，拍摄大小占整个视角的 1/4，取景内容人工可清晰识别油枕外观无明显破损、锈蚀现象，油枕焊接部位质量良好，无渗漏油迹象	人工复测
11	冷却装置检查	可见光	1	以 120° 夹角取景，拍摄距离在 7 m 以内，拍摄大小占整个视角的 1/3，取景内容人工可清晰识别风扇和油泵的外观无明显破损、锈蚀现象，冷却装置及阀门、油泵、油路等无渗漏	人工复测
12	调压开关检查	可见光	1	以 120° 夹角取景，拍摄距离在 5 m 以内，拍摄大小占整个视角的 1/3，取景内容人工可清晰识别机构箱密封良好	人工复测
13	非电量保护装置检查	可见光	1	以 90° 夹角取景，拍摄距离在 10 m 以内，拍摄大小占整个视角的 1/3，取景内容人工可清晰识别气体继电器应密封良好、无渗漏、无集聚气体，瓦斯继电器内应充满油，油色无浑浊变黑现象，压力释放阀应无喷油及渗漏现象，突发压力继电器无渗漏油及渗漏声响	人工复测
14	端子箱、汇控箱检查	可见光	1	以 90° 夹角取景，拍摄距离在 15 m 以内，拍摄大小占整个视角的 1/3，取景内容人工可清晰识别端子箱、汇控箱密封应良好	人工复测

3.3.2　户外敞开式断路器机器人巡视点位选择

机器人巡视该类型设备的方法主要有两种：采用红外巡视设备的引线接头、本体灭弧室等预置点位；采用可见光巡视设备的本体、表计、分合闸指示、机构箱、端子箱等预置点位，见表 3-5 和表 3-6。

表 3-5　户外敞开式断路器机器人红外巡视点位选择

序号	巡视点位	巡视手段	取景数量	取景及技术要求	识别模式
1	引线接头	红外	2	从两个方向分别以 120° 夹角取景，取景内容包含引线接头，拍摄距离在 10 m 以内，测温精度控制在 ±2 K，并按照 DL/T664 规范要求配置点位阈值	全自主识别
2	本体	红外	2	从两个方向分别以 120° 夹角取景，取景内容包含断路器本体，油断路器应可观察到灭弧室温度。拍摄距离在 10 m 以内，拍摄大小占整个视角的 1/4，测温精度控制在 ±2 K，并按照 DL/T 664 规范要求配置点位阈值	全自主识别

表 3-6　户外敞开式断路器机器人可见光巡视点位选择

序号	巡视点位	巡视手段	取景数量	取景及技术要求	识别模式
1	油位表检查	可见光	1	云台摄像头正对仪表表盘，清晰看清油位，拍摄距离在 5 m 以内，拍摄大小占整个视角的 1/4，读取数据的误差在 ±2% 内，并按照南网缺陷设备缺陷定级标准配置点位阈值	全自主识别
2	SF_6 及机构压力值检查	可见光	1	云台摄像头正对仪表表盘，清晰看清压力值，拍摄距离在 5 m 以内，拍摄大小占整个视角的 1/4，读取数据的误差在 ±2% 内，并按照南网缺陷设备缺陷定级标准配置点位阈值	全自主识别
3	分合闸指示检查	可见光	1	云台摄像头正对仪表表盘，清晰看清分合闸指示牌，拍摄距离在 5 m 以内，拍摄大小占整个视角的 1/4，读取数据的误差在 ±2% 内	全自主识别
4	断路器动作次数检查	可见光	1	云台摄像头正对仪表表盘，清晰看清断路器动作次数，拍摄距离在 5 m 以内，拍摄大小占整个视角的 1/3，读取数据的误差在 ±2% 内	全自主识别

续表

序号	巡视点位	巡视手段	取景数量	取景及技术要求	识别模式
5	机构打压时间检查	可见光	1	云台摄像头正对仪表表盘，清晰看清断路器机构打压时间，拍摄距离在 5 m 以内，拍摄大小占整个视角的 1/3，读取数据的误差在 ±2% 内	全自主识别
6	储能指示检查	可见光	1	云台摄像头正对仪表表盘，清晰看清断路器储能指示，拍摄距离在 5 m 以内，拍摄大小占整个视角的 1/3，读取数据的误差在 ±2% 内	全自主识别
7	本体外观检查	可见光	2	从设备正、侧两面分别以 120° 取景，拍摄距离在 8 m 以内，拍摄大小占整个视角的 1/3，取景内容人工可清晰识别本体外观，本体外观无明显破损、锈蚀现象，瓷套清洁，无损伤、裂纹、放电闪络或严重污垢，法兰处无裂纹、闪络痕迹	人工复测
8	引线、接头检查	可见光	1	以 120° 夹角取景，拍摄距离在 10 m 以内，拍摄大小占整个视角的 2/3，取景内容人工可清晰识别引线无散股或断股现象，接头无氧化现象	人工复测
9	端子箱、汇控箱检查	可见光	1	以 90° 夹角取景，拍摄距离在 15 m 以内，拍摄大小占整个视角的 1/3，取景内容人工可清晰识别端子箱、汇控箱密封应良好	人工复测

3.3.3 户外敞开式隔离开关机器人巡视点位选择

机器人巡视该类型设备的方法主要有两种；采用红外巡视设备的引线接头、动静触头连接处等预置点位；采用可见光巡视设备的本体、分合闸指示、机构箱、端子箱等预置点位，见表 3-7 和表 3-8。

表 3-7 户外敞开式隔离开关机器人红外巡视点位选择

序号	巡视点位	巡视手段	取景数量	取景及技术要求	识别模式
1	引线接头	红外	2	从两个方向分别以 120° 夹角取景，取景内容包含引线接头，拍摄距离在 8 m 以内，测温精度控制在 ±2 K，并按照 DL/T 664 规范要求配置点位阈值	全自主识别
2	动静触头连接处	红外	2	从两个方向分别以 120° 夹角取景，取景内容包含引线接头。拍摄距离在 12 m 以内，拍摄大小占整个视角的 1/4，测温精度控制在 ±2 K，并按照 DL/T 664 规范要求配置点位阈值	全自主识别

表 3-8 户外敞开式隔离开关机器人可见光巡视点位选择

序号	巡视点位	巡视手段	取景数量	取景及技术要求	识别模式
1	分合闸检查	可见光	1	以 120° 夹角取景，清晰看清每相分合闸状态，拍摄距离在 10 m 以内，拍摄大小占整个视角的 1/4，读取数据的误差在 ±2% 内	全自主识别
2	本体外观检查	可见光	1	以 120° 夹角取景，拍摄距离在 10 m 以内，拍摄大小占整个视角的 1/3，取景内容人工可清晰识别本体外观，本体外观无明显破损、锈蚀现象，瓷套清洁，无损伤、裂纹、放电闪络或严重污垢，法兰处无裂纹、闪络痕迹	人工复测
3	引线、接头检查	可见光	1	以 120° 夹角取景，拍摄距离在 10 m 以内，拍摄大小占整个视角的 2/3，取景内容人工可清晰识别引线无散股或断股现象，接头无氧化现象	人工复测
4	底座及传动部位检查	可见光	1	以 120° 夹角取景，拍摄距离在 10 m 以内，拍摄大小占整个视角的 1/4，取景内容人工可清晰识别瓷瓶底座的接地良好，无裂纹、锈蚀，垂直连杆、水平连杆无弯曲变形，无严重锈蚀现象	人工复测
5	端子箱、机构箱检查	可见光	1	以 90° 夹角取景，拍摄距离在 15 m 以内，拍摄大小占整个视角的 1/3，取景内容人工可清晰识别端子箱、机构箱检查密封应良好	人工复测

3.3.4 户外电压、电流互感器机器人巡视点位选择

机器人巡视该类型设备的方法主要有两种：采有红外巡视设备的引线接头、本体等预置点位；采用可见光巡视设备的本体、表计等预置点位，见表 3-9 和表 3-10。

表 3-9 户外电压、电流互感器机器人红外巡视点位选择

序号	巡视点位	巡视手段	取景数量	取景及技术要求	识别模式
1	引线接头	红外	2	从两个方向分别以 120° 夹角取景，取景内容包含引线接头，拍摄距离在 8 m 以内，测温精度控制在 ±2 K，并按照 DL/T 664 规范要求配置点位阈值	全自主识别
2	本体	红外	2	从两个方向分别以 120° 夹角取景，取景内容包含互感器本体。拍摄距离在 12 m 以内，拍摄大小占整个视角的 1/4，测温精度控制在 ±2 K，并按照 DL/T 664 规范要求配置点位阈值	全自主识别

表 3-10 户外电压、电流互感器机器人可见光巡视点位选择

序号	巡视点位	巡视手段	取景数量	取景及技术要求	识别模式
1	油位表检查	可见光	1	云台摄像头正对仪表表盘，清晰看清油位，拍摄距离在 8 m 以内，拍摄大小占整个视角的 1/3，读取数据的误差在 ±2% 内，并按照南网缺陷设备缺陷定级标准配置点位阈值	全自主识别
2	SF_6 压力值检查	可见光	1	云台摄像头正对仪表表盘，清晰看清压力值，拍摄距离在 8 m 以内，拍摄大小占整个视角的 1/3，读取数据的误差在 ±2% 内，并按照南网缺陷设备缺陷定级标准配置点位阈值	全自主识别
3	本体外观检查	可见光	1	以 120° 夹角取景，拍摄距离在 10 m 以内，拍摄大小占整个视角的 1/3，取景内容人工可清晰识别瓷套、底座、阀门和密封法兰等部位应无渗漏，外绝缘表面应无脏污，无破损、裂纹及放电现象，金属部位应无锈蚀，底座、支架牢固，无倾斜变形，设备外涂漆层清洁、无大面积掉漆	人工复测
4	引线、接头检查	可见光	1	以 120° 夹角取景，拍摄距离在 10 m 以内，拍摄大小占整个视角的 2/3，取景内容人工可清晰识别引线无散股或断股现象，接头无氧化现象	人工复测
5	底座及传动部位检查	可见光	1	以 120° 夹角取景，拍摄距离在 10 m 以内，拍摄大小占整个视角的 1/4，取景内容人工可清晰识别瓷瓶底座的接地良好，无裂纹、锈蚀，垂直连杆、水平连杆无弯曲变形，无严重锈蚀现象	人工复测
6	端子箱、汇控箱检查	可见光	1	以 90° 夹角取景，拍摄距离在 15 m 以内，拍摄大小占整个视角的 1/3，取景内容人工可清晰识别端子箱、汇控箱检查密封应良好	人工复测

3.3.5 户外避雷器机器人巡视点位选择

机器人巡视该类型设备的方法主要有两种：采用红外巡视设备的引线接头、本体、泄漏电流等预置点位；采用可见光巡视设备的本体、表计等预置点位，见表 3-11 和表 3-12。

表 3-11　户外避雷器机器人红外巡视点位选择

序号	巡视点位	巡视手段	取景数量	取景及技术要求	识别模式
1	引线接头	红外	2	从两个方向分别以 120° 夹角取景，取景内容包含引线接头，拍摄距离在 12 m 以内，测温精度控制在 ±2 K，并按照 DL/T 664 规范要求配置点位阈值	全自主识别
2	本体	红外	2	从两个方向分别以 120° 夹角取景，取景内容包含避雷器本体。拍摄距离在 12 m 以内，拍摄大小占整个视角的 1/4，测温精度控制在 ±2 K，并按照 DL/T 664 规范要求配置点位阈值	全自主识别

表 3-12　户外避雷器机器人可见光巡视点位选择

序号	巡视点位	巡视手段	取景数量	取景及技术要求	识别模式
1	泄漏电流及放电次数检查	可见光	1	云台摄像头正对仪表表盘，清晰看清泄漏电流及放电次数，拍摄距离在 8 m 以内，拍摄大小占整个视角的 2/3，读取数据的误差在 ±2% 内，并按照南网缺陷设备缺陷定级标准配置点位阈值	全自主识别
2	本体外观检查	可见光	1	以 120° 夹角取景，拍摄距离在 10 m 以内，拍摄大小占整个视角的 1/3，取景内容人工可清晰识别瓷套及法兰完整，表面无脏污、裂纹、破损及放电现象，复合绝缘外套表面无脏污、龟裂、老化现象，与避雷器、计数器连接的导线及接地引下线无烧伤痕迹或断股现象	人工复测
3	引线、接头检查	可见光	1	以 120° 夹角取景，拍摄距离在 10 m 以内，拍摄大小占整个视角的 2/3，取景内容人工可清晰识别引线无散股或断股现象，接头无氧化现象	人工复测

3.3.6　户外干式电抗器机器人巡视点位选择

机器人巡视该类型设备的方法主要有三种：采用红外巡视设备的引线接头、本体、套管、油枕等预置点位；采用声音巡视采集运行中设备的声纹；采用可见光巡视设备的本体引线等预置点位，见表 3-13 ~ 表 3-15。

表 3-13 户外干式电抗器机器人红外巡视点位选择

序号	巡视点位	巡视手段	取景数量	取景及技术要求	识别模式
1	引线接头	红外	2	从两个方向分别以 120° 夹角取景，取景内容包含引线接头，拍摄距离在 15 m 以内，测温精度控制在 ±2 K，并按照 DL/T 664 规范要求配置点位阈值	全自主识别
2	本体	红外	4	从设备四面分别以 120°夹角各取景一次，取景内容为本体全覆盖，拍摄距离在 15 m 以内，测温精度控制在 ±2 K，并按照 DL/T 664 规范要求配置点位阈值	全自主识别

表 3-14 户外干式电抗器机器人声音巡视点位选择

序号	巡视点位	巡视手段	取景数量	取景及技术要求	识别模式
1	本体	声音	1	距离在 5 m 内，采集设备声纹，音频时长不小于 10 s	人工复测

表 3-15 户外干式电抗器机器人可见光巡视点位选择

序号	巡视点位	巡视手段	取景数量	取景及技术要求	识别模式
1	本体外观检查	可见光	4	从设备四面分别以 120° 各取景一次，拍摄距离在 12 m 以内，拍摄大小占整个视角的 1/3，取景内容人工可清晰识别外观完整无损，防雨罩完好，支柱绝缘子瓷瓶应无破损、裂纹、爬电现象，外包封表面应清洁、无裂纹，无爬电痕迹，无涂层脱落现象，无发热变色现象，撑条（引拔棒）无错位脱落	人工复测
2	引线、接头检查	可见光	1	以 120° 夹角取景，拍摄距离在 12 m 以内，拍摄大小占整个视角的 1/3，取景内容人工可清晰识别引线无散股或断股现象，接头无氧化现象	人工复测

3.3.7 户外电容器（组）机器人巡视点位选择

机器人巡视该类型设备的方法主要有两种：采用红外巡视设备的引线接头、本体、套管、油枕等预置点位；采用可见光巡视设备的本体、引线、熔断器等预置点位，见表 3-16 和表 3-17。

表 3-16　户外电容器（组）机器人红外巡视点位选择

序号	巡视点位	巡视手段	取景数量	取景及技术要求	识别模式
1	引线接头	红外	2	从两个方向分别以 120° 夹角取景，取景内容包含引线接头，拍摄距离在 15 m 以内，测温精度控制在 ±2 K，并按照 DL/T 664 规范要求配置点位阈值	全自主识别
2	本体	红外	4	从设备四面分别以 120° 夹角各取景一次，取景内容为本体全覆盖，拍摄距离在 15 m 以内，测温精度控制在 ±2 K，并按照 DL/T 664 规范要求配置点位阈值	全自主识别

表 3-17　户外电容器（组）机器人可见光巡视点位选择

序号	巡视点位	巡视手段	取景数量	取景及技术要求	识别模式
1	本体外观检查	可见光	4	从设备四面分别以 120° 各取景一次，拍摄距离在 12 m 以内，拍摄大小占整个视角的 1/3，取景内容人工可清晰识别电容器（组）上无异物，外部涂漆无变色，外壳无鼓肚、膨胀变形，无接缝开裂、渗漏油现象，瓷绝缘无脏污、无破损裂纹、放电痕迹，绝缘包裹无脱落	人工复测
2	引线、接头检查	可见光	1	以 90° 夹角取景，拍摄距离在 12 m 以内，拍摄大小占整个视角的 1/4，取景内容人工可清晰识别母线及引线松紧适度，设备连接处无过热变色现象，接地引线无严重锈蚀、松动	人工复测
3	熔断器检查	可见光	1	以 120° 夹角取景，拍摄距离在 15 m 以内，拍摄大小占整个视角的 1/4，取景内容人工可清晰识别熔断器外观完好，无锈蚀；弹簧完好，无锈蚀、断裂	人工复测
4	辅助设施检查	可见光	4	分别以 120° 夹角在设备四面取景，拍摄距离在 15 m 以内，拍摄大小占整个视角的 1/4，取景内容人工可清晰识别网门关闭严密，无锈蚀或破损，场地环境无杂草、积水等	人工复测

3.3.8　户外母线机器人巡视点位选择

机器人巡视该类型设备的方法主要有两种：采用红外巡视设备的引线接头、本体、套管、油枕等预置点位；采用可见光巡视设备的本体、绝缘子、线夹等预置点位，见表 3-18 和表 3-19。

表 3-18 户外母线机器人红外巡视点位选择

序号	巡视点位	巡视手段	取景数量	取景及技术要求	识别模式
1	引线接头	红外	2	从两个方向分别以 120° 夹角取景，取景内容包含引线接头，拍摄距离在 15 m 以内，测温精度控制在 ±2 K，并按照 DL/T 664 规范要求配置点位阈值。	全自主识别
2	本体	红外	2	从设备两面分别以 120° 夹角各取景一次，取景内容为本体全覆盖，拍摄距离在 15 m 以内，测温精度控制在 ±2 K，并按照 DL/T 664 规范要求配置点位阈值	全自主识别

表 3-19 户外母线机器人可见光巡视点位选择

序号	巡视点位	巡视手段	取景数量	取景及技术要求	识别模式
1	本体外观检查	可见光	2	从设备两面分别以 120° 各取景一次，拍摄距离在 12 m 以内，拍摄大小占整个视角的 1/3，取景内容人工可清晰识别母线无无断股、散股，无过紧、过松状况，无异物、异响、损伤、闪络、污垢，绝缘包裹材料完好，接头盒无脱落，相色标识无褪色、脱落，硬母线无振动、变形	人工复测
2	接线板、线夹及金具等检查	可见光	1	以 90° 夹角取景，拍摄距离在 12 m 以内，拍摄大小占整个视角的 1/4，取景内容人工可清晰识别母线金具无松动，附件齐全，接线板和线夹连接牢固，螺栓无松动、锈蚀，均压环（球）无变形、放电痕迹	人工复测
3	绝缘子检查	可见光	1	以 120° 夹角取景，拍摄距离在 12 m 以内，拍摄大小占整个视角的 1/4，取景内容人工可清晰识别绝缘子无异常放电声，安装牢固，外表应清洁、无破损、无掉串、无裂纹及放电痕迹	人工复测

3.3.9 户外组合电器机器人巡视点位选择

机器人巡视该类型设备的方法主要有两种：采用红外巡视设备的气室、套管接头等预置点位；采用可见光巡视设备的本体、表计等预置点位，见表 3-20 和表 3-21。

表 3-20　户外组合电器机器人红外巡视点位选择

序号	巡视点位	巡视手段	取景数量	取景及技术要求	识别模式
1	套管接头	红外	1	以 120° 夹角取景，取景内容包含套管接头，拍摄距离在 12 m 以内，测温精度控制在 ±2 K，并按照 DL/T 664 规范要求配置点位阈值	全自主识别
2	气室	红外	1	以 120° 夹角取景，取景内容为间隔气室全覆盖，拍摄距离在 12 m 以内，测温精度控制在 ±2 K，并按照 DL/T 664 规范要求配置点位阈值	全自主识别

表 3-21　户外组合电器机器人可见光巡视点位选择

序号	巡视点位	巡视手段	取景数量	取景及技术要求	识别模式
1	SF_6 压力值检查	可见光	1	云台摄像头正对仪表表盘，清晰看清压力值，拍摄距离在 5 m 以内，拍摄大小占整个视角的 1/4，读取数据的误差在 ±2% 内，并按照南网缺陷设备缺陷定级标准配置点位阈值	全自主识别
2	分合闸指示检查	可见光	1	云台摄像头正对仪表表盘，清晰看清分合闸指示牌，拍摄距离在 5 m 以内，拍摄大小占整个视角的 1/4，读取数据的误差在 ±2% 内	全自主识别
3	断路器动作次数检查	可见光	1	云台摄像头正对仪表表盘，清晰看清断路器动作次数，拍摄距离在 5 m 以内，拍摄大小占整个视角的 1/3，读取数据的误差在 ±2% 内	全自主识别
4	储能指示检查	可见光	1	云台摄像头正对仪表表盘，清晰看清断路器储能指示，拍摄距离在 5 m 以内，拍摄大小占整个视角的 1/3，读取数据的误差在 ±2% 内	全自主识别
5	本体外观检查	可见光	1	以 120° 夹角取景，拍摄距离在 10 m 以内，拍摄大小占整个视角的 1/3，取景内容人工可清晰识别 GIS 外壳表面无生锈、腐蚀、变形、松动等异常，油漆完整、清洁，外壳接地良好	人工复测
6	引线检查	可见光	1	以 120° 夹角取景，拍摄距离在 10 m 以内，拍摄大小占整个视角的 2/3，取景内容人工可清晰识别引线应连接可靠，自然下垂，三相松弛度一致，无断股、散股现象	人工复测
7	套管检查	可见光	1	以 120° 夹角取景，拍摄距离在 10 m 以内，拍摄大小占整个视角的 1/4，瓷套表面应无严重污垢沉积、破损伤痕，法兰处应无裂纹、闪络痕迹	人工复测
8	端子箱、机构箱检查	可见光	1	以 90° 夹角取景，拍摄距离在 15 m 以内，拍摄大小占整个视角的 1/3，取景内容人工可清晰识别端子箱、机构箱密封应良好	人工复测

3.3.10 室内高压开关柜机器人巡视点位选择

机器人巡视该类型设备的方法主要有三种：采用红外巡视设备的柜体、电缆头、穿墙套管一次接线端等预置点位；采用声音巡视采集运行中设备的声纹；采用可见光巡视设备的本体、断路器、隔离开关等预置点位，见表3-22～表3-24。

表 3-22 室内高压开关柜机器人红外巡视点位选择

序号	巡视点位	巡视手段	取景数量	取景及技术要求	识别模式
1	柜体	红外	6	分别以120°夹角取景在柜体前后面上、中、下各取景一次，拍摄距离在2.5 m以内，测温精度控制在±2 K，并按照DL/T 664规范要求配置点位阈值	全自主识别
2	引线接头	红外	2	以120°夹角取景，取景内容为引线接头，拍摄距离在3 m以内，测温精度控制在±2 K，并按照DL/T 664规范要求配置点位阈值	全自主识别
3	电缆头	红外	2	以120°夹角取景，取景内容为引线接头，拍摄距离在1 m以内，测温精度控制在±2 K，并按照DL/T 664规范要求配置点位阈值	全自主识别

表 3-23 室内高压开关柜机器人声音巡视点位选择

序号	巡视点位	巡视手段	取景数量	取景及技术要求	识别模式
1	本体	声音	1	距离在5 m内，采集设备声纹，音频时长不小于10 s	人工复测

表 3-24 室内高压开关柜机器人可见光巡视点位选择

序号	巡视点位	巡视手段	取景数量	取景及技术要求	识别模式
1	放电次数及泄漏电流检查	可见光	1	云台摄像头正对仪表表盘，清晰看清放电次数及泄漏电流，拍摄距离在1.5 m以内，拍摄大小占整个视角的1/3，读取数据的误差在±2%内，并按照南网缺陷设备缺陷定级标准配置点位阈值	全自主识别
2	分合闸指示检查	可见光	1	云台摄像头正对仪表表盘，清晰看清分合闸指示牌，拍摄距离在1.5 m以内，拍摄大小占整个视角的1/4，读取数据的误差在±2%内	全自主识别
3	断路器动作次数检查	可见光	1	云台摄像头正对仪表表盘，清晰看清断路器动作次数，拍摄距离在1.5 m以内，拍摄大小占整个视角的1/3，读取数据的误差在±2%内	全自主识别

续表

序号	巡视点位	巡视手段	取景数量	取景及技术要求	识别模式
4	储能指示检查	可见光	1	云台摄像头正对仪表表盘，清晰看清断路器储能指示，拍摄距离在 1.5 m 以内，拍摄大小占整个视角的 1/3，读取数据的误差在 ±2% 内	全自主识别
5	装置指示灯检查	可见光	1	云台摄像头正对装置指示灯，清晰识别指示灯状态，拍摄距离在 1.5 m 以内，拍摄大小占整个视角的 1/4，并按照南网缺陷设备缺陷定级标准配置点位阈值	全自主识别
6	连接片及转换把手检查	可见光		云台摄像头正对装置指示灯，清晰识别连接片及转换把手状态，拍摄距离在 1.5 m 以内，拍摄大小占整个视角的 1/4，并按照南网缺陷设备缺陷定级标准配置点位阈值	全自主识别
7	本体外观检查	可见光	1	以 120° 夹角取景，拍摄距离在 2 m 以内，拍摄大小占整个视角的 1/3，取景内容人工可清晰识别柜体外观无变形、破损、锈蚀、掉漆，外壳及面板各螺栓齐全，无松动、锈蚀，柜体封闭性能完好	人工复测
8	穿墙套管检查	可见光	1	以 120° 夹角取景，拍摄距离在 3 m 以内，拍摄大小占整个视角的 1/3，取景内容人工可清晰识别穿墙套管无放电现象	人工复测
9	电缆室检查	可见光	1	以 90° 夹角取景，拍摄距离在 2 m 以内，拍摄大小占整个视角的 1/3，取景内容人工可清晰识别绝缘子、互感器、避雷器可视部分应完好，无异常，电缆终端头连接良好，无过热现象，温度蜡无熔化	人工复测

3.3.11　室内组合电器机器人巡视点位选择

机器人巡视该类型设备的方法主要有两种：采用红外巡视设备的气室、套管接头等预置点位；采用可见光巡视设备的本体、表计等预置点位，见表 3-25 和表 3-26。

表 3-25 室内组合电器机器人红外巡视点位选择

序号	巡视点位	巡视手段	取景数量	取景及技术要求	识别模式
1	套管接头	红外	1	以 120° 夹角取景，取景内容包含套管接头，拍摄距离在 2 m 以内，测温精度控制在 ±2 K，并按照 DL/T 664 规范要求配置点位阈值	全自主识别
2	气室	红外	1	以 120° 夹角取景，取景内容为间隔气室全覆盖，拍摄距离在 3 m 以内，测温精度控制在 ±2 K，并按照 DL/T 664 规范要求配置点位阈值	全自主识别

表 3-26 室内组合电器机器人可见光巡视点位选择

序号	巡视点位	巡视手段	取景数量	取景及技术要求	识别模式
1	SF_6 压力值检查	可见光	1	云台摄像头正对仪表表盘，清晰看清压力值，拍摄距离在 2 m 以内，拍摄大小占整个视角的 1/4，读取数据的误差在 ±2% 内，并按照南网缺陷设备缺陷定级标准配置点位阈值	全自主识别
2	分合闸指示检查	可见光	1	云台摄像头正对仪表表盘，清晰看清分合闸指示牌，拍摄距离在 2 m 以内，拍摄大小占整个视角的 1/4，读取数据的误差在 ±2% 内	全自主识别
3	断路器动作次数检查	可见光	1	云台摄像头正对仪表表盘，清晰看清断路器动作次数，拍摄距离在 2 m 以内，拍摄大小占整个视角的 1/3，读取数据的误差在 ±2% 内	全自主识别
4	储能指示检查	可见光	1	云台摄像头正对仪表表盘，清晰看清断路器储能指示，拍摄距离在 2 m 以内，拍摄大小占整个视角的 1/3，读取数据的误差在 ±2% 内	全自主识别
5	放电次数及泄漏电流检查	可见光	1	云台摄像头正对仪表表盘，清晰看清放电次数及泄漏电流，拍摄距离在 2 m 以内，拍摄大小占整个视角的 1/3，读取数据的误差在 ±2% 内，并按照南网缺陷设备缺陷定级标准配置点位阈值	全自主识别
6	本体外观检查	可见光	1	以 120° 夹角取景，拍摄距离在 3 m 以内，拍摄大小占整个视角的 1/3，取景内容人工可清晰识别 GIS 外壳表面无生锈、腐蚀、变形、松动等异常，油漆完整、清洁，外壳接地良好	人工复测
7	端子箱、机构箱检查	可见光	1	以 90° 夹角取景，拍摄距离在 3 m 以内，拍摄大小占整个视角的 1/3，取景内容人工可清晰识别端子箱、机构箱密封应良好	人工复测

3.3.12　室内站用交直流系统机器人巡视点位选择

机器人巡视该类型设备的方法主要有两种：采用红外巡视设备的蓄电池连接点预置点位；采用可见光巡视设备的本体、二次空开、装置指示灯等预置点位，见表 3-27 和表 3-28。

表 3-27　室内站用交直流系统机器人红外巡视点位选择

序号	巡视点位	巡视手段	取景数量	取景及技术要求	识别模式
1	蓄电池连接点	红外	1	以 120° 夹角取景，取景内容包含蓄电池连接点，拍摄距离在 3 m 以内，测温精度控制在 ±2 K，并按照 DL/T 664 规范要求配置点位阈值	全自主识别

表 3-28　室内站用交直流系统机器人可见光巡视点位选择

序号	巡视点位	巡视手段	取景数量	取景及技术要求	识别模式
1	电压、电流表计	可见光	1	云台摄像头正对装置指示灯，清晰识别表计读数，拍摄距离在 1.5 m 以内，拍摄大小占整个视角的 1/4，并按照南网缺陷设备缺陷定级标准配置点位阈值	全自主识别
2	二次空开	可见光	1	云台摄像头正对装置指示灯，清晰识别二次空开状态，拍摄距离在 1.5 m 以内，拍摄大小占整个视角的 1/4，并按照南网缺陷设备缺陷定级标准配置点位阈值	全自主识别
3	装置指示灯检查	可见光	1	云台摄像头正对装置指示灯，清晰识别指示灯状态，拍摄距离在 1.5 m 以内，拍摄大小占整个视角的 1/4，并按照南网缺陷设备缺陷定级标准配置点位阈值	全自主识别
4	闪烁装置指示灯检查	可见光	1	云台摄像头正对装置指示灯，录入视频时长不小于 10 s，拍摄距离在 1.5 m 以内，拍摄大小占整个视角的 1/3	人工复测
5	蓄电池检查	可见光	1	以 120° 夹角取景，拍摄距离在 2 m 以内，拍摄大小占整个视角的 1/3，取景内容人工可清晰识别外观应无变形、裂纹、损伤、积灰，无鼓肚，密封良好，无渗液、爬酸，无异物、腐蚀。连接件应无变形、裂纹、损伤、灰尘、腐蚀等现象	人工复测

续表

序号	巡视点位	巡视手段	取景数量	取景及技术要求	识别模式
6	直流系统检查	可见光	1	以 120° 夹角取景，拍摄距离在 2 m 以内，拍摄大小占整个视角的 1/3，取景内容人工可清晰识别屏柜应无锈蚀、破损，封堵良好，基础无下陷，无异响、异味，接地线连接良好，各部件表面清洁	人工复测
7	馈线屏检查	可见光	1	以 120° 夹角取景，拍摄距离在 2 m 以内，拍摄大小占整个视角的 1/3，取景内容人工可清晰识别屏柜应无锈蚀、破损，封堵良好，基础无下陷，接地线连接良好	人工复测
8	交流系统检查	可见光	1	以 120° 夹角取景，拍摄距离在 2 m 以内，拍摄大小占整个视角的 1/3，取景内容人工可清晰识别屏柜外观生锈、破损，屏柜接地线连接良好，各元器件清洁，封堵良好，基础无下陷	人工复测

3.3.13 室内保护、通信装置机器人巡视点位选择

机器人巡视该类型设备的方法主要有一种，即采用可见光巡视设备的二次连接片、二次空开、装置指示灯等预置点位，见表 3-29。

表 3-29 室内保护、通信装置机器人可见光巡视点位选择

序号	巡视点位	巡视手段	取景数量	取景及技术要求	识别模式
1	电压、电流表计	可见光	1	云台摄像头正对装置指示灯，清晰识别表计读数，拍摄距离在 1.5 m 以内，拍摄大小占整个视角的 1/4，并按照南网缺陷设备缺陷定级标准配置点位阈值	全自主识别
2	二次连接片	可见光	1	云台摄像头正对装置指示灯，清晰识别连接片状态，拍摄距离在 1 m 以内，拍摄大小占整个视角的 1/3，并按照南网缺陷设备缺陷定级标准配置点位阈值	全自主识别
3	二次空开	可见光	1	云台摄像头正对装置指示灯，清晰识别二次空开状态，拍摄距离在 1.5 m 以内，拍摄大小占整个视角的 1/4，并按照南网缺陷设备缺陷定级标准配置点位阈值	全自主识别

续表

序号	巡视点位	巡视手段	取景数量	取景及技术要求	识别模式
4	装置指示灯检查	可见光	1	云台摄像头正对装置指示灯，清晰识别指示灯状态，拍摄距离在 1.5 m 以内，拍摄大小占整个视角的 1/4，并按照南网缺陷设备缺陷定级标准配置点位阈值	全自主识别
5	闪烁装置指示灯检查	可见光	1	云台摄像头正对装置指示灯，录入视频时长不小于 10 s，拍摄距离在 1.5 m 以内，拍摄大小占整个视角的 1/3	人工复测
6	柜体检查	可见光	1	以 120° 夹角取景，拍摄距离在 2 m 以内，拍摄大小占整个视角的 1/3，取景内容人工可清晰识别屏柜外观无生锈、破损，屏柜接地线连接良好，各元器件清洁，封堵良好，基础无下陷	人工复测

3.3.14　室内变压器机器人巡视点位选择

机器人巡视该类型设备的方法主要有三种：采用红外巡视设备的引线接头、本体、套管、油枕等预置点位；采用声音巡视采集运行中设备的声纹；采用可见光巡视设备的本体、套管、油枕、冷却系统等预置点位，见表 3-30 ~ 表 3-32。

表 3-30　室内变压器机器人红外巡视点位选择

序号	巡视点位	巡视手段	取景数量	取景及技术要求	识别模式
1	引线接头	红外	2	从两个方向分别以 120° 夹角取景，取景内容包含引线接头，拍摄距离在 3 m 以内，测温精度控制在 ±2 K，并按照 DL/T 664 规范要求配置点位阈值。	全自主识别
2	本体	红外	8	从设备四面分别以 120° 夹角在每面上下部位各取景一次，取景内容为本体全覆盖，拍摄距离在 2 m 以内，测温精度控制在 ±2 K，并按照 DL/T 664 规范要求配置点位阈值	全自主识别
3	套管	红外	2	从两个方向分别以 120° 夹角取景，取景内容包含套管上端接线板和下端基座，拍摄距离在 5 m 以内，测温精度控制在 ±2 K，并按照 DL/T 664 规范要求配置点位阈值	全自主识别
4	油枕	红外	2	从两个方向分别以 120° 夹角取景，取景内容包含油枕本体两面，拍摄距离在 5 m 以内，测温精度控制在 ±2 K，并按照 DL/T 664 规范要求配置点位阈值	全自主识别

表 3-31 室内变压器机器人声音巡视点位选择

序号	巡视点位	巡视手段	取景数量	取景及技术要求	识别模式
1	本体	声音	1	距离在 2 m 内，采集设备声纹，音频时长不小于 10 s	人工复测

表 3-32 室内变压器机器人可见光巡视点位选择

序号	巡视点位	巡视手段	取景数量	取景及技术要求	识别模式
1	油位表检查	可见光	1	云台摄像头正对仪表表盘，清晰看清油位，拍摄距离在 5 m 以内，拍摄大小占整个视角的 1/4，读取数据的误差在 ±2% 内，并按照南网缺陷设备缺陷定级标准配置点位阈值	全自主识别
2	温度表计检查	可见光	1	云台摄像头正对仪表表盘，清晰看清油位，拍摄距离在 2 m 以内，拍摄大小占整个视角的 1/4，读取数据的误差在 ±2% 内，并按照南网缺陷设备缺陷定级标准配置点位阈值	全自主识别
3	呼吸器检查	可见光	1	以 90° 夹角取景，清晰看清硅胶变色情况，拍摄距离在 3 m 以内，拍摄大小占整个视角的 1/3，并按照南网缺陷设备缺陷定级标准配置点位阈值	全自主识别
4	调压挡位指示检查	可见光	1	云台摄像头正对仪表表盘，清晰看清油位，拍摄距离在 2 m 以内，拍摄大小占整个视角的 1/3，读取数据的误差在 ±2% 内，并按照南网缺陷设备缺陷定级标准配置点位阈值	全自主识别
5	装置指示灯检查	可见光	1	云台摄像头正对装置指示灯，清晰识别指示灯状态，拍摄距离在 1.5 m 以内，拍摄大小占整个视角的 1/4，并按照南网缺陷设备缺陷定级标准配置点位阈值	全自主识别
6	油流指示器检查	可见光	1	云台摄像头正对仪表表盘，清晰看清油位，拍摄距离在 1 m 以内，拍摄大小占整个视角的 1/3，读取数据的误差在 ±2% 内，并按照南网缺陷设备缺陷定级标准配置点位阈值	全自主识别
7	本体外观检查	可见光	8	从设备四面分别以 120° 取景本体及下方地面各一次，拍摄距离在 5 m 以内，拍摄大小占整个视角的 1/3，取景内容人工可清晰识别本体外观无明显破损、锈蚀现象，法兰、阀门、冷却装置、油箱、油管路等焊接或密封连接处应密封质量良好，无渗漏油迹象，下方地面无渗漏油污痕迹	人工复测

续表

序号	巡视点位	巡视手段	取景数量	取景及技术要求	识别模式
8	引线、接头检查	可见光	1	以 120° 夹角取景，拍摄距离在 8 m 以内，拍摄大小占整个视角的 1/3，取景内容人工可清晰识别引线无散股或断股现象，接头无氧化现象	人工复测
9	套管检查	可见光	2	分别以 120° 夹角取景本体及下方地面各一次，拍摄距离在 8 m 以内，拍摄大小占整个视角的 1/4，取景内容人工可清晰识别每相套管外观无明显破损、锈蚀现象，套管、升高座焊接部位质量良好，无渗漏油迹象，下方无渗漏油污痕迹	人工复测
10	油枕检查	可见光	1	分别以 120° 夹角取景，本体正、侧面各一次，拍摄距离在 8 m 以内，拍摄大小占整个视角的 1/4，取景内容人工可清晰识别油枕外观无明显破损、锈蚀现象，油枕焊接部位质量良好，无渗漏油迹象	人工复测
11	冷却装置检查	可见光	1	以 120° 夹角取景，拍摄距离在 2 m 以内，拍摄大小占整个视角的 1/3，取景内容人工可清晰识别风扇和油泵的外观无明显破损、锈蚀现象，冷却装置及阀门、油泵、油路等无渗漏	人工复测
12	调压开关检查	可见光	1	以 120° 夹角取景，拍摄距离在 2 m 以内，拍摄大小占整个视角的 1/3，取景内容人工可清晰识别机构箱密封良好	人工复测
13	非电量保护装置检查	可见光	1	以 90° 夹角取景，拍摄距离在 5 m 以内，拍摄大小占整个视角的 1/3，取景内容人工可清晰识别气体继电器应密封良好、无渗漏、无集聚气体，瓦斯继电器内应充满油，油色无浑浊变黑现象，压力释放阀应无喷油及渗漏现象，突发压力继电器无渗漏油及渗漏声响	人工复测
14	端子箱、汇控箱检查	可见光	1	以 90° 夹角取景，拍摄距离在 2 m 以内，拍摄大小占整个视角的 1/3，取景内容人工可清晰识别端子箱、汇控箱密封应良好	人工复测
15	穿墙套管检查	可见光	1	以 120° 夹角取景，拍摄距离在 3 m 以内，拍摄大小占整个视角的 1/3，取景内容人工可清晰识别穿墙套管无放电现象	人工复测

3.3.15 室内电容器（组）机器人巡视点位选择

机器人巡视该类型设备的方法主要有两种：采用红外巡视设备的引线接头、本体、套管、油枕等预置点位；采用可见光巡视设备的本体、引线、熔断器等预置点位，见表 3-33 和表 3-34。

表 3-33 室内电容器（组）机器人红外巡视点位选择

序号	巡视点位	巡视手段	取景数量	取景及技术要求	识别模式
1	引线接头	红外	2	从两个方向分别以 120° 夹角取景，取景内容包含引线接头，拍摄距离在 2 m 以内，测温精度控制在 ±2 K，并按照 DL/T 664 规范要求配置点位阈值	全自主识别
2	本体	红外	4	从设备四面分别以 120° 夹角各取景一次，取景内容为本体全覆盖，拍摄距离在 2 m 以内，测温精度控制在 ±2 K，并按照 DL/T 664 规范要求配置点位阈值	全自主识别

表 3-34 户外电容器（组）机器人可见光巡视点位选择

序号	巡视点位	巡视手段	取景数量	取景及技术要求	识别模式
1	本体外观检查	可见光	4	从设备四面分别以 120° 各取景一次，拍摄距离在 2 m 以内，拍摄大小占整个视角的 1/3，取景内容人工可清晰识别电容器（组）上无异物，外部涂漆无变色，外壳无鼓肚、膨胀变形，无接缝开裂、渗漏油现象，瓷绝缘无脏污、无破损裂纹、放电痕迹，绝缘包裹无脱落	人工复测
2	引线、接头检查	可见光	1	以 90° 夹角取景，拍摄距离在 3 m 以内，拍摄大小占整个视角的 1/4，取景内容人工可清晰识别母线及引线松紧适度，设备连接处无过热变色现象，接地引线无严重锈蚀、松动	人工复测
3	熔断器检查	可见光	1	以 120° 夹角取景，拍摄距离在 3 m 以内，拍摄大小占整个视角的 1/4，取景内容人工可清晰识别熔断器外观完好，无锈蚀；弹簧完好，无锈蚀、断裂	人工复测
4	辅助设施检查	可见光	4	分别以 120° 夹角在设备四面取景，拍摄距离在 5 m 以内，拍摄大小占整个视角的 1/4，取景内容人工可清晰识别网门无锈蚀或破损现象	人工复测
5	穿墙套管检查	可见光	1	以 120° 夹角取景，拍摄距离在 3 m 以内，拍摄大小占整个视角的 1/3，取景内容人工可清晰识别穿墙套管无放电现象	人工复测

3.3.16　室内断路器机器人巡视点位选择

机器人巡视该类型设备的方法主要有两种：采用红外巡视设备的引线接头、本体灭弧室等预置点位；采用可见光巡视设备的本体、表计、分合闸指示、机构箱、端子箱等预置点位，见表 3-35 和表 3-36。

表 3-35　室内断路器机器人红外巡视点位选择

序号	巡视点位	巡视手段	取景数量	取景及技术要求	识别模式
1	引线接头	红外	2	从两个方向分别以 120° 夹角取景，取景内容包含引线接头，拍摄距离在 3 m 以内，测温精度控制在 ±2 K，并按照 DL/T 664 规范要求配置点位阈值	全自主识别
2	本体	红外	2	从两个方向分别以 120° 夹角取景，取景内容包含断路器本体，油断路器应可观察到灭弧室温度。拍摄距离在 3 m 以内，拍摄大小占整个视角的 1/4，测温精度控制在 ±2 K，并按照 DL/T 664 规范要求配置点位阈值	全自主识别

表 3-36　室内断路器机器人可见光巡视点位选择

序号	巡视点位	巡视手段	取景数量	取景及技术要求	识别模式
1	油位表检查	可见光	1	云台摄像头正对仪表表盘，清晰看清油位，拍摄距离在 3 m 以内，拍摄大小占整个视角的 1/4，读取数据的误差在 ±2% 内，并按照南网缺陷设备缺陷定级标准配置点位阈值	全自主识别
2	SF_6 压力值检查	可见光	1	云台摄像头正对仪表表盘，清晰看清压力值，拍摄距离在 3 m 以内，拍摄大小占整个视角的 1/4，读取数据的误差在 ±2% 内，并按照南网缺陷设备缺陷定级标准配置点位阈值	全自主识别
3	分合闸指示检查	可见光	1	云台摄像头正对仪表表盘，清晰看清分合闸指示牌，拍摄距离在 5 m 以内，拍摄大小占整个视角的 1/4，读取数据的误差在 ±2% 内	全自主识别
4	断路器动作次数检查	可见光	1	云台摄像头正对仪表表盘，清晰看清断路器动作次数，拍摄距离在 3 m 以内，拍摄大小占整个视角的 1/3，读取数据的误差在 ±2% 内	全自主识别

续表

序号	巡视点位	巡视手段	取景数量	取景及技术要求	识别模式
5	储能指示检查	可见光	1	云台摄像头正对仪表表盘，清晰看清断路器储能指示，拍摄距离在 3 m 以内，拍摄大小占整个视角的 1/3，读取数据的误差在 ±2% 内	全自主识别
6	本体外观检查	可见光	2	从设备正、侧两面分别以 120° 取景，拍摄距离在 3 m 以内，拍摄大小占整个视角的 1/3，取景内容人工可清晰识别本体外观，本体外观无明显破损、锈蚀现象，瓷套清洁，无损伤、裂纹、放电闪络或严重污垢，法兰处无裂纹、闪络痕迹	人工复测
7	引线、接头检查	可见光	1	以 120° 夹角取景，拍摄距离在 5 m 以内，拍摄大小占整个视角的 2/3，取景内容人工可清晰识别引线无散股或断股现象，接头无氧化现象	人工复测
8	端子箱、汇控箱检查	可见光	1	以 90° 夹角取景，拍摄距离在 2 m 以内，拍摄大小占整个视角的 1/3，取景内容人工可清晰识别端子箱、汇控箱密封应良好	人工复测

3.3.17 室内隔离开关机器人巡视点位选择

机器人巡视该类型设备的方法主要有两种：采用红外巡视设备的引线接头、动静触头连接处等预置点位；采用可见光巡视设备的本体、分合闸指示等预置点位，见表 3-37 和表 3-38。

表 3-37 室内隔离开关机器人红外巡视点位选择

序号	巡视点位	巡视手段	取景数量	取景及技术要求	识别模式
1	引线接头	红外	2	从两个方向分别以 120° 夹角取景，取景内容包含引线接头，拍摄距离在 2 m 以内，测温精度控制在 ±2 K，并按照 DL/T 664 规范要求配置点位阈值。	全自主识别
2	动静触头连接处	红外	2	从两个方向分别以 120° 夹角取景，取景内容包含引线接头。拍摄距离在 2 m 以内，拍摄大小占整个视角的 1/4，测温精度控制在 ±2 K，并按照 DL/T 664 规范要求配置点位阈值	全自主识别

表 3-38　室内隔离开关机器人可见光巡视点位选择

序号	巡视点位	巡视手段	取景数量	取景及技术要求	识别模式
1	分合闸检查	可见光	1	以 120° 夹角取景，清晰看清每相分合闸状态，拍摄距离在 2 m 以内，拍摄大小占整个视角的 1/4，读取数据的误差在 ±2% 内	全自主识别
2	本体外观检查	可见光	1	以 120° 夹角取景，拍摄距离在 3 m 以内，拍摄大小占整个视角的 1/3，取景内容人工可清晰识别本体外观，本体外观无明显破损、锈蚀现象，瓷套清洁，无损伤、裂纹、放电闪络或严重污垢，法兰处无裂纹、闪络痕迹	人工复测
3	引线、接头检查	可见光	1	以 120° 夹角取景，拍摄距离在 3 m 以内，拍摄大小占整个视角的 2/3，取景内容人工可清晰识别引线无散股或断股现象，接头无氧化现象	人工复测
4	穿墙套管检查	可见光	1	以 120° 夹角取景，拍摄距离在 3 m 以内，拍摄大小占整个视角的 1/3，取景内容人工可清晰识别穿墙套管无放电现象	人工复测

3.4　机器人系统调试

3.4.1　机器人系统环境搭建

1．调试内容

主控室内环境搭建以路由器为核心，将后台主机、NVR 和 POE 用网线连接。

无线网桥按照调试指导书相关要求配置测试正常后，安装机器人系统后台软件，后台主机 C 盘需要 500 GB 以上容量并安装天擎杀毒软件进行病毒查杀及漏洞修复。

微气象信号线按照橙白、绿白短接后压接在 485 串口转换器上的 A（+）端子，橙、绿短接后压接在 B（–）端子上，按照调试指导书要求关联相应机器人，在后台系统中验证环境温度、湿度及风速等数据是否正常。

机器人本体配置包含 IP 地址配置、可见光和红外摄像仪配置。IP 地址需配置机器人工控机、机器人红外视频服务器、机器人红外热像仪、机器人 NVR、机器人可见光视频服务器、机器人前置摄像头视频服务器、机器人基站、机器人移动站、机器人交换机和机器人后台主机 IP 地址，如果现场有 2 台机器人，第 2 台机器人所有的设备把

1 的网段换成 2 的网段。可见光摄像机配置和红外热像仪配置按照相关要求配置，在后台主系统中验证视频流是否已正常接入。

2．调试注意事项

（1）后台主机、NVR 和 POE 连接网线需要固定，避免接头活动引起通信中断。

（2）网桥配置 SSID（服务集标识）时选择隐藏功能，隐藏后外网计算机搜不到此无线网络，以保证网络安全。网线需要用 PVC 管防护，避免雨水引起绝缘层损坏，进线孔需用防火泥防护好。

（3）机器人本体配置需将可见光摄像机分辨率要设置为 1 920×1 080，开启自动对焦功能，保证机器人巡检拍摄图片清晰。

3．验收内容

（1）机器人应能与本地监控后台进行双向信息交互，信息交互内容包括检测数据和机器人本体状态数据。

（2）全自主和遥控两种巡视模式可自由无缝切换，切换响应速度应小于 0.1 s，切换过程中，智能机器人巡视系统的巡视状态和巡视姿态不发生明显变化。

（3）支持遥控拍照、摄像功能。支持定时、定点自动拍照、摄像功能，搭载可见光摄像机和红外热成像仪。

（4）可见光视频、红外影像可实现全向、实时传输，传输距离不小于 1 km。

（5）系统的硬件应满足机器人日常巡视的要求，最低配置为四代 i7，显卡显存≥2 GB，内存≥8 GB，硬盘存储容量≥4 TB，并具有自动备份功能，防火墙满足信息安全要求。

（6）机器人应具备自检功能，自检内容包括电源、驱动、通信和检测设备等部件的工作状态，发生异常时应能就地指示，并能上传信息。

（7）系统应具有环境温度、湿度和风速采集功能。

（8）机器人应能正确接收本地监控和远程集控后台的控制指令，实现云台转动、车体运动、自动充电和设备检测等功能，并正确反馈状态信息；能正确检测机器人本体的各类预警和告警信息，并可靠上报。

（9）机器人电池供电一次充电续航能力不小于 8 h，续航时间内，机器人应稳定、可靠工作。

（10）机器人在水平地面上的最大速度应不小于 1 m/s，最小转弯直径应不大于其本身长度的 2 倍，爬坡能力应不小于 20°。在 1 m/s 的运动速度下，最小制动距离应不大于 0.5 m，最小越障高度为 5 cm。

3.4.2　模型与预置点位建立

1．调试内容

（1）调试人员应根据施工方案提供的巡视路线到现场统计设备巡视点位，点位名称应与现场设备铭牌一致。巡视设备包括主变（本体、冷却器、高压侧套管、低压侧套管、中压侧套管、油枕、油温表、呼吸器、油位表、瓦斯阀、中性点套管、冷却装置等）、隔离开关（动静触头、两侧接头）、断路器（套管、SF_6压力表、分合闸指示等）、电流互感器、电压互感器、母线、引线接头（实现所有电流致热、电压致热型设备本体和接头）、电容器组、避雷器、穿墙套管、保护装置、通信装置、电抗器、端子箱等站内设备。然后建立全站设备五级目录，五级目录按照等级包括一级目录为设备区域（500 kV 或者 220 kV 区域等），二级目录为线路、间隔（××线路），三级目录为设备（××开关等），四级目录为设备相位（A、B、C 相），五级目录为设备部位（接头、本体等）。目录建立时应与运行人员确认命名方式及观测标准，建立完成后将设备点位表及观测标准打印出来交予运行人员审核并签字。

（2）机器人点位布置表经运行人员确认无误后，调试人员到现场定位机器人需要停靠的点位坐标，并在地面做标识。巡视点位选取要保证观测设备在合理距离内（红外设备 15 m 以内，可见光设备 20 m 以内）且前后无遮挡。

2．注意事项

（1）巡视点位命名时应与现场设备铭牌一致，且无错别字，模型应与现场巡视点位一一对应。

（2）停靠点定位时地面标识清晰、美观，调试结束后应及时清理标识。

3．验收内容

（1）模型中所有巡视点位应能满足全站所有设备巡视点位覆盖要求。

（2）地面标识应已清理干净，现场无遗留。

3.4.3 电子地图绘制

1. 调试内容

（1）机器人预置停靠点确定后，应按照电压等级，以充电桩（充电房）为初始点，参考施工方案中巡视路线制定从充电室到各个区域的详细巡视路线，每个巡视区域都要有独立的巡视路线，巡视路线应满足巡视“$N-1$”要求。

（2）路径规划完成后，应按照巡视路径将预置停靠点进行编号，在后台机上 MapBuilder 软件中将停靠点添加到电子地图中并用线段连接起来，组成机器人行走路线。

（3）电子地图绘制时应根据变电站实际情况用 CAD 绘制相应地图，其包含站内所有区域并标明各区域名称，最终图纸应达到简洁明了，一目了然，图纸像素要不低于 3 840×2 160。

2. 注意事项

（1）两个巡视区域重叠的巡视路线，机器人行走方向必须设置为同一方向。

（2）电子地图颜色应按照区域类别进行颜色区分，图片大小要适合后台软件预留地图尺寸，线条、字迹清楚，机器人巡检路线应明显，机器人图标大小合适，电子地图底图设计美观、清晰，尽量将站内主要建筑物及设备间隔用文字标注出来，绘制电子地图在连接单行线的时候一定要按照机器人寻迹的方向，从起始点到目标点，不能够出现相反的方向。

3. 验收内容

（1）测试不同区域设备的巡视任务不小于 6 次，验证路径规划是否为最优。

（2）电子地图底图应用颜色（绿色为主，巡视路线为白色，其他区域为绿色）体现出站内区域及巡视路径。

3.4.4 3D 激光地图扫描及坐标更新

1. 调试内容

小型化机器人需用机器人进行扫图，用遥控手柄控制机器人在变电站内按照巡视路线进行扫描，扫描期间应确保巡视通道两侧无临时性遮挡物或植被，扫描的激光地图要密集、无倾斜、无杂点，全站所有区域都要录入激光地图内。将站内设备录入激光地图中，激光地图制作完成后上传到机器人下位机。

激光地图建立后，机器人所在的位置会转化成 *xy* 坐标值，控制机器人行走至地面预置停靠点位，将该位置的 *xy* 坐标值存入数据库中即完成 3D 激光地图坐标更新工作。

2．注意事项

扫图时，控制机器人行走的速度不得大于 0.1 m/s，行走时要保持直线，不得走 S 形。控制机器人时要保证人站立的位置不在激光扫描仪范围内，避免将人扫入激光地图中产生误差。

更新停靠点坐标时，机器人本体不得倾斜，要与路平行，更新时注意查看匹配率，不得低于 90%，空旷区域不得低于 70%。

3．验收内容

（1）机器人在站内各个位置应满足匹配率要求，匹配率始终保持在 90%以上，空旷区域保持在 70% 以上。

（2）机器人执行任务时机器人每个激光地图停靠坐标应与现场机器人实际停靠位置一致。

3.4.5　巡视点位录入

1．调试内容

录入点位包括点位、可见光拉焦数值、红外聚焦数值和设备及检测点配置。点位录入是将机器人检测设备所需的云台旋转位置信息写入数据库，同时需要设置检测设备所需的可见光拉焦数值和红外聚焦数值一同保存到数据库中。

（2）将录入点位时抓取的点位模板导入模式识别软件，在该模板上框选出检测设备位置，即模式识别标定。配置模式识别时可根据点位类别选择最优的模式进行设置。

2．注意事项

（1）录入点位时定位的 *xy* 坐标值和云台转动位置要准确，抓取的点位模板图片清晰，可见光分辨率为 1 920 × 1 080，红外分辨率为 640 × 480。

（2）配置模式识别时要根据表计类型不同选取不同的标定框，圆盘形表计选取双圆标定框，数字表计选取正方形标定框。红外设备识别框准确，大小正好框住整个设备。

3. 验收内容

（1）现场对至少 2 项巡视任务进行重复执行，每项任务重复执行次数不少于 3 次，对至少 10 个巡视点检查重复导航定位误差。

（2）全站所有巡视点位覆盖率应在 100%（不包含无法识别点位），数据准确率在 100%，机器人巡视拍摄的图片应清晰，巡视报告漏检和未识别点位小于 2 个。

3.5 机器人项目建设工作技巧

智能巡视机器人项目正式计划开始后，项目责任单位在一个月内组织机器人厂家到项目所涉及变电站进行现场勘察，其间运行人员必须全程陪同，并结合现场实际情况针对机器人巡视路线及巡视点位提出可行的指导性意见。

机器人巡视点位选择应按照运行人员日常巡视设备项目和内容确定全站机器人每个停靠点位的巡视内容，统计好设备巡视点位和现阶段机器人无法识别点位形成表单后，交由运行人员负责审核，确保巡视点位已覆盖全站。

机器人巡视通道应结合巡视点位优先考虑原巡视主干通道加电缆沟盖板的建设方式，原巡视通道或电缆沟盖板宽度不足 1.2 m 的，宽度增补至 1.2 m。区域间隔支通道首尾两端新增浇筑巡视通道，每三个间隔设置一条出入巡视通道，每个间隔纵向巡视通道修筑至该间隔的末端（电压互感器或避雷器端），确保机器人巡视通道满足“N-1”（区域内其中一间隔检修，不影响其他间隔正常开展巡视工作）要求，同时巡视通道应考虑预留现阶段机器人无法观测点位的巡视通道，保证后续建设工作的有序开展。

巡视路径规划应以机器人充电桩位置为初始位置，到各个间隔行驶路线最短最优的原则规划，确保巡视路线可以覆盖到站内所有巡视点位。

施工方案应按照站内平面布置图审核机器人辅助设施安装位置的合理性，机器人充电房（充电桩）和转运平台尽量放置在易转运的非设备区域。建筑物二层以上需巡视的设备区域，应根据现场实际情况选择加装机器人升降电梯或轨道式机器人。机器人巡视通道和巡视路径规划由项目负责人和运行人员共同审核，确保施工方案的可行性。

巡视预置点位模型建立并形成点位布置表后交由运行人员审核，运行人员审核点位名称信息无误后开展巡视点位录入工作，调试人员应结合巡视路线一人负责拍摄点位基础图片，一人负责机器人预置停靠点位坐标录入。基础图片点位模式识别由两名现场调试人员共同开展，点位模式识别应按照设备巡视类型由调试人员分工完成，巡视点位阈值应按照 DL/T 664 规范和南网缺陷设备缺陷定级标准要求配置，部分需要逻辑关系判断的双指针表计应按照运行人员实际要求配置，确保每个点位的模式识别的正确性。

3D 激光地图扫描前应先清除机器人巡视通道两侧的临时堆放障碍物，尽量避开植物类所在的区域，确保地图环境的可靠性。3D 激光地图扫描需根据巡视路径扫描全站 3D 激光地图并更新预置停靠点位坐标。

巡视任务建立应根据设备差异化运维要求，根据设备重要程度分为四大类，分别汇总站内Ⅰ、Ⅱ、Ⅲ、Ⅳ类设备，建立可见光和红外巡视任务。可见光巡视任务尽量安排在 9:00—18:00，红外巡视任务尽量安排在 21:00—6:00（次日），若单个巡视任务超过 9 h 可将该任务拆分成多个巡视时长小于 9 h 的任务。机器人任务安排的巡视周期应大于等于设备差异化运维要求的巡视周期。

运行人员应先验收后台机预置机器人巡视任务的合理性，然后按照厂家提供的巡视报告结合后台机器人巡视图片，对每个点位进行核对验收，要求巡视点位名称规范、巡视图片清晰能与巡视报告数据信息一致，验收通过点位记录在站内点位统计表中，遗漏点位和问题点位记录在验收问题整改表中，在试运行期间专人跟踪厂家整改。在试运行点位整改期间，因需整改或补录点位较为分散，现场调试人员应根据各间隔问题点位或补录点位的分布情况，结合巡视路径现场重新录入点位基础图片后，选择最优的模式识别方法整改问题点位。机器人无法识别的点位，应由运行班组牵头结合设备停电检修工作更换表计后录入机器人系统，更新相应巡视路线和 3D 激光地图信息，因客观原因巡视通道周围环境永久改变时，应及时更新 3D 地图信息。

3.6　机器人巡视数据分析与应用

机器人巡视类别分为可见光巡视和红外巡视两大类。机器人可见光巡视可全自主识别预置点位的一次设备的表计、油位、分合闸指示、二次设备装置指示灯、二次空开和保护连接片状态，同时机器人可以拍摄设备外观视频或照片，通过人工复测来实现数据确认。机器人红外巡视可全自主识别预置点位的设备测温点。每次机器人巡视完成后，都会产出大量的巡视数据。下面将根据不同设备，巡视类别相同归为一类，制定巡视数据分析与应用原则。

3.6.1 断路器巡视数据分析与应用

断路器可见光巡视数据有 SF_6 压力值、油位值、液压或空压打压时间、空压或液压机压力值、动作次数、分合闸指示、储能指示和本体及一次接线端照片，红外巡视数据有本体及一次接线端测温数据，见表 3-39。

表 3-39 断路器巡视数据分析与应用

序号	巡视数据	数据分析	数据应用
1	SF_6 压力值	（1）压力值在正常范围内，断路器灭弧室绝缘良好。 （2）压力值低于额定值，断路器存在气体泄漏隐患	（1）密封因素造成的气压低，及时补气，同时查询同类型投运的断路器是否存在家族性缺陷，为设备状态评价提供设备依据。 （2）因季节因素造成的气体压力低，提前预安排该季节的断路器特殊巡视，增加巡视频率
2	油位值	（1）油位值在正常范围内，断路器灭弧室绝缘良好。 （2）油位值低于额定值，断路器存在浸油隐患	（1）数据应用于设备状态评价。 （2）设备长时间浸油，上报停电计划，消缺或更换设备
3	空压或液压机压力值	（1）压力值在正常范围内，机构密封良好。 （2）压力值低于额定值，存在密封不严隐患	（1）因季节因素造成的压力值低，提前加强该设备特巡工作。 （2）密封不严导致的打压时间过长，压力值低，建议更换机构
4	液压或空压打压时间	与多次巡视数据做对比，每个周期打压时间基本相同，说明设备无泄漏情况。打压时间差异过大，说明机构存在密封不严隐患	
5	储能指示	间接判断机构是否存在问题	
6	分合闸指示	设备正常运行状态判断	无

续表

序号	巡视数据	数据分析	数据应用
7	动作次数	（1）判定断路器机械寿命。 （2）同一周期内单相断路器动作次数可与其他两相动作次数做对比，判定断路器切断故障电流次数。 （3）通过每个月动作次数对比，分析因季节引起的故障动作	（1）为断路器检修提供数据支持。 （2）预防因季节引起的事故跳闸
8	本体测温数据	因灭弧室、动静触头温度异常引发的设备缺陷	数据应用于设备状态评价
9	一次接线端测温数据	有无因接触不良或氧化造成的异常	为上报缺陷提供数据依据
10	本体外观照片	判别设备外观有无异常	为外观检查新图像识别提供数据依据
11	一次接线端外观照片	判别一次接线端外观有无异物、断股和松股现象	（1）为上报缺陷提供数据依据。 （2）为外观检查新图像识别提供数据依据

3.6.2　电流互感器、电压互感器巡视数据分析与应用

电流互感器、电压互感器可见光巡视数据有 SF_6 压力值、油位值、本体及一次接线端照片，红外巡视数据有本体及一次接线端测温数据，见表 3-40。

表 3-40　电流互感器、电压互感器巡视数据分析与应用

序号	巡视数据	数据分析	数据应用
1	SF_6压力值	（1）压力值在正常范围内，断路器灭弧室绝缘良好。 （2）压力值低于额定值，断路器存在气体泄漏隐患	（1）密封因素造成的气压低，及时补气，同时查询同类型投运的断路器是否存在家族性缺陷，为设备状态评价提供设备依据。 （2）因季节因素造成的气体压力低，提前预安排该季节的断路器特殊巡视，增加巡视频率

续表

序号	巡视数据	数据分析	数据应用
2	油位值	（1）压力值在正常范围内，断路器灭弧室绝缘良好。 （2）压力值低于额定值，断路器存在气体泄漏隐患	（1）密封因素造成的气压低，及时补气，同时查询同类型投运的断路器是否存在家族性缺陷，为设备状态评价提供设备依据。 （2）因季节因素造成的气体压力低，提前预安排该季节的断路器特殊巡视，增加巡视频率
3	本体测温数据	因内部绝缘故障引发的设备缺陷	数据应用于设备状态评价
4	一次接线端测温数据	有无因接触不良或氧化造成的异常	为上报缺陷提供数据依据
5	本体外观照片	判别设备外观有无异常	为外观检查新图像识别提供数据依据
6	一次接线端外观照片	判别一次接线端外观有无异物、断股和松股现象	（1）为上报缺陷提供数据依据。 （2）为外观检查新图像识别提供数据依据

3.6.3 避雷器巡视数据分析与应用

避雷器可见光巡视数据有泄漏电流值、动作次数、本体及一次接线端照片，红外巡视数据有本体及一次接线端测温数据，见表 3-41。

表 3-41 避雷器巡视数据分析与应用

序号	巡视数据	数据分析	数据应用
1	泄漏电流值	（1）泄漏电流值在正常范围内，内部绝缘正常。 （2）压力值超出额定范围内，内部绝缘存在问题	泄漏电流正常，可减少阻性电流测试频率
2	动作次数	与多次数据做对比，在一个周期内数据差异过大，说明雷雨天气过多	（1）提前预防因雷雨天气造成的设备损坏。 （2）为设备状态评价提供技术依据

续表

序号	巡视数据	数据分析	数据应用
3	本体测温数据	因内部绝缘故障引发的设备缺陷	数据应用于设备状态评价
4	一次接线端测温数据	有无因接触不良或氧化造成的异常	为上报缺陷提供数据依据
5	本体外观照片	判别设备外观有无异常	为外观检查新图像识别提供数据依据
6	一次接线端外观照片	判别一次接线端外观有无异物、断股和松股现象	（1）为上报缺陷提供数据依据。（2）为外观检查新图像识别提供数据依据

3.6.4　并联电抗器、并联电容器、母线、阻波器巡视数据分析与应用

并联电抗器、并联电容器、母线、阻波器可见光巡视数据有本体及一次接线端照片，红外巡视数据有本体及一次接线端测温数据，见表 3-42。

表 3-42　并联电抗器、并联电容器、母线、阻波器巡视数据分析与应用

序号	巡视数据	数据分析	数据应用
1	本体测温数据	分析设备内部是否因接触不良造成设备缺陷	数据应用于设备状态评价
2	一次接线端测温数据	有无因接触不良或氧化造成的异常	为上报缺陷提供数据依据
3	本体外观照片	外观是否正常，是否有明显破损、锈蚀现象，表面有无烧灼痕迹，表层有无脱落现象	为外观检查新图像识别提供数据依据
4	一次接线端外观照片	判别一次接线端外观有无异物、断股和松股现象	（1）为上报缺陷提供数据依据。（2）为外观检查新图像识别提供数据依据

3.6.5　隔离开关、接地开关巡视数据分析与应用

隔离开关、接地开关可见光巡视数据有分合闸指示、本体及一次接线端照片，红外巡视数据有本体（动静触头）及一次接线端测温数据，见表 3-43。

表 3-43 隔离开关、接地开关巡视数据分析与应用

序号	巡视数据	数据分析	数据应用
1	本体（动静触头）测温数据	动静触头是否因接触不良或老化造成温度异常	为设备检修提供数据依据
2	一次接线端测温数据	有无因接触不良或氧化造成的异常	为上报缺陷提供数据依据
3	本体外观照片	外观是否正常，是否有明显破损、锈蚀现象和明显放电痕迹	为外观检查新图像识别提供数据依据
4	一次接线端外观照片	判别一次接线端外观有无异物、断股和松股现象	（1）为上报缺陷提供数据依据。 （2）为外观检查新图像识别提供数据依据
5	分合闸指示	判断设备运行状态	无

3.6.6 变压器、高压电抗器巡视数据分析与应用

变压器、高压电抗器可见光巡视数据有油位值、温度表计、中性点刀闸分合闸指示、呼吸器、调压装置指示和本体及一次接线端照片，红外巡视数据有本体及一次接线端测温数据，见表 3-44。

表 3-44 变压器、高压电抗器巡视数据分析与应用

序号	巡视数据	数据分析	数据应用
1	油位值	（1）油位值在正常范围内，内部绝缘良好。 （2）油位值低于额定值，断路器存在浸油隐患	（1）提前预防因浸油导致的设备隐患。 （2）预安排在温差较大环境下的特殊巡视工作。 （3）通过数据积累可以为主变建立油位动态曲线，为检修工作周期积累数据经验
2	温度表计	与本体测温数据做对比	应用于温度参考值
3	中性点刀闸分合闸指示	判断倒闸的运行状态	无
4	呼吸器	判别呼吸器有无异常	为呼吸器更换周期提供数据依据

续表

序号	巡视数据	数据分析	数据应用
5	本体测温数据	分析设备内部是否因接触不良或冷却器故障造成设备缺陷	数据应用于设备状态评价
6	一次接线端测温数据	有无因接触不良或氧化造成的异常	为上报缺陷提供数据依据
7	本体外观照片	外观是否正常，是否有明显破损、锈蚀现象和明显放电痕迹。本体器身焊接处、法兰处或阀门是否有渗漏油现象，下方地面是否有渗漏油污	为外观检查新图像识别提供数据依据
8	一次接线端外观照片	判别一次接线端外观有无异物、断股和松股现象	（1）为上报缺陷提供数据依据。 （2）为外观检查新图像识别提供数据依据

3.6.7　二次设备巡视数据分析与应用

二次设备可见光巡视数据有二次空开指示、装置指示灯、保护连接片、闪烁指示灯视频和装置本体照片，见表 3-45。

表 3-45　二次设备巡视数据分析与应用

序号	巡视数据	数据分析	数据应用
1	二次空开指示	判断运行设备状态	记录二次设备正常的运行方式，为设备检修工作提供数据依据
2	装置指示灯		
3	保护连接片		
4	闪烁指示灯视频	判断闪烁指示灯是否运行正常	
5	装置本体照片	是否有明显破损、锈蚀现象	为外观检查新图像识别提供数据依据

第4章 机器人的集中管理与应用

随着变电站机器人技术的发展，目前在国内电网企业，采用机器人巡视代替人工巡视已经成为其智能技术推广应用的一个重要方向。随着变电站机器人巡视的广泛应用，传统的单个变电站“一机一站”的管理模式出现了各种各样的问题。

一是采用“一机一站”机器人的管理模式，变电站智能机器人巡视采集的数据信息无法及时、有效地传递出去，容易造成信息孤岛，机器人巡视的数据难以得到深度挖掘其潜在价值。由于孤岛运行方式和建设规范的不统一，不能对变电箱机器人巡视数据进行多维度的综合数据分析，不能从机器人本体、变电站、设备类型、设备缺陷、设备厂家等多维度实现变电站巡视的大数据分析统计并挖掘其潜在价值。

二是变电站配置机器人后，总体的利用率不高。主要是由于几个方面的原因导致：① 机器人在巡视过程中无法做到有效跟踪和监控，常出现无故停运、偏离航道、误报警等现象，而这些现象变电站人员难以做到及时消缺；② 机器人巡视完后，需要人工将巡检结果回填至生产系统（南网是 4A 系统），由于变电站机器人巡视的设备台账和生产系统的设备台账的不一致性，需要人工仔细核对，导致了回填工作量大，准确率不高，站端巡检人员对采用机器人进行巡视的积极性不高。

三是变电站机器人巡视的覆盖率 100% 和识别准确率 100% 的目标难以保障。巡视覆盖率主要依赖于站内巡视人员进行核对，识别准确率主要依赖于机器人在巡视中的识别水平，而这两者基于当前变电站巡视机器人的建设方式，公司管理人员难以精确掌握相应的信息，如哪些没有覆盖到、覆盖到的原因是什么。表计识别错误的情况等。因此，也就难以系统性地解决变电站机器人巡视覆盖率 100% 和准确率 100% 的问题。

四是变电站机器人巡视情况难以实时掌控。每个变电站机器人巡视了多少次任务？机器人是否存在缺陷？任务的执行情况如何？是否滞后或未按照规定执行机器人巡视？机器人巡视任务的完成情况如何？这些变电站巡视过程和结果难以实时精确掌握，这也是导致变电站巡视机器人利用率不高的一个重要原因。

基于以上种种问题，变电站机器人的集中管理也必然成为有效提高机器人的使用效率、充分挖掘机器人巡检数据价值、推进变电站机器人更深层应用的必由之路。同时，变电站巡视机器人巡视的集中管理也是电网企业强化一体化管理的必要需求。在南方电网公司和国家电网公司，变电站智能机器人作为变电站设备智能化的有益补充，必须纳入大运行体系建设范畴，为实现调度、运行检修业务一体化运作服务。通过对变电站机器人集控管理，实现对无人值守、少人值守变电站电力设备的检测，协助调控一体化实现控制闭环化、状态可视化，满足调度、运行检修业务的一体化要求。

4.1 机器人集中管理的基本要求

变电站智能机器人集中管理系统是一个建立在变电站站内子系统基础上的高层应用系统平台。一般来说，集中管理系统既有站内子系统的全部功能，又要有更高层的应用功能，能够满足变电站机器人巡维中心（班组）、省公司等不同层级用户的实际应用需求，是一个可以多级部署、多级应用的综合性系统平台。

4.1.1 接入要求

变电站巡检机器人集中管理首先需要解决的问题是面对不同厂家、不同型号的机器人能正常接入。因此，编制一套功能齐全、标准化、规范化的数据接入协议是变电站智能机器人集控管理的基础，数据接入协议应该满足视频流、实时数据、历史数据、控制命令、设备模型、图片、设备基本台账、设备点位等多种类型数据的统一规范，实现数据交互。

设备基本台账和设备点位：应包括变电站信息、设备信息、设备层级关系数据、变电站设备点位数据及关联关系等。变电站机器人后台和集中管理系统必须保证设备基本台账和设备点位的一致性，才能保证机器人巡视数据的相互识别，这是进行接入的基本前提条件。

控制命令：应包括任务控制、机器人控制模式、车体控制、云台控制、镜头控制、视频控制、地图挂牌、机器人参数设置等，站端后台应能支持集中管理系统通过接口方式直接调用，同时支持同步和异步两种调用方式。

实时数据：应包括变电设备巡检数据、机器人本体运行数据、任务实时状态、巡检路线、当前巡检位置、变电站机器人控制模式等，站内系统后台应支持通过接口调用方式实时主动上传数据。

历史数据：应包括变电设备巡检数据、巡检任务执行数据和机器人本体运行数据等，应支持机器人集中管理系统和站内后台通过接口方式进行数据的上传和下载。

采集信息：应包括可见光图片、红外图片、音频、视频、巡检报告等文件，应支持对外开放文件服务的直接访问，同时应支持通过第三方工具或接口方式进行文件的上传和下载。

音视频：可见光和红外视频流应符合 GB 28181—2016《公共安全视频监控联网系统信息传输、交换、控制技术要求》或 ONVIF 协议中的 RTP（实时传送协议）。

基础模型：应支持通过接口方式的模型获取和修改变电设备和巡检任务等模型。

4.1.2 网络架构要求

变电站机器人集中管理系统是建立在变电站站内子系统基础上的高层应用系统，从全局视角实时监测变电站内设备和机器人的运行状况，对发现的变电站设备告警、机器人本体告警进行及时、快速的确认和处理，排除安全隐患。在遇到突发、紧急状况时，集控端或巡维中心端值班人员可远程控制机器人对设备进行查看、确认，在一些无人值守站显得尤其重要，是现场状况远程确认的一个重要手段。通过对站内子系统上报的海量巡检数据横向、纵向对比分析，及时准确地发现潜在隐患、风险，快速采取措施排除险情、规避风险，是大数据分析的典型应用场景。通过对多个变电站机器人本体运行数据的对比分析，也能形成不同厂家、同一厂家不同型号机器人运行效率、巡检准确率等方面的综合评价，为电网企业下一步机器人选型提供重要数据支持。

从用户层面上来说，变电站机器人集中管理系统面向的用户包括省公司管理人员、供电局巡维中心人员和变电站运维人员。不同层级的用户的关注点不同。供电局巡维中心人员和变电站运维人员更关心变电设备和机器人的实际运行情况（两者关注的设备和机器人范围不同），负责巡维中心覆盖的变电站或单一变电站设备巡检数据的浏览、审核以及机器人运行障碍的查看、排除；省公司人员更关心变电站设备和巡视机器人的整体情况、机器人的整体使用情况、巡视数据的对比分析等。

因此，变电站机器人集中管理系统的网络架构必须支持多级部署和应用，同时由于变电站站内后台与机器人集中管理主站之间网络带宽开销大、实时数据量大、传输频次高、图片和视频采集信息体量大且数据多，因此需要综合考虑数据的传输、存储和展现等多方面的问题，不同的数据类型在同一网络传输时要在架构上避免不同数据之间的相互干扰，保证数据的完整性和一致性。

同时，由于不同厂家的机器人在变电站站内系统中存在开发语言不同、文件存储格式不一致等问题，在机器人集中管理系统架构上，需考虑通用性和兼容性，在系统架构和软件分层上也应有更加合理的划分。

4.1.3　网络安全要求

将变电站机器人巡视纳入电网企业运维检修一体化体系，首先需要解决的是变电站机器人集中管理系统整个运行环节的网络安全问题。变电站机器人集中管理系统是属于电力数据采集与监控系统的一种，因此必须满足《中华人民共和国计算机信息系统安全保护条例》《电力监控系统安全防护规定》《电力监控系统安全防护总体方案》《电力监控系统安全防护评估规范》《电力行业信息安全等级保护管理办法》《电力行业网络与信息安全管理办法》《电力行业信息系统安全等级保护基本要求》《信息安全等级保护管理办法》等国家或行业的信息安全要求，同时也应该满足各自电网企业网络信息方面的要求，如《中国南方电网电力监控系统安全防护技术规范》等。

目前，变电站机器人集中管理系统（含变电站站内后台）的网络安全风险主要体现在两个方面：一是变电站侧，巡视机器人与变电站站内后台的无线网络；二是变电站巡视机器人集中管理系统接入电力网络。

1．变电站无线网络防护

目前，国内所有厂家的变电站机器人与站内后台的通信方式都是采用 WiFi 连接方式。WiFi 是 IEEE（电气与电子工程师协会）定义的一个网络无线通信的工业标准 IEEE 802.11，工作在 2.4 GHz 频段，常用于办公或家庭的局部环境中。WiFi 是一种短程无线传输技术，能够在一定范围内进行接入，具有传输速度高、带宽可调整、网络稳定性和可靠性高、部署方便等优点。但是 WiFi 的安全性较差，因此在变电站内必须做好 WiFi 无线网络的安全防护。

一般在机器人中安装安全代理模块与站内后台的局域网络进行对接，通过身份认证、数据加密等方式，对数据实行“端到端”防护，确保变电站站内 WiFi 出现非法接入者时，数据不被窃取，机器人不被恶意操控。为了增加无线接入的安全性，可采取如下措施：① 数字加密，根据用户身份认证信息判断是否允许接入无线网络；② 对认证成功的用户进行动态加密；③ 绑定 MAC 地址，只识别特定的 MAC 地址和 IP 地址发过来的报文等。

2. 接入电力网络安全防护

变电站站端后台一般通过电网企业内部的综合数据网接入变电站机器人集中管理系统，因此其接入电力网络的位置一般在相应的变电站。接入电力网络需在硬件和软件两个方面做好安全防护。

在硬件方面，可以在变电站侧的电力网络边界配置硬件防火墙、正反向物理隔离装置以实现通信网络的有效隔离，增强电力网络的安全性。

在软件方面，端口的开通、IP 的访问一般可以采用白名单的方式保障网络的安全性，防止非法端口和 IP 的数据访问。

4.2 机器人集中管理的形式

目前国内变电站机器人集中管理系统按照机器人的集成范围来分，可以分为按照区域划分的巡维中心集中管理模式和按照机器人厂家划分的集中管理模式。按照机器人厂家建立机器人的集中管理由于系统后台、接口、数据格式相对统一，是国内最早实现的一种机器人集中管理方式，其主要特点是系统建设相对容易。按照巡维中心建立的机器人集中管理模式是基于各电网企业变电站巡维中心的划分建立的机器人集中管理系统，其主要特点是对机器人的管理与对变电站的运维相对统一，便于变电站日常巡维任务的安排和监控。

按照机器人集中管理系统与电网企业生产系统的对接情况，机器人集中管理系统可以分为离线式机器人集控模式和一体化集控模式。离线式集控模式是国家电网公司主要采用的一种集控模式，机器人集控系统不与企业内部的生产系统进行对接，按照孤岛的方式进行运行，其主要原因是国家电网公司由于网络安全性的要求，在管理上不将机器人集控系统与生产系统进行对接。但不能系统性地解决当前机器人在运行中存在的信息孤岛、作业任务不能有效监控等问题，其变电站机器人巡检任务的安排在集控系统中统一安排，因而数据回传生产系统需要人工完成，效率较低，准确性也不能得到保证。为解决此类问题，将变电站机器人集中管理系统与电网企业生产系统进行无缝对接，将机器人集中管理系统纳入电网企业生产运维体系，便产生了一体化的机器人集中管理模式，其任务安排与变电站其他巡视一样，可以统一在生产系统中完成，机器人实现自动化的全闭环运行，巡检数据和结果可以自动回传至生产系统，消除了信息孤岛带来的种种问题。本书后续章节将以一体化变电站机器人集中管理模型阐述机器人集控系统的建设、管理及其运作模式。

4.3 机器人主站建设

跨区域、多厂家、不同类型的变电站巡检机器人接入机器人集中管理系统是一体化变电站机器人集中管控的最基本的目标。多个变电站间机器人巡检数据的横向、纵向对比分析，综合变电站设备各类型、各纬度的基本台账、巡视、试验数据等进行大数据分析，充分挖掘数据价值是变电站机器人巡视集中管控系统最核心的目标，因此在变电站机器人集中管控主站建设中，应遵循如下原则：

（1）基础数据统一性原则。

机器人集中管理系统、各个变电站站内后台、电力生产管理系统要实现数据的互联互通，电力设备基础台账信息的统一性是基础，只有保证统一的数据基础，才能实现巡检数据、巡检结果等数据的相互识别。

（2）标准先行原则。

变电站集中管理系统与电网企业生产管理系统、变电站机器人后台的数据交互，集控系统应用功能和集成接口的标准化，建立相应的技术规范、标准，可以有效保障变电站机器人建设、业务实施的规范化，提高集中管理系统的建设效率。

（3）实用性原则。

变电站机器人集中管理系统主要用于解决当前变电站机器人巡视中存在的诸多问题，因此，以实用性为依据构建满足自身实际需要的集中管理平台，解决机器人实际巡视中的问题，能提高变电站机器人的使用效率，促进机器人巡视的技术进步。

（4）可靠性原则。

系统应配套完善的可靠性设计，确保数据库、主机、应用部署、网络等关键环境的 7 × 24 h 不间断、可靠运行。

（5）安全性原则。

系统建设应遵循国家、行业和企业内部的网络及信息安全要求。

（6）可扩展性原则。

变电站机器人集中管理系统在满足应用需求的情况下，应尽量降低各业务模块间的耦合度，建立统一的符合国家、行业和企业内部要求的标准，便于维护系统架构，以适应变电站机器人巡视业务不断发展的需要。

4.3.1 系统的架构设计

4.3.1.1 系统的网络架构

变电站机器人集中管理系统分省级和变电站级两级部署，实现省公司、省检修公司和分部及巡维班（或巡维中心）、变电站及其其他部门进行多级应用。两级部署多级应用情况如图 4-1 所示。

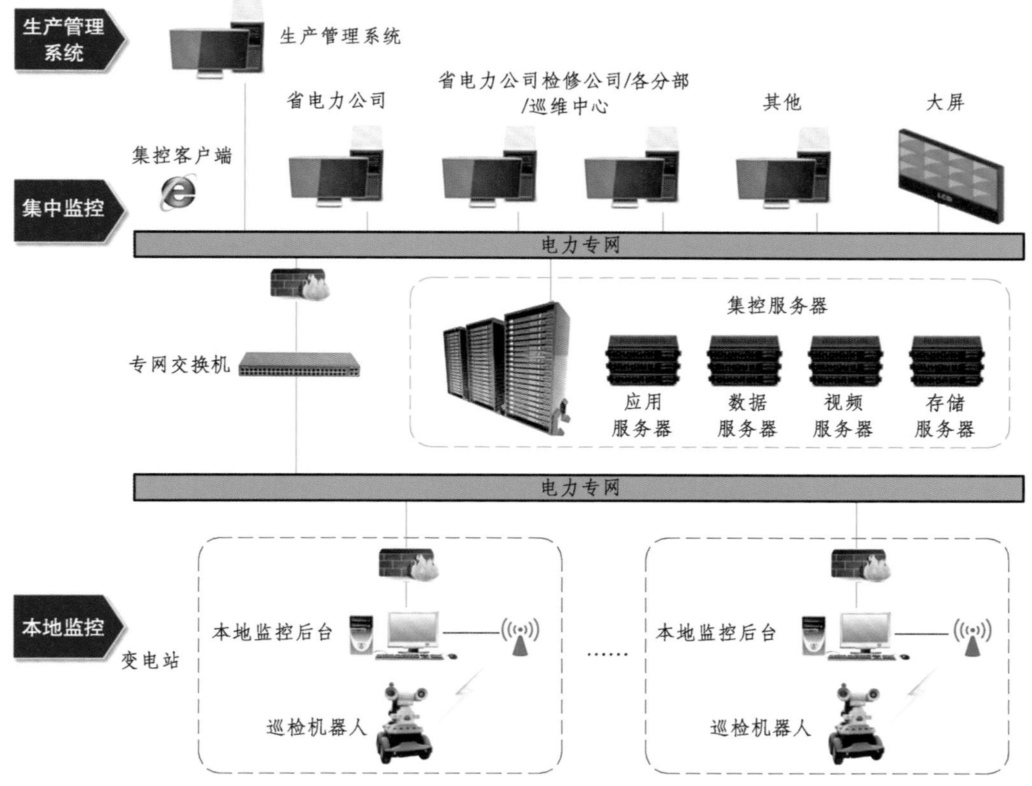

图 4-1 变电站机器人集中管理系统的部署情况

变电站机器人集中管理系统由变电站端子系统和省级主站系统两部分组成。其中变电站端子系统即为分布于各地变电站的巡检机器人系统，主要负责采集站内的日常巡检数据，数据可以扩展至全省所有的变电站机器人。机器人集中管理主站系统部署在电网公司省级层面，用于集中监控全省机器人的运行、汇总分析巡检数据并统一管理全省的机器人变电站巡视业务。

同时，为了将变电站机器人巡视纳入电网企业的设备运维体系，变电站机器人集中管理系统平台应提供与电力生产管理系统的数据接口，实现系统与其他生产业务系统的数据共享和交互，实现机器人巡检数据的深度应用。

对于变电站集中管理系统的软件结构，通常可以划分为四层：接入层、数据层、支撑层和应用层，如图 4-2 所示。

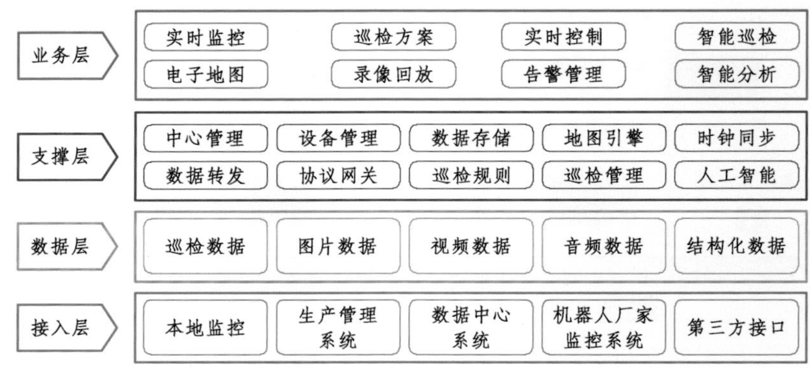

图 4-2　变电站机器人集中管理系统的软件架构

（1）接入层：主要是对底层数据进行接收和发送，因此，接入层主要涉及数据的基本模型和定义、与其他子系统的接口协议，包括生产系统接口、技术监督数据中心接口、多厂家兼容接口等。在巡检机器人系统领域，标准的接口规范主要包括 IEC 61850 协议、IEC 60870-5-104 协议、WebService 接口协议等。

（2）数据层：主要负责对巡检数据、图片数据、视频数据、音频数据、结构化数据等数据的管理与操作，访问主站系统的数据系统、二进制文件、文本文档或其他的 xml 文件。主要是对已经结构化后的数据的操作，而不是原始数据，具体为业务层或支撑层提供数据服务，包括对数据库内的内容进行结构化分类、对数据进行存储以及对数据流媒体进行转发等。巡检机器人的数据内容包括：

① 事务性指令与应答：包括巡检任务的安排、下发，任务的暂停与取消，巡检报表的上传等。

② 实时性较高的中低密度数据：包括智能巡检机器人实时状态、实时巡检数据与图片信息等。

③ 高清视频和红外视频数据。

（3）支撑层：它处于数据层和业务层之间，起到数据交互中承上启下的作用。由于各层之间的依赖关系是向下的，底层对上层而言是“无知”的，改变上层的设计对于其调用的下层而言没有任何影响。对数据层而言，它是调用者，对业务层而言，它是被调用者。变电站巡检机器人集中管理系统支撑层主要是针对巡检任务、数据分析等具体问题的操作，也可以理解成对数据层的操作或对数据的业务逻辑处理。当前，主站平台的主要应用包括中心管理、媒体转发、存储、地图引擎、时钟同步、设备管理、协议网关、巡检规则、巡检车管理、智能分析等业务。

（4）业务层：主要表示为 UI 界面、图形化电子地图和用户管理。目前电力系统里比较常用的是 Web 交互，即 B/S 架构方式，最大的优点是可以在任何地方进行操作而不用安装任何专门的软件，只要有一台能上网的计算机就能使用，客户端零维护，而缺点是在图形的表示能力上弱于 C/S 架构。因此，会采用图形化电子地图方式增强系统的交互性，同时为了便于系统扩展和管理，设计了用户分层管理模式，由系统管理员对用户的登录和权限进行授予和管理，以达到系统安全与分级业务处理的目的。

4.3.1.2 系统的数据架构

数据接入是变电站巡检集中管理系统的首要任务，按照数据类型的特点主要包括视频流、文件（含图片和巡检报告等）、巡检数据和实时控制四种类型。以南方电网公司巡维流程为例，系统的数据架构如图 4-3 所示。

4A 系统（公司的生产管理系统）：电力设备基本台账的源头，设备状态监测评价中心、省级机器人主站和变电站机器人后台设备基本台账资料均以 4A 系统的基本台账资料为准，同时在 4A 系统中进行变电站作业指导书的统一规范和发布，是变电站机器人巡视任务的发起位置和机器人巡检数据最终回传位置。

设备状态监测评价中心：各第三方系统获取 4A 系统数据的数据源。对 4A 系统数据的获取和回传操作，统一由设备状态监测评价中心负责。

省级机器人主站：变电站巡检机器人集中管理系统平台，实现机器人集中管理各业务功能。

变电站子站端：变电站机器人巡视后台。

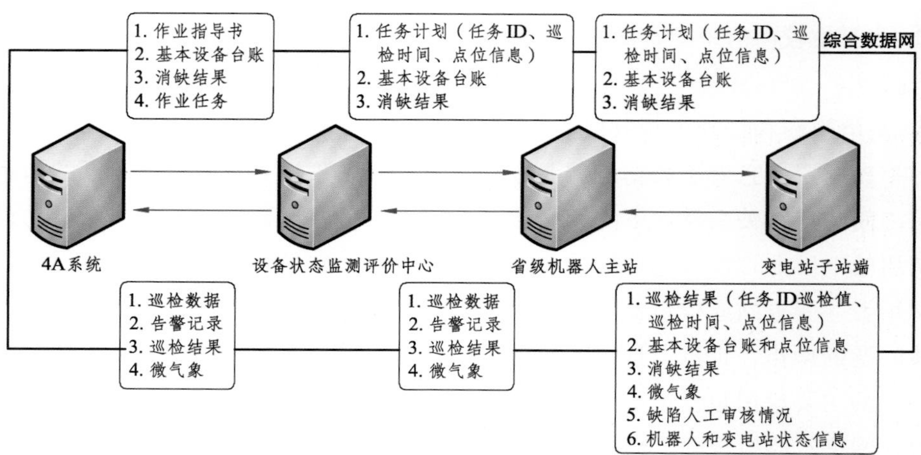

图 4-3　变电站机器人集中管理系统数据架构

1．视频数据

变电站集中管理系统通过获取变电站端的实时视频流，进行变电站机器人巡视过程的监控。视频流具有很高的实时性要求，数据传输量大，因此对网络的带宽要求较高。视频流的传输是变电站机器人集中管理系统中相对独立模块，一般采用硬件视频平台实现变电站站内机器人的视频接入、汇集和转发。图 4-4 所示为视频流数据架构。

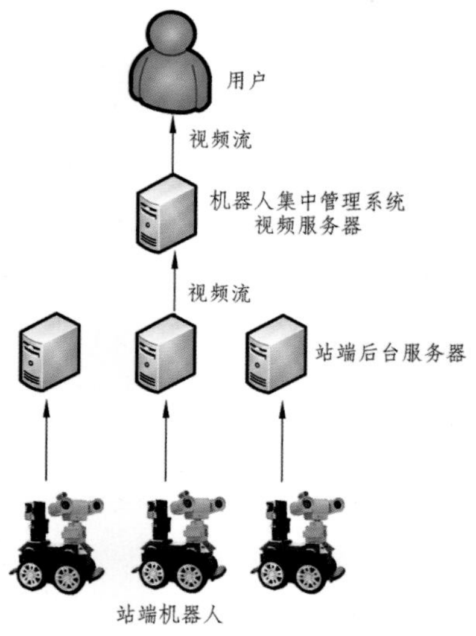

图 4-4　视频流数据架构

2．文件数据

变电站集中管理系统的文件交互数据主要包括系统的配置文件、巡检高清影像文件、变电站巡检报告等。文件数据具有占用空间大、数据多等特点，特别是巡检的高清影像文件，因此一般在变电站集中管理系统中部署专门的文件服务器，服务器中的文件可以按照变电站、时间的目录结构进行存储，便于文件的备份和存储。

3．巡检数据

变电站集中管理系统各层级交互的巡检数据的数据量大、一致性强、实时性强，随着接入主站端的变电站的增加，数据量也快速增长，数据传输的并发度也较高。巡检数据的交互可以根据业务需求不同，进行不同的架构设计。目前有两种通用做法：一是数据的交互采用实时交互模式，机器人在巡检时巡视完成一个点位，各层级就交互一个点位的数据，这种模式的主要优点是可以保证主站端和变电站后台的数据实时同步，且一次交互的数据量小，缺点是不便于缺陷数据的审核；二是变电站端完成一次巡检任务后，经过站端数据审核后，统一进行数据上传，主要优点是可以较好保证每次巡检数据的完整性和准确性，缺点是传输的数据量较大，对网络带宽的要求较高。

4．实时控制数据

在必要的情况下，变电站机器人集中管理系统可以对变电站端机器人进行控制，控制命令与实时数据的传输方向不同且实时性、可靠性和安全性要求极高。集中管理系统服务程序部署在独立的应用服务器上，当用户要实时控制机器人操作时，控制命令经由集中管理系统服务端下发到变电站站内系统，站内系统接收到控制命令后控制机器人及时作出响应。为保证实时控制数据的实时性、可靠性和安全性，一般将数据服务器、文件服务器和视频服务器分开进行单独部署。

4.3.1.3 系统的逻辑架构

变电站机器人集中管理系统从模块上来说，分为公司企业级生产管理系统、各省公司电力数据监控中心、变电站机器人集中管理系统主站平台和变电站机器人后台系统。各个层级负责各自的业务，共同完成变电站机器人巡检任务。

公司企业级生产管理系统：负责机器人作业计划编制与下发，接收变电站机器人巡检数据与报告，形成变电站机器人巡检表单（报告）、用户确认机器人的巡检结果等。

各省公司电力数据监控中心：负责同步生产管理系统的机器人作业任务并下发、接收机器人巡检数据并上传给生产管理系统等。

变电站机器人集中管理系统主站平台：负责各变电站机器人巡检监控、机器人巡检数据分析、变电站机器人基础管理、机器人运行状态监控及相关的指标统计分析功能、接收电力数据监控中心下达的机器人巡检任务并下发等。

变电站机器人后台系统：负责接收机器人集中管理系统下发的机器人巡检任务并下发给机器人进行巡检作业、回传变电站机器人巡检数据与结果、回传变电站机器人状态信息等。

整个业务逻辑如图 4-5 所示。

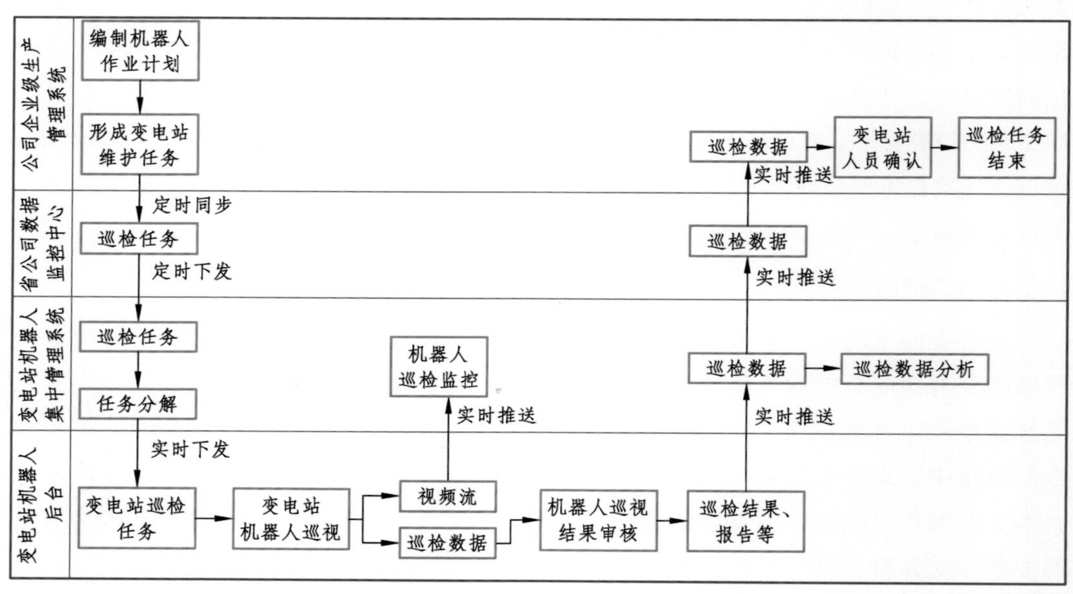

图 4-5　变电站集中管理系统业务逻辑架构

所有巡检任务起始于公司企业级生产管理系统，便于对机器人巡检任务的规范化管理，所有巡检结果最终回传至生产管理系统，实现整个变电站机器人巡视业务的闭环运行。

作为变电站集中管理系统支撑数据来源的变电站站内子系统，与变电站集中管理系统在业务逻辑上保持一体化结构，其内部的业务逻辑如图 4-6 所示。

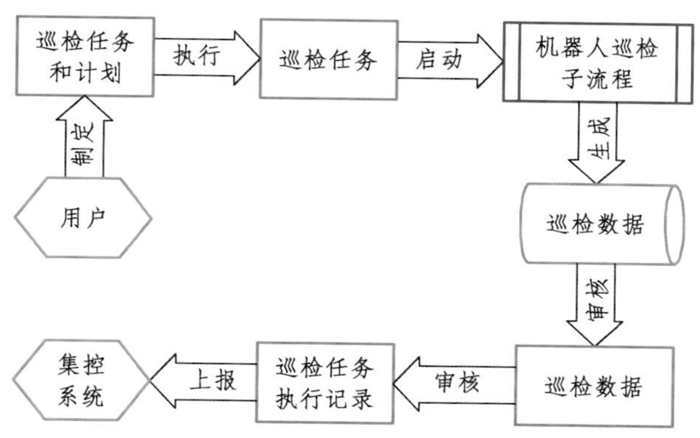

图 4-6 变电站站内子系统业务逻辑

实现变电站机器人集中管理之后，机器人巡检任务和计划的发起者由变电站站内用户转换至生产管理系统。对于变电站站内的特殊任务巡视，可以由变电站站内发起。

4.3.1.4 系统的功能架构

通过上面对变电站机器人集中管理系统业务逻辑架构的分析，可以得到集中管理系统的功能架构，见表 4-1。

表 4-1 变电站机器人集中管理系统功能架构

监控总览	机器人管理	数据统计	系统配置
监控地图	单站管理	告警中心	用户管理
视频监控	任务日历	设备查询	操作日志
	工况总览	异常总览	站点配置
	机器人台账	任务报表中心	
		管理质量分析	
		巡检结果对比分析	

1. 监控总览

变电站机器人集中管理系统监控总览功能一般包括两个主要功能：监控地图和视频监控。

（1）监控地图。

根据变电站机器人集中管理系统的业务需求，监控地图通常可以包含三个模块：电子地图、设备实时告警和相关指标类统计展示。

电子地图能显示全省和各区域视图，可用表格显示全省和各区域当前巡检车数量、巡检车工作状态、巡检车本体报警数量等信息。双击可进入该区域详细信息视图，查看机器人当前位置、巡检路线、当前巡检点、即将巡检点，并提供报警显示信息。

电子地图上显示区域应根据不同的屏幕显示分辨率进行自适应调整。电子地图上应能显示各台车所在变电站，以及当前工作状态（包括巡检中、充电中、空闲、故障等）。显示正在巡检任务的执行概况及任务执行进度信息。电子地图是一个分层结构，具体层次是不确定的，因此设计时不能限定层次数量。如果集控范围是全国，则第一层地图为全国地图，每个省为该层的一个区域。如果集控范围是全省，则第一层地图为省级地图，每个地级市为该层的一个区域。如果集控范围是地级市，则第一层地图为地级市地图，每个县级市为该层的一个区域。双击区域（热点）后，可进入下一层次该区域视图。县级市以上层次的地图上，显示一个表格，该表格内容为每个区域的当前巡检车数量。县级市地图显示该县当前各巡检车的具体工作状态（包括巡检中、充电中、空闲、故障等）。

（2）视频监控。

视频监控界面将接入该地区所有机器人的高清摄像机和红外热像仪的实时画面，从而方便后台运维人员更为宏观地分析当前巡检机器人采集的实时数据，跟踪变电站机器人的作业情况。实时监控后台操作界面如图 4-7 所示。

图 4-7　变电站机器人集中管理系统的视频监控

实时监控界面除了在视频画面中显示各个站所的名称之外，用户也可以通过该画面进入本地监控后台操作界面，方便用户使用与操作。考虑各地市机器人的数量有所区别，故实时监控画面的数量与配比将可调，以便展示和使用。

2. 机器人管理

机器人管理功能一般包括四个模块：单站管理、任务日历、工况总览和机器人台账四个模块。

（1）单站管理。

单站管理负责实时监控接入变电站机器人的在线情况，同时为集中管理主站提供接管变电站站内后台入口，如图 4-8 所示。

图 4-8 变电站机器人集中管理系统单站管理

（2）任务日历。

任务日历主要负责实时跟踪、监控各变电站机器人巡视任务情况。通常以日历表的形式形象展现每一天各个变电站机器人巡检任务的计划、执行情况，以不同的颜色分别说明各个任务当前所处的状态例如，绿色代表执行完成；褐色代表中途终止；红色代表正在执行；蓝色代表等待执行；黄色代表任务超期，如图 4-9 所示。

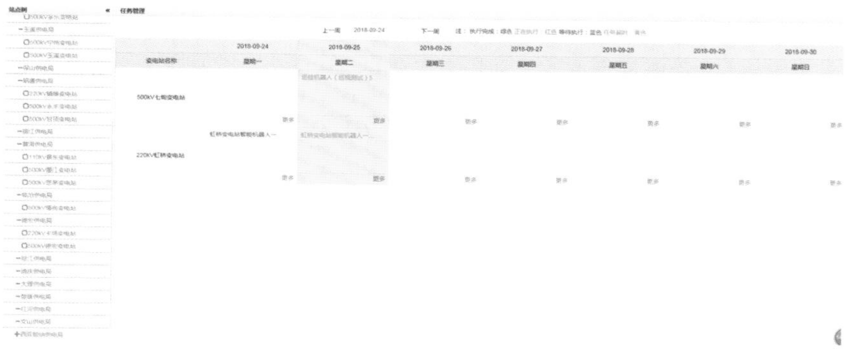

图 4-9 一个典型的任务日历跟踪情况

任务跟踪也是变电站机器人集中管理系统的一个主要功能，主要负责实时跟踪各变电站的任务情况，包括任务是否已经下发、任务的时间、任务包含的设备数据等，同时，对主站端未能自动下发的巡检任务，可以进行手动下发，如图 4-10 所示。

开始时间：2018-08-25　结束时间：2018-09-25　供电局：请选择　站点：请选择　查询

供电局	变电站	任务名称	任务计划开始时间	任务下发状态	任务设备数	手动下发
昆明供电局	220kV东郊变电站	东郊机器人巡视测试	2018-08-28 08:30:00.0	未下发	10	下发任务
昆明供电局	220kV东郊变电站	东郊机器人测试计划	2018-08-28 08:30:00.0	未下发	10	下发任务
昆明供电局	220kV东郊变电站	220kV东郊站机器人巡检测试一	2018-08-29 11:30:00.0	未下发	12	下发任务
昆明供电局	220kV东郊变电站	220kV东郊站机器人巡检测试二	2018-08-29 15:30:00.0	未下发	22	下发任务
曲靖供电局	220kV红桥变电站	机器人远程调试	2018-08-29 16:30:00.0	未下发	26	下发任务
昆明供电局	500kV草铺变电站	机器人任务测试运行	2018-08-31 08:30:00.0	未下发	24	下发任务
昆明供电局	500kV草铺变电站	1号主变机器人任务测试执行	2018-08-31 16:10:00.0	未下发	16	下发任务
昆明供电局	500kV七甸变电站	机器人巡视维护	2018-09-04 15:30:00.0	未下发	26	下发任务
昆明供电局	500kV七甸变电站	机器人巡视维护	2018-09-05 15:30:00.0	未下发	26	下发任务
玉溪供电局	500kV玉溪变电站	500kV玉溪变智能巡检机器人500kV第一串设备	2018-09-05 16:55:00.0	未下发	78	下发任务
曲靖供电局	220kV红桥变电站	机器人巡视	2018-09-05 22:46:00.0	未下发	84	下发任务
昆明供电局	500kV草铺变电站	机器人1号主变任务测试执行	2018-09-06 11:30:00.0	未下发	16	下发任务
昆明供电局	500kV七甸变电站	机器人巡视维护	2018-09-06 12:00:00.0	未下发	36	下发任务
昆明供电局	500kV宝山变电站	（测试）宝山变机器人巡视流程远程调试	2018-09-06 12:30:00.0	未下发	26	下发任务
昆明供电局	500kV厂口变电站	机器人仁厂乙线巡视	2018-09-06 13:30:00.0	未下发	48	下发任务
红河供电局	500kV红河变电站	红河变机器人主变区域任务巡视	2018-09-06 15:00:00.0	未下发	12	下发任务
昆明供电局	500kV厂口变电站	机器人500kV仁厂乙线新换设备巡视	2018-09-06 15:30:00.0	未下发	26	下发任务
昆明供电局	500kV宝山变电站	（测试）宝山变机器人远程巡视流程调试	2018-09-06 15:30:00.0	未下发	8	下发任务
昆明供电局	500kV厂口变电站	(复制)机器人500kV第一联络巡视	2018-09-10 17:30:00.0	未下发	26	下发任务
曲靖供电局	500kV曲靖变电站	测试（机器人测试）	2018-09-06 08:30:00.0	未下发	16	下发任务
昆明供电局	500kV厂口变电站	机器人仁厂乙线维护	2018-09-06 17:40:00.0	未下发	26	下发任务
曲靖供电局	500kV曲靖变电站	测试（机器人测试）	2018-09-06 17:40:00.0	未下发	16	下发任务
昆明供电局	500kV七甸变电站	七甸机器人巡视测试任务-220kV七屯Ⅱ回	2018-09-07 14:00:00.0	未下发	6	下发任务
普洱供电局	500kV墨江变电站	机器人巡检	2018-09-07 15:30:00.0	未下发	88	下发任务

图 4-10　一个典型的机器人巡检任务跟踪

（3）工况总览。

工况总览主要负责监控所有接入变电站机器人集中管理系统的各变电站机器人的当前状态，包括网络连接情况、机器人当前的电量情况、机器人当前的设备状态等。

（4）机器人台账。

机器人台账模块主要负责维护、管理所有变电站机器人的基本台账信息，主要包括机器人所属的供电局、变电站、设备厂家、机器人类型、设备保管人、投运日期等基本信息。

3．数据统计

数据统计功能是变电站集中管理系统主要的统计、分析功能，也是系统平台的核心功能，一般包括告警中心、设备查询、异常总览、任务报表中心、管理质量分析、巡检结果对比分析等应用模块。

（1）告警中心。

告警中心主要跟踪、监控机器人本体和变电站设备机器人巡视的告警信息，如图 4-11 所示。机器人本体的告警信息用于监控集中机器人管理系统接入的所有机器人本体出现的缺陷异常信息，给出缺陷出现的时间和缺陷代码，以便维护人员对机器人进行消缺。巡视数据告警主要用于跟踪分析机器人巡视中发现的异常数据。

开始时间 2018-08-25　结束时间 2018-09-25　供电局：昆明供电局　站点：500kV七甸变电站　查询

设备告警信息　系统告警信息

供电局	站点	识别时间	点位名称	识别类型	识别结果
昆明供电局	500kV七甸变电站	2018-09-25 10:46:06	500kV宁七甲线向Ⅰ母侧57111隔离开关A相触头	红外测温	78.66℃
昆明供电局	500kV七甸变电站	2018-09-25 10:46:06	500kV宁七甲线向Ⅰ母侧57111隔离开关A相触头	红外测温	78.66℃
昆明供电局	500kV七甸变电站	2018-09-25 10:46:06	500kV宁七甲线向Ⅰ母侧57111隔离开关A相触头	红外测温	78.66℃
昆明供电局	500kV七甸变电站	2018-09-25 10:46:06	500kV宁七甲线向Ⅰ母侧57111隔离开关A相触头	红外测温	78.66℃
昆明供电局	500kV七甸变电站	2018-09-25 10:46:06	500kV宁七甲线向Ⅰ母侧57111隔离开关A相触头	红外测温	78.66℃
昆明供电局	500kV七甸变电站	2018-09-25 10:46:06	500kV宁七甲线向Ⅰ母侧57111隔离开关A相触头	红外测温	78.66℃
昆明供电局	500kV七甸变电站	2018-09-25 10:46:06	500kV宁七甲线向Ⅰ母侧57111隔离开关A相触头	红外测温	78.66℃
昆明供电局	500kV七甸变电站	2018-09-25 10:41:43	500kV宁七甲线避雷器B相放电计数器	表计识别	0次
昆明供电局	500kV七甸变电站	2018-09-25 10:41:43	500kV宁七甲线避雷器B相放电计数器	表计识别	0次
昆明供电局	500kV七甸变电站	2018-09-25 10:41:43	500kV宁七甲线避雷器B相放电计数器	表计识别	0次
昆明供电局	500kV七甸变电站	2018-09-25 10:41:43	500kV宁七甲线避雷器B相放电计数器	表计识别	0次
昆明供电局	500kV七甸变电站	2018-09-25 10:41:43	500kV宁七甲线避雷器B相放电计数器	表计识别	0次
昆明供电局	500kV七甸变电站	2018-09-25 10:41:43	500kV宁七甲线避雷器B相放电计数器	表计识别	0次

图 4-11　巡检数据告警分析

（2）设备查询。

设备查询模块主要用于查询某个变电站机器人巡视的历史数据情况。查询包括各维度设备查询、该设备历史信息、相对应设备的巡检图片。查询条件：可根据地区及站点、任务时间、巡检类型、设备类型、告警等级等进行查询定位，另外同时支持根据任意设备名称进行模糊查询。结果显示：表格字段包括所属区域、审核状态、巡检时间、设备类型、告警等级。查询界面包含查询、重置、导出按钮，支持导出为 Excel 报表进行操作。

（3）异常总览。

异常总览模块用于异常记录的管理，从站端上报的缺陷会集中在该模块展示管理；提供异常设备的历史记录查看，可进行追溯查看，包括图片数据等。分为两类管理：当前异常管理（上报至资产管理系统的异常缺陷，进行查看跟踪）和历史异常管理（已完成消缺闭环的异常缺陷会自动转入该模块，进行追溯查看）。

（4）任务报表中心。

任务报表中心模块用于管理所有变电站机器人巡视的任务记录情况。对所有变电站的机器人的任意设备的任意点位巡视情况进行详细记录。对于任意一个点位的机器人巡视，跟踪对比其历史数据的变化情况，帮助用户对设备的运行情况进行评估分析，如图 4-12 所示。

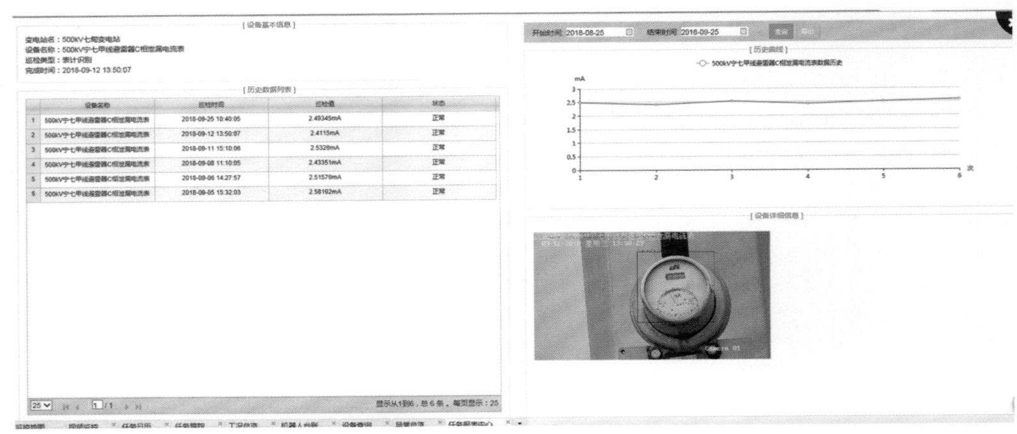

	设备名称	巡检时间	巡检值	状态
1	500kV宁七甲线避雷器C相泄漏电流表	2018-09-25 10:40:05	2.49345mA	正常
2	500kV宁七甲线避雷器C相泄漏电流表	2018-09-12 13:50:07	2.4115mA	正常
3	500kV宁七甲线避雷器C相泄漏电流表	2018-09-11 15:10:06	2.5326mA	正常
4	500kV宁七甲线避雷器C相泄漏电流表	2018-09-08 11:10:05	2.43351mA	正常
5	500kV宁七甲线避雷器C相泄漏电流表	2018-09-06 14:27:57	2.51576mA	正常
6	500kV宁七甲线避雷器C相泄漏电流表	2018-09-05 15:32:03	2.58192mA	正常

图 4-12　任务报表中心的点位数据趋势分析

（5）管理质量分析。

管理质量分析模块主要用于统计分析各个供电局、变电站的机器人巡视指标情况，监督各变电站的机器人巡视利用情况，对各个变电站的机器人巡视指标进行跟踪管理，包括巡检任务数、异常闭环率、巡检计划执行率、任务执行异常率等。

变电站巡检统计模块以变电站为评价主体，统计变电站内变电设备的告警率和机器人运行工况，是变电站的整体体现，让用户对变电站设备和机器人有一个整体的了解。

变电站巡检统计按如下几个维度进行统计：巡检计划完成率、设备识别异常率、运行效率、设备正常率、设备报警率、设备漏检率。

巡检任务总数：一定时间内的机器人巡检任务总数量，是对任务安排量的衡量。

巡检计划完成率：机器人按照预先设置的巡检计划的实际完成情况，是机器人日常是否正常工作的重要评价标准。

任务执行异常数：任务执行异常的统计数，即完成率相对应的未完成数量的统计，用于分析考核运行情况。

缺陷闭环数：体现当前未闭环缺陷的数量，也是体现规程或者管理是否存在拖延的情况。

异常上报数：显示一定时间内哪边的缺陷上报数量最多、最频繁，可考核站端维护情况的依据，也可从中看出是否存在频繁异常站。

（6）巡检结果对比分析。

变电站机器人集中管理系统为海量的机器人巡检数据提供了大数据分析的可能。

巡检结果对比分析是对选定的不同点位巡检数据进行对比分析，并根据历史数据进行趋势预测，如图 4-13 所示。

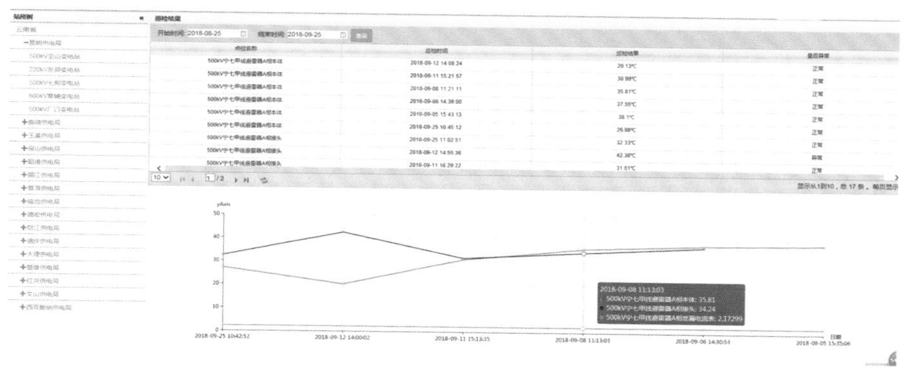

图 4-13 巡检结果对比分析

4．系统配置

系统配置功能主要对变电站机器人集中管理系统的用户权限、用户登录操作等进行管理，一般包括用户管理、操作日志、站点配置等模块。

（1）用户管理。

用户管理用于为不同层级的用户配置系统的使用权限，通常可以分为超级管理员、省级用户、供电局用户、巡维中心用户和班组用户。系统仅支持合法用户输入密码登录，登录后才能执行其权限内的操作。系统密码必须符合密码复杂性规则。对于非法用户的登录行为，系统应记录登录日志，同时登录界面应提供随机生成的验证方式，防止 DoS。

（2）操作日志。

用户登录后所有的操作，都会记录操作日志。操作日志包括操作者 ID、操作时间（精确到毫秒）、操作类型和操作内容描述。其中登录操作日志的操作内容中需要记录登录计算机的 IP 地址。操作日志不能做删除、修改操作。

系统提供查询界面，供管理员进行查询分析，可根据操作时间段、操作者、操作类型进行查询。

（3）站点配置。

站点配置提供变电站基本信息的录入，以便进行变电站机器人的接入和电子地图的展示。主要信息包括供电局、变电站、经度、纬度、是否为单站机器人等相关信息。

4.3.2　系统的接口及其数据规范

由于各供电局变电站机器人的投产时间、设备厂家和机器人型号存在较大差异，为规范变电站机器人集中管理系统的建设、各变电站机器人的接入和集中管理后变电站机器人的业务，需要制定机器人集中管理系统的接口和数据规范。通过接口及其数据规范规定了机器人集控系统、企业级生产管理系统、电力数据监控中心和变电站站端后台的相互访问服务接口，包括通用数据服务接口和定制服务接口，机器人巡视指导书设备台账下达、巡视计划下达、巡视结果信息回传、巡视报告回传等的获取方式等。

根据国内当前变电站机器人主流厂商的应用情况，各层级之间的通信协议基于通用性原则，一般采用 Web Service 协议。Web 服务（Web Service）是由 URI 标识的软件应用程序，其接口和绑定可以通过 WSDL/XSD 进行定义、描述，通过 UDDI 来发现和获得服务的元数据描述，Web 服务通过基于 HTTP（S）协议使用基于 XML 规范的 SOAP 报文格式的消息与其他软件应用程序直接交互，采用 WSDL（Web Services Description Language）描述 Web Services 以及如何对它们进行访问。数据服务和应用服务采用 WebService 方式实现，服务端和客户端以 SOAP（Simple Object Access Protocol）进行数据传输。

4.3.2.1　服务通信过程

在服务通信过程中，客户端通过实现的 Web 服务客户端向服务提供方发送服务请求。服务提供方作为 Web 服务端接收服务请求，在处理完该服务请求后向客户端发送响应信息。在此过程中，客户端在有限时间内等待服务端的反馈。服务的双方在同步模式下完成服务的调用。以客户端调用数据服务接口 downloadSubstationInfo 为例，过程（见图 4-14）如下：

（1）客户端按照双方定义的接口规范传递给服务端参数数据；

（2）客户端调用变电站数据获取接口 downloadSubstationInfo，向服务端发送数据交换请求；

（3）服务端根据双方定义的接口规范解析参数数据，在处理完成后，按照双方定义的接口规范反馈数据；

（4）服务端将反馈数据返回给客户端；

（5）客户端处理反馈数据。

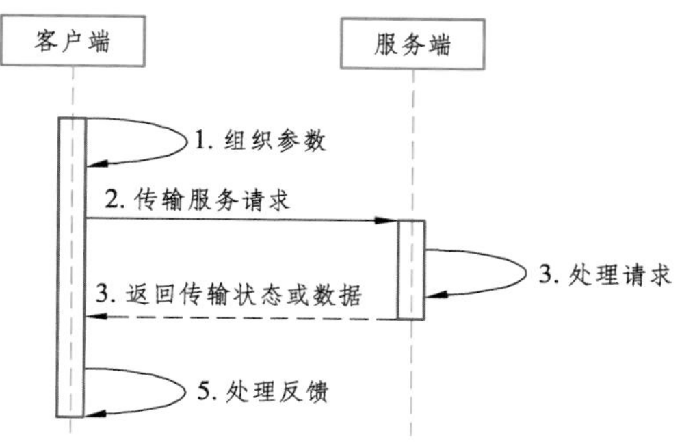

图 4-14 客户端与服务端通信过程

4.3.2.2 接口设计约束

为避免接口在数据对接的过程中，出现接口的频繁调用或过长时间调用，设计接口的约束见表 4-2。

表 4-2 接口设计约束

命名	描述	备注
接口协议	SOAP	
异常处理	服务接口抛出的异常根据编程语言的不同各自进行处理	
时间约束	SOAP 接口的等待时间，建议限制在 60 s 内，对于超过 60 s 的服务接口，建议采用异步机制实现	

4.3.2.3 机器人集中管理系统与数据监控中心的接口协议

1．变电站数据信息获取接口

本接口主要用于获取变电站的基本数据信息，由数据监控中心作为服务端，变电站机器人集中管理系统作为客户端，由变电站机器人集中管理系统通过调用接口从数据监控中心获取变电站的基本数据信息。

接口输入数据见表 4-3。

表 4-3 接口输入数据

序号	字段描述	字段类型	字段英文名	长度	说明	是否必填
1	供电局编码	string	org_code	<10	关键字，参见生产管理（资产）系统标准	是

接口输出：substations，见表 4-4。

表 4-4　接口输出

序号	字段描述	字段类型	字段英文名	长度	说明	是否必填
1	变电站 ID	string	substation_id	<100	关键字	是
	变电站名称	string	substation_desc	<200		是
2	电压等级	string	vlevel	<100		是
	管理部门 ID	string	depart_id	<100	生产管理（资产）系统 ID	
3	管理部门名称	string	depart_desc	<200	中文描述	
	运维单位 ID	string	op_unit_id	<100	生产管理（资产）系统 ID	
4	运维单位名称	string	op_unit_desc	<200	中文描述	
5	投运日期	string	operation_time		格式:yyyy-MM-dd HH:mm:ss	

接口说明：根据供电局编码获取供电局下属变电站清单。

接口 downloadSubstationInfo 输出示例：


```xml
<?xml version="1.0" encoding="UTF-8"?>
<substations>
    <substation_id>xxxx</substation_id>
    <substation_desc>xxxx</substation_desc>
    <vlevel>500000</vlevel>
    <department>xxxx</department>
    <operation_unit>xxxx</operation_unit>
    <Operation_time>yyyy-MM-dd HH:mm:ss</Operation_time>
</substations>
```


2．变电站下属设备台账数据获取接口

本接口主要用于获取变电站的设备台账信息，由数据监控中心作为服务端，变电站机器人集中管理系统作为客户端，由变电站机器人集中管理系统通过调用接口从数据监控中心获取变电站的设备台账信息。

接口输入数据见表 4-5。

表 4-5 接口输入数据

序号	字段描述	字段类型	字段英文名	长度	说明	是否必填
1	变电站 ID	string	substation_id	<100	关键字，变电站 ID	是
2	设备类别 ID	string	class_id	<20	设备类型 ID，依据生产管理（资产）系统设备类别编码为准，带该参数则返回该类型设备，不带该参数则返回变电站下所有设备	否

输出接口：devices，见表 4-6。

表 4-6 输出接口

序号	字段描述	字段类型	字段英文名	长度	说明	是否必填
1	设备 ID	string	device_id	<100	关键字	是
2	设备名称	string	device_desc	<500		
3	所属供电局编码	string	org_code	<10		是
4	变电站 ID	string	substation_id	<100		是
5	设备类别 ID	string	class_id	<100		是
6	设备类别名称	string	class_desc	<100		
7	电压等级	string	vlevel	<100		
8	管理部门 ID	string	depart_id	<100	生产管理（资产）系统 ID	是
9	管理部门名称	string	depart_desc	<200	中文描述	
10	运维单位 ID	string	op_unit_id	<100	生产管理（资产）系统 ID	是
11	运维单位名称	string	op_unit_desc	<200	中文描述	
12	运行编号	string	run_code	<100		
13	是否部件	string	is_part	1	1：是，0：否	是

接口 downloadSubDeviceInfo 输出示例：

```
<?xml version="1.0" encoding="UTF-8"?>
<devices>
    <device>
        <device_id>xxx</device_id>
```

```
        <device_desc>xxx</device_desc>
        <org_code>0501</org_code>
        <substation_id>xxx</substation_id>
        <class_id>xxxx</class_id>
        <class_desc>xxxx</class_desc>
        <vlevel>500000</vlevel>
        <depart_id>xxx</depart_id>
        <depart_desc>xxx</depart_desc>
        <op_unit_id>xxx</op_unit_id>
        <op_unit_desc>xxx</op_unit_desc>
        <run_code>xxx</run_code>
        <is_part>1</is_part>
    </device>
    <device>
        <device_id>xxx</device_id>
        <device_desc>xxx</device_desc>
        <org_code>0501</org_code>
        <substation_id>xxx</substation_id>
        <class_id>xxxx</class_id>
        <class_desc>xxxx</class_desc>
        <vlevel>500000</vlevel>
        <depart_id>xxx</depart_id>
        <depart_desc>xxx</depart_desc>
        <op_unit_id>xxx</op_unit_id>
        <op_unit_desc>xxx</op_unit_desc>
        <run_code>xxx</run_code>
        <is_part>0</is_part>
    </device>
</devices>
```


3．巡检任务计划推送接口

巡检任务计划推送接口见表 4-7。

表 4-7 巡检任务计划推送接口

方法	uploadPatrolPlan（uploadPatrolPlan）
Soa 地址	http://10.180.81.XX:11456/Service.wsdl
说明	通过变电站 ID 下载该站设备台账信息以及本站指导书模板监测指标信息
输入	对象 UploadPatrolPlan uploadPatrolPlan 包含字段

字段描述	字段类型	字段英文名	长度	说明
计划任务 ID	string	localplanid	50	关键字
变电站 ID	string	localsubstationid	100	关键字
计划编号	string	localplancode	50	
计划任务描述	string	localplancontent	1 000	关键字
巡视类型	string	localplantype	100	关键字
计划执行时间	string	localstarttime		关键字 时间格式 （YYYY-MM-DD hh:mm:ss）
计划结束时间	string	localendtime		关键字 时间格式 （YYYY-MM-DD hh:mm:ss）
计划巡检设备 ID 清单	string	localdevices	50	
计划巡检设备名称	string	deviceName	150	
巡检计划对象 ID	string	workobjectid	50	b8da1dbd402f4a5b9489d04092ae83fd
台账指导书监测指标隐射编码	string	Itmid	50	1108 此编码为台账下载中的 ID
监测指标名称	string	recordname	200	温度（°C）
计划关联指导书 ID	String	instanceid	50	ea34b7b4697248e38e0c14411765d4a4
测量项 ID	String	functionId	50	23b5313a3f0942f188caf555864ee076

续表

<table>
<tr><td rowspan="4">输出</td><td colspan="7">返回对象 Result 包含信息</td></tr>
<tr><td>序号</td><td>字段描述</td><td>字段类型</td><td>字段英文名</td><td>长度</td><td>说明</td><td>是否必填</td></tr>
<tr><td>1</td><td>接口调用标识</td><td>string</td><td>code</td><td>1</td><td>0：成功，1：失败</td><td>是</td></tr>
<tr><td>2</td><td>失败原因</td><td>string</td><td>reason</td><td><100</td><td>描述接口调用失败原因，成功则不填</td><td></td></tr>
<tr><td>定义</td><td colspan="7">Wsdl 文件：http://10.180.81.xx:11456/task?wsdl
<operation name="uploadPatrolPlan">
<documentation>Service definition of function task__uploadPatrolPlan</documentation>
<input message="tns:uploadPatrolPlanRequest"/>
<output message="tns:uploadPatrolPlanResponse"/>
</operation></td></tr>
</table>

数据监控中心主动调用，定时扫描已派工的机器人巡检计划，机器人集中管理主站提供机器人巡检计划下达接口，包括计划基本信息、计划对应指导书编码和设备台账信息。

4．变电站机器人巡检指导书制定设备台账下载接口

本接口主要用于下载变电站所属的全部设备台账与机器人巡检作业指导书对应关系信息。由数据监控中心作为服务端，变电站机器人集中管理系统作为客户端，由变电站机器人集中管理系统通过调用接口从数据监控中心获取对应关系信息。详细情况见表 4-8。

表 4-8　变电站机器人巡检指导书制定设备台账下载接口

<table>
<tr><td>方法</td><td>downloadSubDeviceRobotMRItemInfo (String substationId)</td></tr>
<tr><td>地址</td><td>http://10.180.81.xxx:8080/bigdata-service/services/cn.com.enersun.data_center.bigdata_service.ExternalService?wsdl</td></tr>
<tr><td>说明</td><td>通过输入变电站 ID 信息，获取设备台账与机器人巡检作业指导书对应关系信息</td></tr>
<tr><td>输入</td><td>请求的正文参数字符串，以 XML 格式呈现。示例如下：
<?xml version="1.0" encoding="UTF-8"?>
<results>
<result>
<ID>14047</ID>
<ORG_CODE>0505</ORG_CODE>
<DEVICE_ID>0529BA2015000357183</DEVICE_ID></td></tr>
</table>

续表

输入


```
        <PARENT_ID>0</PARENT_ID>
        <DEVICE_DESC>35kV 巍五线 3516 隔离开关</DEVICE_ESC<SUBSTATION_ID>052920151100818</SUBSTATION_ID>
        <SUBSTATION_NAME>110kV 巍山变电站</SUBSTATION_NAME>
        <CLASS_ID>13112</CLASS_ID>
        <CLASS_DESC>隔离开关</CLASS_DESC>
        <CLASS_FULL_NAME>匹配所有设备类</CLASS_FULL_NAME>
        <FULL_PATH>大理供电局/变电设施/110kV巡维中心/110kV巍山变电站/35kV电压等级区域/35 kV 巍五线 351 断路器间隔/35kV 巍五线 3516 隔离开关</FULL_PATH>
        <OP_UNIT_ID>1AB92FB5B0F61481E05337050A0A024D</OP_UNIT_ID>
        <OP_UNIT_DESC>大理供电局</OP_UNIT_DESC>
        <DEPART_ID>1AB92FB5AB4D1481E05337050A0A024D</DEPART_ID>
        <DEPART_DESC>变电管理所</DEPART_DESC>
         <VLEVEL>35kV</VLEVEL>
        <RUN_CODE>35kV 巍五线 3516 隔离开关</RUN_CODE>
        <IS_PART>0</IS_PART>
        <VERSION_ID>934f0415684846e4a8ce3bb97e536d57</VERSION_ID>
        <TEMPLATE_ID>40e41d84751d4b149333fab8a88e3491</TEMPLATE_ID>
        <TEMPLATE_NAME>110kV 巍山变智能机器人一次设备巡视维护记录表</TEMPLATE_NAME>
        <PROJECT_ID>99c88efc41054be395ee40234a919752</PROJECT_ID>
        <PROJECT_NAME>智能机器人一次设备巡视维护记录表</PROJECT_NAME>
        <TABLE_ID>76306f6ccfc140788a6bb752d898ce46</TABLE_ID>
        <TABLE_NAME>红外测温记录表</TABLE_NAME>
        <RECORD_ID>e20942aec0e84ed7a0e996d5ee402afa</RECORD_ID>
        <RECORD_NAME>温度(°C)</RECORD_NAME>
        <DATA_SOURCE>1</DATA_SOURCE>
        <DOWNLOAD_STATE>2</DOWNLOAD_STATE>
        <UPDATE_TIME>2016/5/18 14:50:19</UPDATE_TIME>
  </result>
  </results >
```


字段描述	字段类型	字段英文名	长度	说明
业务 ID	String	ID	50	
组织机构编码	String	ORG_CODE	4	0501
设备 ID	String	DEVICE_ID	50	

续表

输入	所属主设备 ID	String	PARENT_ID	50	
	设备名称	String	DEVICE_DESC	150	
	变电站 ID	String	SUBSTATION_ID	50	
	变电站名称	String	SUBSTATION_NAME	200	
	类别 ID	String	CLASS_ID	32	
	所属类别名称	String	CLASS_DESC	84	
	设备类别全路径	String	CLASS_FULL_NAME	1000	
	设备全路径	String	FULL_PATH	1000	
	设备运维单位 ID	String	OP_UNIT_ID	50	
	设备运维单位名称	String	OP_UNIT_DESC	100	
	设备运维部门 ID	String	DEPART_ID	80	
	设备运维部门名称	String	DEPART_DESC	100	
	电压等级	String	VLEVEL	32	
	运行编码	String	RUN_CODE	50	
	是否部件	String	IS_PART	1	
	作业指导书 ID	String	VERSION_ID	50	
	地市局模板 ID	String	TEMPLATE_ID	50	
	地市局指导书模板名称	String	TEMPLATE_NAME	200	
	作业项 ID	String	PROJECT_ID	50	
	作业项名称	String	PROJECT_NAME	200	
	作业记录表格 ID	String	TABLE_ID	50	
	作业记录表格名称	String	TABLE_NAME	200	
	测量指标 ID	String	RECORD_ID	50	
	测量指标名称	String	RECORD_NAME	64	
	设备等级	String	DATA_SOURCE	1	1：一次，2：二次
	是否上传结果	String	DOWNLOAD_STATE	1	1：不上传，2：上传
	数据更新时间	String	UPDATE_TIME	50	关键字 时间格式 （YYYY-MM-DD hh:mm:ss）

续表

<table>
<tr><td rowspan="3">输出</td><td>Format：XML；操作成功返回 0，失败则返回 1 和失败原因</td></tr>
<tr><td><table>
<tr><td>序号</td><td>字段描述</td><td>字段类型</td><td>字段英文名</td><td>长度</td><td>说明</td><td>是否必填</td></tr>
<tr><td>1</td><td>接口调用标识</td><td>string</td><td>Code</td><td>1</td><td>0：成功，1：失败</td><td>是</td></tr>
<tr><td>2</td><td>失败原因</td><td>String</td><td>reason</td><td><100</td><td>描述接口调用失败原因，成功则不填</td><td></td></tr>
</table></td></tr>
<tr><td><?xml version="1.0" encoding="UTF-8"?>
<result>
<code></code>
<reason></reason>
</result></td></tr>
<tr><td>定义</td><td></td></tr>
</table>

5. 异常信息上报接口

本接口用于机器人集中管理系统通过数据监控中心提供 Web Service 接口服务上报异常信息。数据监控中心作为服务端，机器人集中管理系统作为客户端。

接口输入：defectxml，见表 4-9。

表 4-9 接口输出

序号	字段描述	字段类型	字段英文名	长度	说明	是否必填
1	变电站 ID	string	substation_id	<100	关键字	是
2	设备 ID	string	device_id	<20	关键字	是
3	异常描述	string	defect_desc	<500>	关键字	是
4	异常值	String	Defect_value	<20>	关键字	关键字
5	任务 ID	String	Plan_ID	（32）	关键字	关键字
6	发现班组	string	find_team_oid	<200		是
7	发现人员 ID	String	finder_uid	100	发现人 ID，填报阶段填写，可修改	是
8	上报人 ID	String	reportor_uid	100	上报人 ID，上报时默认取当前用户，不可修改	是

续表

序号	字段描述	字段类型	字段英文名	长度	说明	是否必填
9	上报班组	String	report_team_oid	500	上报班组 ID，上报时默认取当前用户所在班组，不可修改	是
10	发现时间	string	find_time		格式：yyyy-MM-dd HH:mm:ss	是
11	上报时间	String	report_time		格式：yyyy-MM-dd HH:mm:ss	是
12	巡视点位编码	String	point_code		052920151100818_1446	是
13	巡视项类型	String	Data_type		红外测温	是

接口输出：result，见表 4-10。

表 4-10　接口输出

序号	字段描述	字段类型	字段英文名	长度	说明	是否必填
1	接口调用标识	string	code	1	0：成功，1：失败	是
2	失败原因	string	reason	<100	描述接口调用失败原因，成功则不填	
3	异常信息 ID	string	defect_id	<100	4A（资产）系统生成缺陷单 ID	

变电站机器人集中管理系统通过调用接口向数据监控中心上报异常信息。

异常信息上报接口 uploadDefectInfo 示例如下：

（1）接口参数：

```
<?xml version="1.0" encoding="UTF-8"?>
<defect>
    <substation_id></substation_id>
    <class_id></class_id>
    <defect_desc></defect_desc>
    <defect_display></defect_display>
    <defect_level></defect_level>
```

```
    <find_time></find_time>
    <report_time></report_time>
</defect>
```

（2）接口返回：

```
<?xml version="1.0" encoding="UTF-8"?>
<result>
    <code></code>
    <reason></reason>
    <defect_id></defect_id>
</result>
```

6．计划任务执行状态上报接口

本接口用于机器人集中管理系统完成巡视计划后通过数据监控中心 Web Service 接口通知巡视计划任务完成，回填计划结果信息。

接口参数：patrolPlanXml，见表 4-11。

表 4-11 接口参数

序号	字段描述	字段类型	字段英文名	长度	说明	是否必填
1	变电站 ID	string	station_id	<100	关键字	是
2	计划任务 ID	string	plan_id	<100	关键字	是
3	计划执行状态	string	status	<10>	计划状态（10：新增，20：审批中，30：待发布，40：已发布（未派工），50：执行中，60：待确认，70：已完成，80：变更中，90：已取消）	是
4	实际开始时间	string	real_begin_date		关键字 时间格式（YYYY-MM-DD hh:mm:ss）	是

续表

序号	字段描述	字段类型	字段英文名	长度	说明	是否必填
5	实际结束时间	string	real_end_date		关键字 时间格式 （YYYY-MM-DD hh:mm:ss）	是
6	注意事项	string	advert_proceeding	200		
7	遗留问题描述	string	bequeath_question	200		
8	工作结果	string	completion_condition	100	描述巡视结果，是否合格	是
9	是否遗留问题	string	is_bequeath_question	5	（1：是，2：否）	
10	备注	string	plan_remark	200		

接口返回：result，见表 4-12。

表 4-12　接口返回

序号	字段描述	字段类型	字段英文名	长度	说明	是否必填
1	接口调用标识	string	code	1	0：成功，1：失败	是
2	失败原因	string	reason	<100	描述接口调用失败原因，成功则不填	

7．巡检计划结果信息回传接口

机器人集控系统完成巡视计划后通过数据监控中心 Web Service 接口上传巡视监测结果值，见表 4-13。

表 4-13　巡检计划结果信息回传接口

方法	uploadPatrolPlanResult (String patrolPlanResultXml)
地址	http://10.180.81.xxx:8080/bigdata-service/services/cn.com.enersun.data_center.bigdata_service.ExternalService?wsdl
说明	机器人做完计划巡检任务，将巡检结果通过状态评价中心提供的接口上传巡检结果信息，按照作业指导书进行巡检，结果是按着指导书模板回传
输入	请求的正文参数字符串，以 XML 格式呈现。示例如下：<?xml version="1.0" encoding="UTF-8"?> <results> <result> <planid>xxxx</planid>

续表

输入

```
        <org_code>0501</org_code>
        <instanceid>xxxx</instanceid>
        <functionid>xxxx</functionid>
        <itmid>1078</itmid>
        <result_value>xxxxx</result_value >
        <work_object_id>xxxxxxxxx</work_object_id>
        <update_time>2016/5/18 14:50:19</update_time>
        <device_id>xxx</device_id>
    </result>
</results >
```

字段描述	字段类型	字段英文名	长度	说明
计划 ID	string	planid	50	
组织编码	string	org_code	32	0501
作业表单实例 ID	string	instanceid	50	
测量项 ID	String	functionid	50	
台账指导书监测指标映射 ID	string	itmid	30	此 ID 为下载计划中的 itmid
测量值	string	result_value	200	
监测时间	string	update_time	50	关键字 时间格式（YYYY-MM-DD hh:mm:ss）
工作对象 ID	string	work_object_id	50	
设备 ID	String	Device_id	50	设备 ID

输出

Format：XML；操作成功则返回缺陷唯一的 ID，失败则返回失败原因

序号	字段描述	字段类型	字段英文名	长度	说明	是否必填
1	接口调用标识	string	code	1	0：成功，1：失败	是
2	失败原因	String	reason	<100	描述接口调用失败原因，成功则不填	

```
<?xml version="1.0" encoding="UTF-8"?>
<result>
    <code></code>
    <reason></reason>
</result>
```

定义

8．巡检计划表单结论信息回传接口

机器人集中管理系统完成巡视计划后通过数据监控中心 Web Service 接口回传计划表单结论信息，见表 4-14。

表 4-14　巡检计划表单结论信息回传接口

<table>
<tr><td>方法</td><td>uploadBaseResultInfo (String BaseResultInfoXml)</td></tr>
<tr><td>地址</td><td>http://10.180.81.xxx:8080/bigdata-service/services/cn.com.enersun.data_center.bigdata_service.ExternalService?wsdl</td></tr>
<tr><td>说明</td><td>机器人做完计划巡检任务，将巡检结果通过状态评价中心提供的接口上传巡检结果信息，按照作业指导书进行巡检，结果是按着指导书模板回传</td></tr>
<tr><td>输入</td><td>请求的正文参数字符串，以 XML 格式呈现。示例如下：
<?xmlversion="1.0"encoding="UTF-8"?>
<sp_pd_tf_base_infos><sp_pd_tf_base_info>
<relation_id>ab0581703cd440648f88310d01f29059</relation_id>
<work_start_time>2018/05/15 15:14</work_start_time>
<work_end_time>2018/05/30 15:14</work_end_time>
<work_type>5</work_type>
<work_result>正常</work_result>
<risk_change>无</risk_change>
<remark>无</remark>
<input_time>2018/05/31 15:14</input_time>
<inputor_uid>1a82af8107f6612de05337050a0a5922</inputor_uid>
<inputor>羊剑梅</inputor>
</sp_pd_tf_base_info>
<sp_pd_tf_base_info>
<relation_id>b55d23db2b044c5885cd39bed3ba8a89</relation_id>
<work_start_time>2018/05/15 15:15</work_start_time>
<work_end_time>2018/05/30 15:14</work_end_time>
<work_type>5</work_type>
<work_result>正常</work_result>
<risk_change>无</risk_change>
<remark>无</remark>
<input_time>2018/05/31 15:14</input_time>
<inputor_uid>1a82af8107f6612de05337050a0a5922</inputor_uid>
<inputor>羊剑梅</inputor>
</sp_pd_tf_base_info>
</sp_pd_tf_base_infos>
<table>
<tr><th>字段描述</th><th>字段类型</th><th>字段英文名</th><th>长度</th><th>说明</th></tr>
<tr><td>作业表单实例 ID</td><td>string</td><td>relation_id></td><td>50</td><td>来源计划中的 instanceid</td></tr>
<tr><td>工作类别</td><td>string</td><td>work_type</td><td>10</td><td>固定值：5</td></tr>
</table>
</td></tr>
</table>

续表

<table>
<tr><td>输入</td><td>
<table>
<tr><th>字段描述</th><th>字段类型</th><th>字段英文名</th><th>长度</th><th>说明</th></tr>
<tr><td>作业开始时间</td><td>String</td><td>work_start_time</td><td>50</td><td>时间格式（YYYY-MM-DD hh:mm:ss）</td></tr>
<tr><td>作业结束时间</td><td>string</td><td>work_end_time</td><td>30</td><td>时间格式（YYYY-MM-DD hh:mm:ss）</td></tr>
<tr><td>风险变化情况</td><td>string</td><td>risk_change</td><td>300</td><td></td></tr>
<tr><td>工作结果</td><td>string</td><td>work_result</td><td>300</td><td></td></tr>
<tr><td>报告录入人 ID</td><td>string</td><td>inputor_uid</td><td>50</td><td>固定：1</td></tr>
<tr><td>录入时间</td><td>string</td><td>input_time</td><td>50</td><td>关键字
时间格式（YYYY-MM-DD hh:mm:ss）</td></tr>
<tr><td>报告录入人</td><td>string</td><td>inputor</td><td>50</td><td>固定为：机器人</td></tr>
<tr><td>备注</td><td>String</td><td>remark</td><td>200</td><td></td></tr>
</table>
</td></tr>
<tr><td>输出</td><td>
Format：XML；操作成功则返回缺陷唯一的 ID，失败则返回失败原因
<table>
<tr><th>序号</th><th>字段描述</th><th>字段类型</th><th>字段英文名</th><th>长度</th><th>说明</th><th>是否必填</th></tr>
<tr><td>1</td><td>接口调用标识</td><td>string</td><td>code</td><td>1</td><td>0：成功，1：失败</td><td>是</td></tr>
<tr><td>2</td><td>失败原因</td><td>String</td><td>reason</td><td><100</td><td>描述接口调用失败原因，成功则不填</td><td></td></tr>
</table>
<?xml version="1.0" encoding="UTF-8"?>
<result>
    <code></code>
    <reason></reason>
</result>
</td></tr>
<tr><td>定义</td><td></td></tr>
</table>

9．巡检计划报告附件上报接口

机器人集中管理系统完成巡视计划后通过数据监控中心 Web Service 接口上传巡检生成的报告信息，见表 4-15。

表 4-15　巡检计划报告附件上报接口

方法	uploadPatrolPlanReport
Soa 地址	http://10.180.81.xxx:8080/bigdata-service/services/cn.com.enersun.data_center.bigdata_service.ExternalService?wsdl
说明	String uploadPatrolPlanReport (String planID, String scsj, String filename, String reportFJ) 上传附件（uploadPatrolPlanReport 接口，需要封装可以参考附录中的范例）
输入	* @param PlanID 计划 ID * @param scsj 上传时间 * @param filename 文件名称 * @param reportFJ 附件报告 String
输出	String 返回上传成功的附件 ID
定义	

4.3.2.4　数据监控中心与公司生产系统接口协议

1．巡视计划结果上传接口

数据监控中心将机器人主站回传的巡检计划结果上传公司生产系统，见表 4-16。

表 4-16　巡视计划结果上传接口

方法	completePlanForRobot
Soa 地址	http://10.111.74.XX:8080/web/lcam/fwms/soa/cxf/TBIProdPlanExternalServiceCompletePlanForRobot?wsdl
说明	机器人在计划执行环节，现场巡视工作完成后，将实际时间、工作结果、遗留问题等信息回传至一体化生产系统，同时将一体化生产系统计划状态由“执行中”调整为“待确认”，由班站长进行确认
输入	CommonDataRequest，format 为 XML。其中正文请求内容格式请参考下面的输入参数说明。 <root> <prodPlanList> <prodPlan> <id>生产计划 ID </id> <completionCondition>工作结果</completionCondition> <realBeginDate>实际开始时间(YYYY-MM-DD HH:SS:SS) </realBeginDate> <realEndDate>实际结束时间(YYYY-MM-DD HH:SS:SS)</realEndDate> <planState>计划状态(50:执行中,60:待确认)</planState> <isBequeathQuestion>是否遗留问题(1:是,2:否)</isBequeathQuestion> <bequeathQuestion>遗留问题描述</bequeathQuestion> </prodPlan> </prodPlanList> </root>
输出	CommonDataResponse，format 为 JSON，result 参考下面的输出参数说明。
定义	Wsdl 文件： TBIProdPlanExternalServiceCompletePlanForRobot.wsdl

范例：

```
<root>
<prodPlanList>
    <prodPlan>
        <id>生产计划 ID </id>
        <completionCondition>工作结果</completionCondition>
        <realBeginDate>实际开始时间(YYYY-MM-DD HH:SS:SS)</realBeginDate>
        <realEndDate>实际结束时间(YYYY-MM-DD HH:SS:SS)</realEndDate>
        <planState>计划状态(50:执行中,60:待确认)</planState>
        <isBequeathQuestion>是否遗留问题(1:是,2:否)</isBequeathQuestion>
        <bequeathQuestion>遗留问题描述</bequeathQuestion>
    </prodPlan>
</prodPlanList>
</root>
```

（1）输入参数说明见表 4-17。

表 4-17 输入参数说明

实体	参数名	是否必填	字段类型	说明
prodPlan	id	是	VARCHAR2（32）	生产计划 ID
	completionCondition	是	VARCHAR2（2000）	工作结果
	realBeginDate	是	DATE	实际开始时间（YYYY-MM-DD HH:SS:SS）
	realEndDate	是	DATE	实际结束时间（YYYY-MM-DD HH:SS:SS）
	planState	是	NUMBER(4)	计划状态（50：执行中，60：待确认）。需要根据实际情况，了解实际业务，如果上传后直接到班长确认就传 60，如果不上传到班长确认就传 50
	isBequeathQuestion	是	NUMBER(1)	是否遗留问题（1：是，2：否）
	bequeathQuestion	否	VARCHAR2(1000)	遗留问题描述

（2）输出参数说明见表 4-18。

表 4-18　输出参数说明

接口	参数名	类型	说明
	replyCode	字符串	返回成功标识。枚举： OK：成功 L01：验证失败 L02：系统异常
	replyDesc	字符串	返回内容说明。 例如： OK 的情况下：处理服务器：10.10.21.181，操作成功。 L01 的情况下：处理服务器：10.10.21.181，传递参数的 realBeginDate 为空。 L02 的情况下：处理服务器:异常日志
	lastRequestTime	字符串	请求时间。 例如：2017-12-18 14:26:12
	needRequestTimes	字符串	无用
	format	字符串	格式化方式：JSON
	result	字符串	返回内容。无

响应报文：

```
<soap:Envelope xmlns:soap="http://schemas.xmlsoap.org/soap/envelope/">
    <soap:Body>
        <completePlanForRobotResponse xmlns="http://lcam.gd.soa.csg.cn">
            <replyCode>OK</replyCode>
            <commonDataResponse>
                <replyCode>OK</replyCode>
                <replyDesc>处理服务器:10.10.21.181，操作成功</replyDesc>
                <lastRequestTime>2017-12-18 14:26:12</lastRequestTime>
                <needRequestTimes>0</needRequestTimes>
                <format>JSON</format>
                <result></result>
            </commonDataResponse>
        </completePlanForRobotResponse>
    </soap:Body>
</soap:Envelope>
```

2. 上传到生产计划附件信息（通用附件上传接口）

状态评价中心将机器人主站回传的巡检报告上传4A系统，见表4-19。

表 4-19 通用附件上传接口

方法	uploadAttachment
Soa 地址	http://10.111.74.xx:8080/web/top/atm/hessian/hessianService
说明	String uploadAttachment (AttachmentTransVO attachmentTransVO,byte[] bytes) 上传附件（hession 接口，需要封装可以参考附录中的范例）
输入	AttachmentTransVO attachmentTransVO：附件对象（必填：creatorId、creatorName、fileName、fileType、jobTypeCode、objectId）（可填：md5Id、updateUserId、updateUserName、dataFrom、fileSize、attachmentType、deadLineTime、businessOrderState、objectIdType）（填了也没用的：createTime、updateTime、sortNo、relationId、attachmentId、fileDir、state） byte[] bytes：附件内容字节数据 String objectIdType ：业务 ID 分组标示 int businessOrderState ：业务单未保存时传递 1 可参考参数说明
方法	uploadAttachment
输出	String 返回上传成功的附件 ID
定义	Wsdl 文件： AttachmentManager Service.wsdl

（1）输入参数说明见表4-20。

表 4-20 输出参数说明

属性名	属性描述	属性类型	是否必填	备注说明
attachmentTransVO	附件对象	对象	必填	附件对象
byte[]	附件内容		必填	Bytes：附件内容字节数据

attachmentTransVO：附件对象，见表 4-21。

表 4-21　附件对象

属性名	属性描述	属性类型	是否必填	备注说明
creatorId	创建人 ID	String	是	创建人 ID
creatorName	创建人姓名	String	是	创建人姓名
fileName	文件名	String	是	文件名
fileType	文件类型	String	是	文件后缀名。不用带“.”。例如：doc、jpg
jobTypeCode	附件编码	String	是	统一传“attachment”
objectId	业务单 ID	String	是	生产计划主键 ID
objectIdType	业务 ID 分组标示	String	否	业务 ID 分组标识。生产计划附件空着，可不填（接口虽然为非必填，但是有些业务要求必填，比如说表单附件）
md5Id	MD5ID	VARCHAR2 (32)	否	可填
updateUserId	修改者 ID	VARCHAR2 (32)	否	可填
updateUserName	修改者	VARCHAR2 (200)	否	可填
dataFrom	数据来源	VARCHAR2 (32)	否	可填，数据来源，标识附件是从哪里上传的。云南机器人巡检系统传“机器人巡检”
fileSize	文件大小	NUMBER (12)	否	可填
attachmentType			否	可填
deadLineTime			否	可填
businessOrderState	保存附件状态	NUMBER (1)	否	可填，业务单未保存时传递 1（1：临时保存附件状态；2：永久保存附件状态）
createTime	创建时间	DATE	否	填了也没用

续表

属性名	属性描述	属性类型	是否必填	备注说明
updateTime	修改时间	DATE	否	填了也没用
sortNo	自定义排序使用的字段（其值来源于创建时间）	NUMBER (24)	否	填了也没用
relationId	关联 ID	VARCHAR2 (32)	否	填了也没用（附件 ID 与业务模块 ID 关联表主键）
attachmentId	附件 ID	VARCHAR2 (100)		填了也没用，（附件 ID，记录保存的附件主键 ID）
fileDir	相对路径（相对存储点之后的路径）	VARCHAR2 (500)		填了也没用
State	状态	NUMBER(1)		填了也没用
bytes	文件字节流	byte[]	是	

（2）输出说明：

String 返回上传成功的附件 ID。

范例（消缺前附件 VO 值）：

```
com.comtop.top.atm.common.model.AttachmentTransVO@be9aa23[
  jobTypeCode=attachment
  objectId=b53cfb24b2924ed6a22ef69c5f808303 (生产计划主键)
  objectIdType=
  businessOrderState=0
  objectName=<null>
  attachmentId=<null>
  fileName=1495015071614.jpg
  fileType=jpg
  fileSize=1081335
  fileSizes=<null>
  md5Id=<null>
  state=0
  creatorId=56614305549B45929D4EEBF9548955AA
```

```
    creatorName=许佐南
    createTime=<null>
    updateUserId=<null>
    updateUserName=<null>
    updateTime=<null>
    fileDir=<null>
    attachmentType=<null>
    relationId=79a119a1fe1a41be857ea83cc2904891
    fileBlockSeqNo=0
    fileBlockSize=0
    dataSourceName=<null>
    tableName=<null>
    columnName=<null>
    createTimeBegin=<null>
    createTimeEnd=<null>
    updateTimeBegin=<null>
    updateTimeEnd=<null>
    dataFrom=<null>
    deadLineTime=<null>
    storagePointVO=<null>
    storagepointDir=<null>
]
```

3．新发现缺陷上传接口

新发现缺陷上传接口见表 4-22。

表 4-22　新发现缺陷上传接口

方法	upLoadDefectInfo
地址	http://10.111.74.xx:8080/web/lcam/fwms/soa/cxf/TBIReceiveDefectFacadeupLoadDefectInfo?wsdl
说明	根据计划巡视结果，新上报缺陷，每次只上传一条数据返回缺陷唯一的 ID

续表

输入	CommonDataRequest，format 为 XML，content 为加密后的 xml 格式的内容其中正文请求内容格式请参考下面的输入参数说明。 <soapenv:Envelope xmlns:soapenv="http://schemas.xmlsoap.org/soap/envelope/" xmlns:sp="http://sp.soa.csg.cn"> <soapenv:Header/> <soapenv:Body> <sp:upLoadDefectInfoRequest> <!--Optional:--> <sp:commonDataRequest> <!--Optional:--> <sp:account></sp:account> <!--Optional:--> <sp:password></sp:password> <!--Optional:--> <sp:format>XML</sp:format> <!--Optional:--> <sp:content>PGRlZmVjdFBoZW5vbWVub25JZD4yMDA0NTwvZGVmZWN0UGhlbm9tZW5vbklkPg0KPGRlZmVjdFR5cGVJZD4yMDAwNzwvZGVmZWN0VHlwZUlkPg0KPGRlZmVjdFR5cGVOYW1lPuWkluinguW8guW4uDwvZGVmZWN0VHlwZU5hbWU+DQo8cHJvdmluY2VDb2RlPjAzPC9wcm92aW5jZUNvZGU+DQo8YnVyZWF1Q29kZT4wMzA2PC9idXJlYXVDb2RlPg0KPGRlZmVjdENvZGU+TFMwMzA2MjAxNzEyMjUtMDAxPC9kZWZlY3RDb2RlPg0KPHN0YXRlPjE8L3N0YXRlPg0KPHNwZWNpYWxpdHlUeXBlPjU8L3NwZWNpYWxpdHlUeXBlPg0KPHNwZWNpYWxpdHk+OTwvc3BlY2lhbGl0eT4NCjxoYXNSZXRybz4xPC9oYXNSZXRybz4NCjxpc1Byb2plY3RQZXJpb2Q+MTwvaXNQcm9qZWN0UGVyaW9kPg0KPGRlZmVjdExldmVsPjI8L2RlZmVjdExldmVsPg0KPGZpbmRTb3VyY2U+NDwvZmluZFNvdXJjZT4NCjxkZWZlY3RTb3VyY2VUeXBlPjEwPC9kZWZlY3RTb3VyY2VUeXBlPg0KPHNpdGVJZD4wMzA2MDAwMDMwMjI1Nzwvc2l0ZUlkPg0KPHNpdGVOYW1lPjExMGtW5Yqh5bqE56uZPC9zaXRlTmFtZT4NCjxmdW5jdGlvbkxvY2F0aW9uSWQ+MDMwNjAwMDAzMDMxOTA8L2Z1bmN0aW9uTG9jYXRpb25JZD4NCjxmdW5jdGlvbkxvY2F0aW9uTmFtZT4jMeS4u+WPmOmXtOmalC8jMeS4u+WPmOWOi+WZqDwvZnVuY3Rpb25Mb2NhdGlvbk5hbWU+DQo8ZGV2aWNlSWQ+MDMwNjAwMDAzMDMxOTI8L2RldmljZUlkPg0KPGRldmljZU5hbWU+IzHkuLvlj5jljovlmagv5Li75Y+Y5Y6L5ZmoPC9kZXZpY2VOYW1lPg0KPGNsYXNzaWZ5SWQ+MTMxNDE8L2NsYXNzaWZ5SWQ+DQo8dm9sdGFnZUxldmVsPjExMDAwMDwvdm9sdGFnZUxldmVsPg0KPGZpbmRUZWFtT2lkPkNBRjQ3RUQxQTEzQTQ4M0RBOUM4NDFGQzQ2ODU0MTA3PC9maW5kVGVhbU9pZD4NCjxmaW5kVGltZT4yMDE3LTEyLTIyIDEwOjMyOjAwPC9maW5kVGltZT4NCjxjcmVhdG9yVWlkPkNBRjQ3RUQxQTEzQTQ4M0RBOUM4NDFGQzQ2ODU0MTA3PC9jcmVhdG9yVWlkPg0KPHRlYW1PaWQ+MTZEMjkxREFEQTZDNDg3Nzg2Nzg3MzBDRjI1RkZGQjM8L3RlYW1PaWQ+DQo8ZGVwdE9pZD41RkRGOUEwMzIwRTU0MzJFOEU3NzYzMEVEQzc0MjlBRjwvZGVwdE9pZD4NCjxjcmVhdGVEYXRlPjIwMTctMTItMjIgMTA6MzI6MDA8L2NyZWF0ZURhdGU+DQo8cmVwb3J0b3JVaWQ+Q0FGNDdFRDFBMTNBNDgzREE5Qzg0MUZDNDY4NTQxMDc8L3JlcG9ydG9yVWlkPg0KPHJlcG9ydFRlYW1PaWQ+MTZEMjkxREFEQTZDNDg3Nzg2Nzg3MzBDRjI1RkZGQjM8L3JlcG9ydFRlYW1PaWQ+DQo8cmVwb3J0VGltZT4yMDE3LTEyLTIyIDEwOjMyOjAwPC9yZXBvcnRUaW1lPg0KPGRlZmVjdFBoZW5vbWVub24+5Z+656GA5pyJ5Lil6YeN5LiL5rKJ5oiW5YC+5pac77yM6YCg5oiQ5Y+Y5Y6L5Zmo56e75L2N5oiW5Y+Y5b2i77yM5b2x5ZON6K6+5aSH5a6J5YWo6L+Q6KGMPC9kZWZlY3RQaGVub21lbm9uPg0KPGRlZmVjdERlc2M+5Z+656GA5pyJ5Lil6YeN5LiL5rKJ5oiW5YC+5pac77yM6YCg5oiQ5Y+Y5Y6L5Zmo56e75L2N5oiW5Y+Y5b2i77yM5b2x5ZON6K6+5aSH5a6J5YWo6L+Q6KGMPC9kZWZlY3REZXNjPg0KPHBsYW5JZD5iZTUxNjZiZmVhNGE0OWIyYjRhZDcxMzMzY2M0MDcyYTwvcGxhbklkPg0K</sp:content> </sp:commonDataRequest> </sp:upLoadDefectInfoRequest> </soapenv:Body> </soapenv:Envelope>
输出	操作成功返回缺陷唯一 ID，失败则返回失败原因
定义	

4．表单上传接口

通过接口上传终端产生的数据，包括表单、巡视对象、隐患记录、缺陷记录、到位记录、基础数据修改记录等，见表 4-23。

表 4-23　表单上传接口

方法	upLoadWorkFormRequest
Soa 地址	http://10.10.20.xx:8088/web/lcam/fwms/soa/cxf/TBIMobileFacadeupLoadWorkFormRequest?wsdl
说明	上传终端产生的数据，包括表单、巡视对象、隐患记录、缺陷记录、到位记录、基础数据修改记录等
输入	CommonDataRequest，其中正文请求内容格式如下： <ROOT><表名 S ><表名><字段名></字段名></表名></表名 S>…</ROOT> 其中上传内容包括的字段见表 4-24。
输出	CommonDataResponse，操作成功，replyCode 为 ok
定义	public CommonDataResponse upLoadWorkForm (CommonDataRequest commonDataRequest);

上传内容见表 4-24。

表 4-24　上传内容

记录说明	子项名称	子项类型	子项说明
需上传的表	SP_PD_REL_INS_ITEM_FUNCTION	SP_PD_REL_INS_ITEM_FUNCTION[]	测量项（动态）
	SP_PD_TF_BASE_INFO	SP_PD_TF_BASE_INFO[]	作业表单基本信息（主要字段，需必填）
	SP_PD_TF_RECORD	SP_PD_TF_RECORD[]	作业记录（必填）
SP_PD_REL_INS_ITEM_FUNCTION (测量项)	WORK_OBJECT_ID	VARCHAR2	生产计划工作对象 ID
	COL_NO	NUMBER	列位置
	ID	VARCHAR2	ID（此表主键唯一标识）
	INSTANCE_ID	VARCHAR2	实例 ID（生产计划与指导书关联 ID）
	RECORD_ID	VARCHAR2	测量记录 ID
	ROW_NO	NUMBER	行位置（行号）
	SORT	NUMBER	排序号
	TABLE_ID	VARCHAR2	表格 ID

续表

记录说明	子项名称	子项类型	子项说明
SP_PD_TF_BASE_INFO (作业表单基本信息)	BUREAU_CODE	VARCHAR2	局编码
	DATA_FROM	VARCHAR2	数据来源（默认：机器人巡检）
	ID	VARCHAR2	ID（此表主键唯一标识）
	INPUTOR	VARCHAR2	报告录入人
	INPUTOR_UID	VARCHAR2	报告录入人 ID
	INPUT_TIME	DATE	录入时间
	OPTIMISTIC_LOCK_VERSION	NUMBER	乐观锁版本
	PROVINCE_CODE	VARCHAR2	省编码
	RELATION_ID	VARCHAR2	关联关系 ID
	REMARK	VARCHAR2	备注
	RISK_CHANGE	VARCHAR2	风险变化情况
	UPDATE_TIME	DATE	数据更新时间
	WORK_CONTENT	VARCHAR2	作业任务
SP_PD_TF_BASE_INFO (作业表单基本信息)	WORK_END_TIME	DATE	作业结束时间
	WORK_MASTER	VARCHAR2	工作负责人
	WORK_MASTER_UID	VARCHAR2	工作负责人标识
	WORK_MEMBER	VARCHAR2	工作成员
	WORK_MEMBER_UIDS	VARCHAR2	工作成员
	WORK_PLACE	VARCHAR2	工作地点
	WORK_PLACE_ID	VARCHAR2	工作地点
	WORK_RESULT	VARCHAR2	工作结果
	WORK_START_TIME	DATE	作业开始时间
	WORK_TEAM	VARCHAR2	作业班组
	WORK_TEAM_OID	VARCHAR2	作业班组标识
	WORK_TYPE	NUMBER	工作类别

续表

记录说明	子项名称	子项类型	子项说明
SP_PD_TF_RECORD (作业记录)	WORK_OBJECT_ID	VARCHAR2	生产计划工作对象 ID
	BUREAU_CODE	VARCHAR2	局编码
	DATA_FROM	VARCHAR2	数据来源（默认：机器人巡检）
	DEVICE_ID	VARCHAR2	设备 ID
	ID	VARCHAR2	ID（此表主键唯一标识）
	INSTANCE_ID	VARCHAR2	作业表单实例 ID
	ITEM_FUNCTION_ID	VARCHAR2	测量项 ID
	OPTIMISTIC_LOCK_VERSION	NUMBER	乐观锁版本
	PROVINCE_CODE	VARCHAR2	省编码
	RESULT_TYPE	NUMBER	记录类型：1——作业记录结果；2——基本信息结果；3——作业终结结果
	RESULT_VALUE	VARCHAR2	测量值
	UPDATE_TIME	DATE	数据更新时间

4.3.2.5　机器人集中管理系统与变电站站内后台接口协议

1．变电站设备清单推送

接口名称：push_station_device_info。

接口描述：机器人集中管理系统发现公司生产系统中的变电站设备清单发生变更，将新的设备清单主动推送给各变电站厂家。

接口方式：WebService。服务端：各机器人厂家；客户端：机器人集中管理系统。

接口输入：station_device_info 数组，见表 4-25。

表 4-25　接口输入

序号	字段描述	字段类型	字段英文名	长度	说明	是否必填
1	变电设备 ID	string	device_id	<100	关键字	是
2	变电站设备名称	string	device_name	<100	关键字	是

接口输出见表 4-26。

表 4-26 接口输出

序号	字段描述	字段类型	字段英文名	长度	说明	是否必填
1	执行状态	int	status		0 表示成功，非 0 表示失败，反馈值为错误码	是

接口说明：各机器人厂家接收到新的变电站设备清单后，必须反馈更新后的巡检点位清单，否则集控系统会持续推送变电设备清单。

格式（示例）：

（1）接口输入：

```
<?xml version="1.0" encoding="UTF-8"?>
<plans>
    <plan>
        <device_id>xxxx</device_id>
        <device_name>xxxxx</device_name>
    </plan>
    <plan>
        <device_id>xxxx</device_id>
        <device_name>xxxxx</device_name>
    </plan>
</plans>
```

（2）接口输出：

```
<?xml version="1.0" encoding="UTF-8"?>
<substations>
    <status>xxxx</status>
</substations>
```

2. 变电站巡检点位信息上传

接口名称：upload_patrol_device_info。

接口描述：各变电站巡检点位信息发生变更后，主动向机器人集中管理系统上传巡检点位清单。

接口方式：WebService。服务端：机器人集中管理系统；客户端：各变电站机器人后台。

接口输入：string 变电站 ID，patrol_device_info 数组，见表 4-27。

表 4-27　接口输入

序号	字段描述	字段类型	字段英文名	长度	说明	是否必填
1	所属电压等级	string	voltage_grade	<100	关键字	是
2	所属线路（间隔）名称	string	line_name	<100	关键字	是
3	所属变电站设备 ID	string	device_id	<100	关键字	是
6	所属相限	string	phase_name	<100	关键字	是
7	巡检点位 ID	int	patrol_device_id	<100	关键字	是
8	巡检点位名称	string	patrol_device_name	<100	关键字	是
9	巡检类型	string	patrol_type	<100	关键字 高清外观 红外测温 表计识别 声音检测 高清视频	是
10	告警阈值上限	double	threshold_high		关键字	是
11	告警阈值下限	double	threshold_low		关键字	是
12	单位	string	unit	<100	关键字	是

接口输出见表 4-28。

表 4-28　接口输出

序号	字段描述	字段类型	字段英文名	长度	说明	是否必填
1	执行状态	int	status		0 表示成功，非 0 表示失败，反馈值为错误码	是

格式（示例）：

（1）接口输入：

```
<?xml version="1.0" encoding="UTF-8"?>
<plans>
    <plan>
        <voltage_grade>xxxx</voltage_grade>
        <line_name>xxxxx</line_name>
        <device_id>xxxxx</device_id>
        <phase_name>xxxxxx</phase_name>
        <patrol_device_id>xxxxx</patrol_device_id>
        <patrol_device_name>xxxxx</patrol_device_name>
        <patrol_type>xxxxx</patrol_type>
        <threshold_high>xxxxx</threshold_high>
        <threshold_low>xxxxx</threshold_low>
        <unit>xxxxx</unit>
    </plan>
    <plan>
        <voltage_grade>xxxx</voltage_grade>
        <line_name>xxxxx</line_name>
        <device_id>xxxxx</device_id>
        <phase_name>xxxxxx</phase_name>
        <patrol_device_id>xxxxx</patrol_device_id>
        <patrol_device_name>xxxxx</patrol_device_name>
        <patrol_type>xxxxx</patrol_type>
        <threshold_high>xxxxx</threshold_high>
        <threshold_low>xxxxx</threshold_low>
        <unit>xxxxx</unit>
    </plan>
</plans>
```

（2）接口输出：

```
<?xml version="1.0" encoding="UTF-8"?>
```

```
<substations>
    <status>xxxx</status>
</substations>
```

3. 巡检任务计划推送

接口名称：push_patrol_plan_info。

接口描述：集控系统将 4A（资产）系统推送的巡检任务计划推送给各机器人厂家。

接口方式：WebService。服务端：各机器人厂家；接收方：集控系统。

接口输入：push_patrol_plan_info 数组，见表 4-29。

表 4-29 接口输入

序号	字段描述	字段类型	字段英文名	长度	说明	是否必填
1	任务计划 ID	string	patrol_plan_id	<100	关键字	是
2	任务计划描述	string	plan_desc	<1000	关键字	是
3	任务计划执行时间	string	patrol_time	<100	关键字 时间格式 （YYYY-MM-DD hh:mm:ss）	是
4	任务巡检点位清单	int[]	patrol_device_list		关键字 巡检点位 ID 集合	是

接口输出见表 4-30。

表 4-30 接口输出

序号	字段描述	字段类型	字段英文名	长度	说明	是否必填
1	执行状态	int	status		0 表示成功，非 0 表示失败，反馈值为错误码	是

格式（示例）：

（1）接口输入：

```
<?xml version="1.0" encoding="UTF-8"?>
<plans>
    <plan>
        <patrol_plan_id>xxxx</patrol_plan_id>
```

```
        <plan_desc>xxxxx</plan_desc>
        <patrol_time>yyyy-MM-dd HH:mm:ss</patrol_time>
        <patrol_device_list>xxxx，xxxx，xxxx</patrol_device_list>
    </plan>
    <plan>
        <patrol_plan_id>xxxx</patrol_plan_id>
        <plan_desc>xxxxx</plan_desc>
        <patrol_time>yyyy-MM-dd HH:mm:ss</patrol_time>
        <patrol_device_list>xxxx，xxxx，xxxx</patrol_device_list>
    </plan>
</plans>
```

（2）接口输出：

```
<?xml version="1.0" encoding="UTF-8"?>
<substations>
    <status>xxxx</status>
</substations>
```

4．任务计划巡检结果数据上传

接口名称：upload_patrol_result_info。

接口描述：各机器人厂家按照4A（资产）系统制订的任务计划完成巡检后，主动上传巡检结果数据。

接口方式：WebService。服务端：集控系统；接收方：各机器人厂家。

接口输入：string 变电站ID，patrol_result_info数组，见表4-31。

表4-31　接口输入

序号	字段描述	字段类型	字段英文名	长度	说明	是否必填
1	巡检点位ID	int	patrol_device_id		关键字	是
2	巡检时间	string	patrol_time	<100	关键字 时间格式 （YYYY-MM-DD hh:mm:ss）min 0 s的时间间隔	是

续表

序号	字段描述	字段类型	字段英文名	长度	说明	是否必填
3	巡视结果	double	patrol_result		关键字 保留小数点后两位	是
4	巡视状态	int	patrol_status		关键字 0 表示正常， 1 表示异常	是
5	巡视计划任务 ID	string	patrol_plan_id	<100	关键字	是
6	巡检相关附件	string[]	patrol_attachment		关键字 将附件内容转换为 ArrayOfBase64Binary 发送	

接口输出见表 4-32。

表 4-32　接口输出

序号	字段描述	字段类型	字段英文名	长度	说明	是否必填
1	执行状态	int	status		0 表示成功，非 0 表示失败，反馈值为错误码	是

格式（示例）：

（1）接口输入：

```
<?xml version="1.0" encoding="UTF-8"?>
<plans>
    <plan>
        <patrol_device_id>xxxx</patrol_device_id>
        <patrol_time>yyyy-MM-dd HH:mm:ss</patrol_time>
        <patrol_result>xxxxx</patrol_result>
        <patrol_status>xxxxx</patrol_status>
        <patrol_plan_id>xxxx</patrol_plan_id>
        <patrol_attachment>xxxxx</patrol_attachment>
    </plan>
    <plan>
```

```
        <patrol_device_id>xxxx</patrol_device_id>
        <patrol_time>yyyy-MM-dd HH:mm:ss</patrol_time>
        <patrol_result>xxxxx</patrol_result>
        <patrol_status>xxxxx</patrol_status>
        <patrol_plan_id>xxxx</patrol_plan_id>
        <patrol_attachment>xxxxx</patrol_attachment>
    </plan>
</plans>
```

（2）接口输出：

```
<?xml version="1.0" encoding="UTF-8"?>
<substations>
   <status>xxxx</status>
</substations>
```

5. 巡视缺陷上报

接口名称：upload_patrol_defect_info。

接口描述：各厂家对缺陷数据进行审核后，确定的缺陷要主动上报给集控系统。

接口方式：WebService。服务端：集控系统；客户端：各机器人厂家。

接口输入：string 变电站 ID，patrol_defect_info 数组，见表 4-33。

表 4-33 接口输入

序号	字段描述	字段类型	字段英文名	长度	说明	是否必填
1	巡检点位 ID	int	patrol_device_id		关键字	是
2	缺陷等级	int	defect_level		关键字 1：异常 2：一般 3：紧急 4：重大	是
3	缺陷描述	string	defect_desc	<1000	关键字	是
4	缺陷提交时间	string	submit_time	<100	关键字 时间格式（YYYY-MM-DD hh:mm:ss） min 0 s 的时间间隔	是

接口输出见表 4-34。

表 4-34　接口输出

序号	字段描述	字段类型	字段英文名	长度	说明	是否必填
1	执行状态	int	Status		0 表示成功，非 0 表示失败，反馈值为错误码	是

格式（示例）：

（1）接口输入：

```
<?xml version="1.0" encoding="UTF-8"?>
<plans>
    <plan>
        <patrol_device_id>xxxxx</patrol_device_id>
        <defect_level>xxxxx</defect_level>
        <defect_desc>xxxxx</defect_desc>
        <submit_time>yyyy-MM-dd HH:mm:ss</submit_time>
    </plan>
    <plan>
        <patrol_device_id>xxxxx</patrol_device_id>
        <defect_level>xxxxx</defect_level>
        <defect_desc>xxxxx</defect_desc>
        <submit_time>yyyy-MM-dd HH:mm:ss</submit_time>
    </plan>
</plans>
```

（2）接口输出：

```
<?xml version="1.0" encoding="UTF-8"?>
<substations>
    <status>xxxx</status>
</substations>
```

6．巡视缺陷消缺回传

接口名称：update_defect_status_info。

接口描述：集控系统接收到4A（资产）系统的消缺回传信息后，会把消缺信息推送到各机器人厂家。

接口方式：WebService。服务端：各机器人厂家；接收方：集控系统。

接口输入：defect_status_info 数组，见表4-35。

表 4-35 接口输入

序号	字段描述	字段类型	字段英文名	长度	说明	是否必填
1	巡检点位 ID	int	patrol_device_id		关键字	是
2	消缺状态	string	defect_status	<100	关键字	是
3	缺陷最终定级	string	defect_levle	<100		

接口输出见表4-36。

表 4-36 接口输出

序号	字段描述	字段类型	字段英文名	长度	说明	是否必填
1	执行状态	int	Status		0表示成功，非0表示失败，反馈值为错误码	是

格式（示例）：

（1）接口输入：

```
<?xml version="1.0" encoding="UTF-8"?>
<plans>
    <plan>
        <patrol_device_id>xxxxx</patrol_device_id>
        <defect_status>xxxxx</defect_status>
        <defect_level>xxxxx</defect_level>
    </plan>
    <plan>
```

```
            <patrol_device_id>xxxxx</patrol_device_id>
            <defect_status>xxxxx</defect_status>
            <defect_level>xxxxx</defect_level>
        </plan>
</plans>
```

（2）接口输出：

```
<?xml version="1.0" encoding="UTF-8"?>
<substations>
    <status>xxxx</status>
</substations>
```

7．微气象信息上传

接口名称：upload_weather_info。

接口描述：各机器人厂家定时上传变电站微气象信息。

接口方式：WebService。服务端：集控系统；客户端：各机器人厂家。

接口输入：string 变电站 ID，weather_info，见表 4-37。

表 4-37 接口输入

序号	字段描述	字段类型	字段英文名	长度	说明	是否必填
1	温度	double	temperature		关键字	是
2	湿度	double	humidity		关键字	是
3	大气压	double	atmosphere		关键字	是
4	雨量	double	rainfall		关键字	是
5	风速	double	wind_speed		关键字	是

接口输出见表 4-38。

表 4-38 接口输出

序号	字段描述	字段类型	字段英文名	长度	说明	是否必填
1	执行状态	int	status		0 表示成功，非 0 表示失败，反馈值为错误码	是

格式（示例）:

（1）接口输入：

```
<?xml version="1.0" encoding= "UTF-8"?>
<plans>
    <plan>
        <temperature>xxxx</temperature>
        <humidity>xxxxx</humidity>
        <atmosphere>xxxxx</atmosphere>
        <rainfall>xxxxxx</rainfall>
        <wind_speed>xxxx</wind_speed>
    </plan>
    <plan>
        <temperature>xxxx</temperature>
        <humidity>xxxxx</humidity>
        <atmosphere>xxxxx</atmosphere>
        <rainfall>xxxxxx</rainfall>
        <wind_speed>xxxx</wind_speed>
    </plan>
</plans>
```

（2）接口输出：

```
<?xml version="1.0" encoding="UTF-8"?>
<substations>
    <status>xxxx</status>
</substations>
```

8．机器人状态上传

接口名称：upload_robot_info。

接口描述：各机器人厂家定时（每分钟）上传变电站内机器人实时状态。

接口方式：WebService。服务端：集控系统；客户端：各机器人厂家。

接口输入：string 变电站 ID，robot_info 数组，见表 4-39。

表 4-39 接口输入

序号	字段描述	字段类型	字段英文名	长度	说明	是否必填
1	机器人编号	int	robot_id		关键字	是
2	机器人电量	double	battery_value		关键字	
3	机器人状态	int	robot_status		关键字 1：空闲 2：巡检 3：充电 4：转运 5：故障	是

接口输出见表 4-40。

表 4-40 接口输出

序号	字段描述	字段类型	字段英文名	长度	说明	是否必填
1	执行状态	int	status		0 表示成功，非 0 表示失败，反馈值为错误码	是

格式（示例）：

（1）接口输入：

```
<?xml version="1.0" encoding="UTF-8"?>
<plans>
    <plan>
        <robot_id>xxxx</robot_id>
        <battery_value>xxxxx</battery_value>
        <robot_status>xxxxx</robot_status>
    </plan>
    <plan>
        <robot_id>xxxx</robot_id>
        <battery_value>xxxxx</battery_value>
        <robot_status>xxxxx</robot_status>
    </plan>
```

```
</plans>
```

（2）接口输出：

```
<?xml version="1.0" encoding="UTF-8"?>
<substations>
    <status>xxxx</status>
</substations>
```

9．机器人本体告警状态上传

接口名称：upload_robot_fault_info。

接口描述：当机器人出现故障时，各机器人厂家主动推送机器人故障信息。

接口方式：WebService。服务端：集控系统；客户端：各机器人厂家。

接口输入：robot_fault_info，见表 4-41。

表 4-41 接口输入

序号	字段描述	字段类型	字段英文名	长度	说明	是否必填
1	机器人 ID	int	Robot		关键字	是
2	故障发生时间	string	fault_time		关键字	是
3	故障描述	string	fault_desc	<1 000	关键字	是

接口输出见表 4-42。

表 4-42 接口输出

序号	字段描述	字段类型	字段英文名	长度	说明	是否必填
1	执行状态	int	status		0 表示成功，非 0 表示失败，反馈值为错误码	是

接口说明：相样故障无须重复上送。

格式（示例）：

（1）接口输入：

```
<?xml version="1.0" encoding="UTF-8"?>
<plans>
    <plan>
```

```
        <Robot>xxxx</Robot>
        <fault_time>xxxxx</fault_time>
        <fault_desc>xxxxx</fault_desc>
    </plan>
    <plan>
        <Robot>xxxx</Robot>
        <fault_time>xxxxx</fault_time>
        <fault_desc>xxxxx</fault_desc>
    </plan>
</plans>
```

（2）接口输出：

```
<?xml version="1.0" encoding="UTF-8"?>
<substations>
    <status>xxxx</status>
</substations>
```

10．变电站内机器人计划任务执行情况

接口名称：upload_station_patrol_info。

接口描述：各机器人厂家上传变电站机器人运行情况。

接口方式：WebService。推送方：各机器人厂家；接收方：集控系统。

接口输入：string 变电站 ID，station_patrol_info，见表 4-43。

表 4-43　接口输入

序号	字段描述	字段类型	字段英文名	长度	说明	是否必填
1	巡视计划任务 ID	string	patrol_plan_id	<100	关键字	是
2	站内机器人巡检情况	int	station_patrol_info		关键字 1：正常巡视 2：例行停运 3：机器人故障 4：设备检修 5：其他工作	是

接口输出见表 4-44。

表 4-44 接口输出

序号	字段描述	字段类型	字段英文名	长度	说明	是否必填
1	执行状态	int	Status		0 表示成功，非 0 表示失败，反馈值为错误码	是

接口说明：各机器人厂家需要对机器人执行计划任务情况进行上报，如果正常执行则反馈“正常巡视”，如果有计划任务没有执行，各厂家人员对机器人例行维护时，要对没有执行的计划任务做出原因分析并且上传到集控系统。

格式（示例）：

（1）接口输入：

```
<?xml version="1.0" encoding="UTF-8"?>
<plans>
    <plan>
        <patrol_plan_id>xxxx</patrol_plan_id>
        <station_patrol_info>xxxxx</station_patrol_info>
    </plan>
    <plan>
        <patrol_plan_id>xxxx</patrol_plan_id>
        <station_patrol_info>xxxxx</station_patrol_info>
    </plan>
</plans>
```

（2）接口输出：

```
<?xml version="1.0" encoding="UTF-8"?>
<substations>
    <status>xxxx</status>
</substations>
```

4.3.2.6 视频接口协议

1. 协议结构

变电站机器人集中管理系统与变电站机器人后台在进行视音频传输及控制时应建

立两个传输通道：会话通道和媒体流通道。会话通道用于在设备之间建立会话并传输系统控制命令；媒体流通道用于传输视音频数据，经过压缩编码的视音频流采用流媒体协议 RTP/RTCP 传输，如图 4-15 所示。

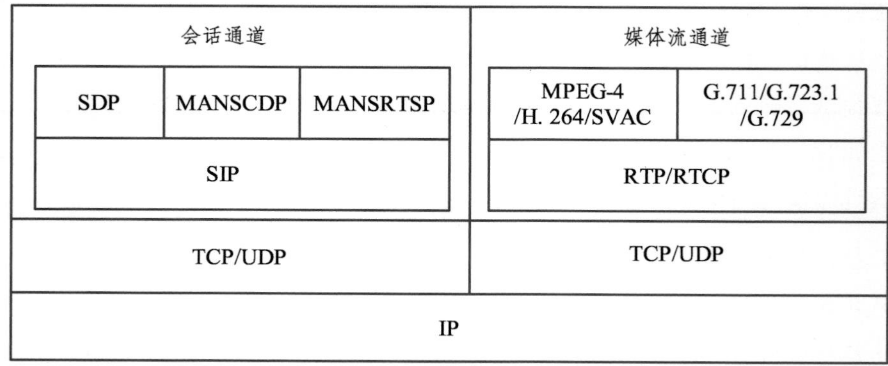

图 4-15 通信协议结构

（1）SIP（Session Initiation Protocol，会话初始协议）。

SIP 是一种控制会话的信令协议。安全注册、实时视音频点播、历史视音频的回放等应用的会话控制采用 IETFRFC3261 规定的 Register、Invite 等请求和响应方法实现，历史视，音频回放控制采用 SIP 扩展协议 IETFRFC 2976 规定的 INFO 方法实现，前端设备控制、信息查询、报警事件通知和分发等应用的会话控制采用 SIP 扩展协议 IETFRFC 3428 规定的 Message 方法实现。

（2）SDP（Session Description Protocol，会话描述协议）。

SDP 是一种会话描述格式，不属于传输协议，仅适用于不同的适当的传输协议，包括会话通知协议（SAP）、会话初始协议（SIP）、实时流协议（RTSP）、MIME 扩展协议的电子邮件以及超文本传输协议（HTTP）。SDP 也是基于文本的协议，这样就能保证协议的可扩展性比较强，使其具有广泛的应用范围。SDP 不支持会话内容或媒体编码的协商，所以在流媒体中只用来描述媒体信息。媒体协商需要用 RTSP 来实现。

（3）MANSCDP（监控报警联网系统控制描述协议）。

在安全防范联网系统中，MANSCDP 被用作前端设备控制、报警信息、设备目录信息等控制指令的描述，在联网报警系统中，采用 SIP 的 Message 消息体携带传输。

（4）MANSRTSP（媒体回放控制协议）。

历史视音频的回放控制命令应采用监控报警联网系统实时流协议（MANSRTSP），

实现设备在端到端之间对视音频流的正常播放、快速、暂停、停止、随机拖动播放等远程控制。历史媒体的回放控制命令采用 SIP 消息 Info 的消息体携带传输。

（5）RTP/RTCP（实时传输协议/实时传输控制协议）。

媒体流在联网系统 IP 网络上传输时应支持 RTP 传输，媒体流发送源端应支持控制媒体流发送峰值功能。RTP 的负载应采用如下两种格式之一：基于 PS 封装的视音频数据或视音频基本流数据。媒体流的传输应采用 IETFRFC 3550 规定的 RTP，提供实时数据传输中的时间戳信息及各数据流的同步，应采 IETFRFC 3550 规定的 RTCP，为按序传输数据包提供可靠保证，提供流量控制和拥塞控制。

2．功能讲解

（1）基本注册。

基本注册，即采用 IETFRFC 3261 规定的基于数字摘要的挑战应答式安全技术进行注册，具体注册流程如图 4-16 所示。

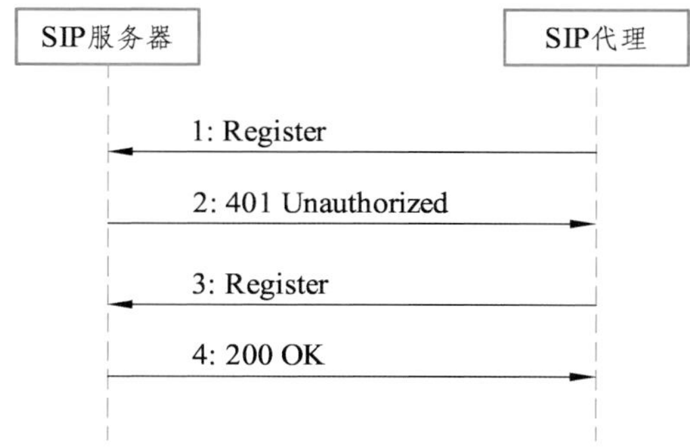

图 4-16 基本注册

（2）实时视音频点播。

实时视音频点播的 SIP 消息应通过本域或其他域的 SIP 服务器进行路由、转发，目标设备的实时视音频流宜通过本域内的媒体服务器进行转发。

实时视音频点播采用 SIP（IETFRFC 3261）中的 Invite 方法实现会话连接，采用 RTP/RTCP（IETFRFC 3550）实现媒体传输。

实时视音频点播的信令流程分为客户端主动发起和第三方呼叫控制两种方式，联网系统可选择其中一种或两种结合的实现方式。第三方呼叫控制的第三方控制者宜采用背靠背用户代理实现，有关第三方呼叫控制见 IETFRFC 3725。

（3）设备控制。

源设备向目标设备发送设备控制命令，控制命令的类型包括球机/云台控制、远程启动、录像控制、报警布防/撤防、报警复位、强制关键帧、拉框放大、拉框缩小、看守位控制、设备配置等，设备控制采用 IETFRFC 3428 中的 Message 方法实现。

源设备包括 SIP 客户端、网关或者联网系统，目标设备包括 SIP 设备、网关或者联网系统。源设备向目标设备发送球机/云台控制命令、远程启动命令、强制关键帧、拉框放大、拉框缩小命令后，目标设备不发送应答命令；源设备向目标设备发送录像控制、报警布防/撤防、报警复位、看守位控制、设备配置命令后，目标设备应发送应答命令表示执行的结果。

（4）报警事件通知和分发。

发生报警事件时，源设备应将报警信息发送给 SIP 服务器；SIP 服务器接收到报警事件后，将报警信息分发给目标设备。报警事件通知和分发使用 IETFRFC 3428 中定义的方法 Message 传送报警信息。源设备包括 SIP 设备、网关、SIP 客户端、联网系统或者综合接处警系统以及卡口系统等，目标设备包括具有接警功能的 SIP 客户端、联网系统或者综合接处警系统以及卡口系统等，如图 4-17 所示。

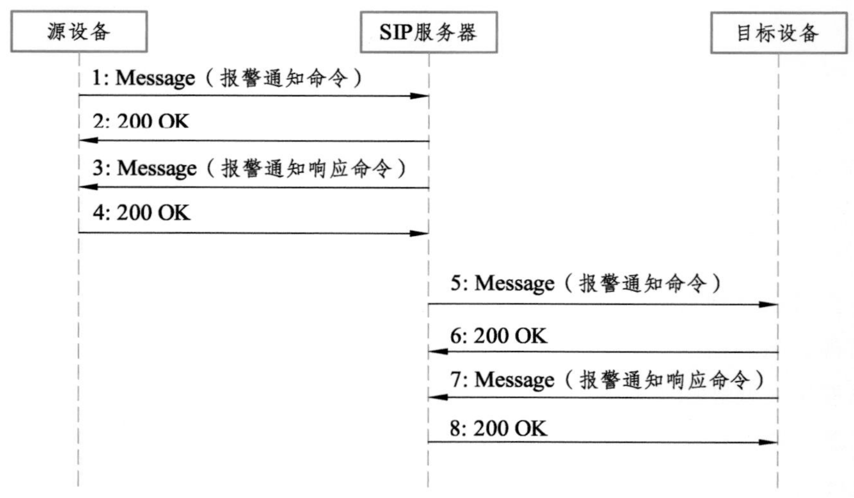

图 4-17　报警事件通知和分发流程示意图

（5）设备信息查询。

源设备向目标设备发送信息查询命令，目标设备应将结果通过查询应答命令返回给源设备，如图 4-18 所示。网络设备信息查询命令包括设备目录查询命令、前端设备信息查询命令、前端设备状态信息查询命令、设备配置查询命令、预置位查询命令等，信息查询的范围包括本地 SIP 监控域或者跨 SIP 监控域。网络设备信息查询命令和响应均采用 IETFRFC 3428 中定义的方法 Message 实现。源设备包括 SIP 客户端、网关或联网系统，目标设备包括 SIP 设备、网关或联网系统。

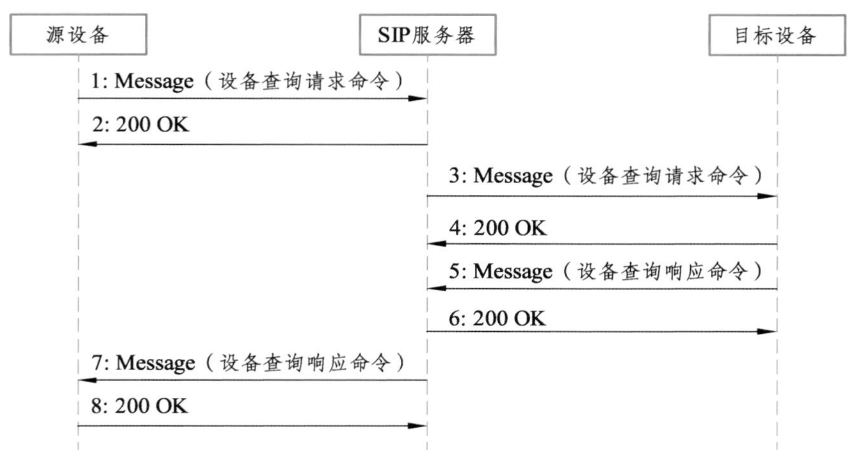

图 4-18 网络设备信息查询流程示意图

（6）状态信息报送。

当源设备（包括网关、SIP 设备、SIP 客户端或联网系统）发现工作异常时，应立即向本 SIP 监控域的 SIP 服务器发送状态信息；无异常时，应定时向本 SIP 监控域的 SIP 服务器发送状态信息，如图 4-19 所示。SIP 设备宜在状态信息中携带故障子设备描述信息。状态信息报送采用 IETFRFC 3428 中定义的方法 Message 实现。

通过周期性的状态信息报送，实现注册服务器与源设备之间的状态检测，即心跳机制。

心跳发送方、接收方需统一配置“心跳间隔”参数，按照“心跳间隔”定时发送心跳消息，默认心跳间隔为 60 s。心跳发送方、接收方需统一配置“心跳超时次数”参数，心跳消息连续超时达到“心跳超时次数”则认为对方下线，默认心跳超时次数为 3 次。

心跳接收方在心跳发送方上线状态下检测到心跳消息连续超时达到商定次数则认为心跳发送方离线；心跳发送方在心跳接收方上线状态下检测到心跳消息响应消息连续超时达到商定次数则认为心跳接收方离线。

（7）历史视音频文件检索。

文件检索主要用区域、设备、录像时间段、录像地点、录像内容为条件进行查询，用 Message 消息发送检索请求和返回查询结果，传送结果的 Message 消息可以发送多条，应支持多响应消息传输的要求，如图 4-20 所示。文件检索请求和应答命令采用 MANSCDP 格式定义。

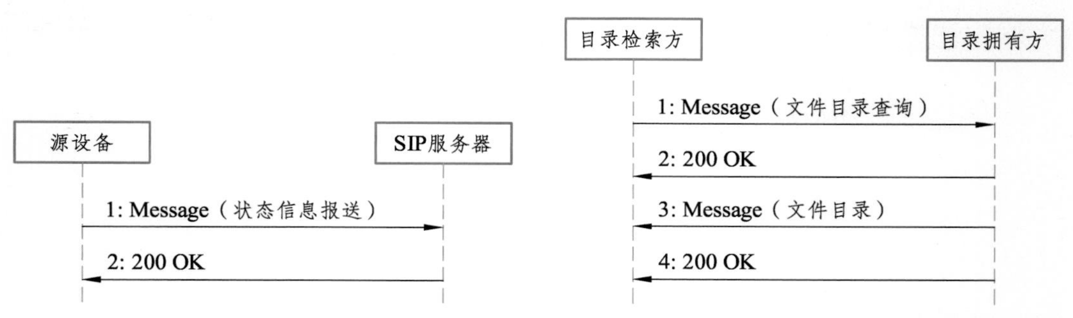

图 4-19　状态信息报送流程示意图　　图 4-20　设备视音频文件检索消息流程示意图

（8）历史视音频回放。

采用 SIP（IETFRFC 3261）中的 Invite 方法实现会话连接，采用 SIP 扩展协议（IETFRFC 2976）INFO 方法的消息体携带视音频回放控制命令，采用 RTP/RTCP（IETFRFC 3550）实现媒体传输。媒体回放控制命令引用 MANSRTSP 中的 Play、Pause、Teardown 的请求消息和应答消息。

历史媒体回放的信令流程分为客户端主动发起和第三方呼叫控制两种方式，联网系统可选择其中一种或两种结合的实现方式。第三方呼叫控制的第三方控制者宜采用背靠背用户代理实现，有关第三方呼叫控制见 IETFRFC 3725。

媒体流接收者可以是包括 SIP 客户端、SIP 设备（如视频解码器），媒体流发送者可以是 SIP 设备、网关、媒体服务器。

（9）历史视音频文件下载。

SIP 服务器接收到媒体接收者发送的视音频文件下载请求后向媒体流发送者发送媒体文件下载命令，媒体流发送者采用 RTP 将视频流传输给媒体流接收者，媒体流接收者直接将视频流保存为媒体文件。媒体流接收者可以是用户客户端或联网系统，媒体流发送者可以是媒体设备或联网系统。

媒体流接收者或 SIP 服务器可通过配置查询等方式获取媒体流发送者支持的下载

发送倍速，并在请求的 SDP 消息体中携带指定下载倍速。媒体流发送者可在 Invite 请求对应的 200 OK 响应 SDP 消息体中扩展携带下载文件的大小参数，以便于媒体流接收者计算下载进度，当媒体流发送者不能提供文件大小参数时，媒体流接收者应支持根据码流中取得的时间计算下载进度。

4.4 集中管理下的机器人作业

变电站机器人巡视基于机器人集中管理机制，根据业务需求不同，采用不同的作业方式和作业流程管理。

4.4.1 计划性巡检任务的巡检作业

计划性巡检任务业务流程如图 4-21 所示。

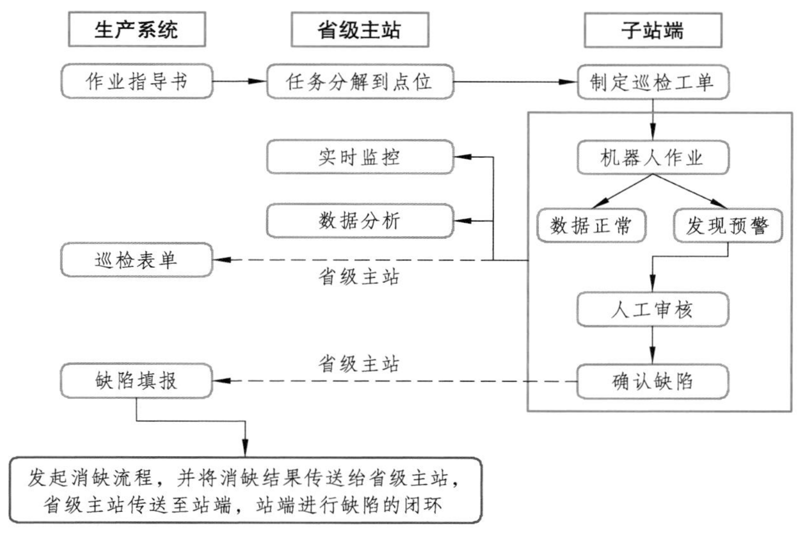

图 4-21 计划性巡检任务业务流程

正常的变电站机器人巡检计划在电网企业的生产管理系统中发起，并关联机器人巡视专用作业指导书，机器人集控管理系统通过接口获取生产管理系统中的任务计划，并进行任务分解，将任务分解到机器人巡视点位，下发到变电站的机器人站端后台。

变电站机器人后台获取巡检任务后，自动生成巡检工单，启动站内机器人作业。巡检数据以实时上传的方式上传给变电站机器人后台，回传到机器人集中管理系统。所有巡视点位巡视结束后，机器人回传任务结束标识给变电站站端后台。机器人站端后台收到该标识后，形成此次任务的作业记录表单，由站端人员进行异常数据审核，审核结束后进行提交上传，上传到机器人集中管理系统，机器人集中管理系统接收到任务结束标识和最后的作业记录表单，将数据回传到电网企业的生产管理系统，形成作业闭环。

4.4.2　应急性巡检任务的巡检作业

在特定条件下，供电局/变电站人员需要临时安排机器人巡视任务，以查清变电站设备的状态，此时，会在变电站站端后台进行机器人巡视任务安排。在这种情况下，在变电站侧制定好机器人巡视任务后，将巡视任务上传给机器人集中管理系统，同时变电站后台自动生成巡检工单，启动站内机器人的作业。当任务结束后，机器人回传任务结束标识给变电站机器人后台。机器人站端后台收到该标识后，形成此次任务的作业记录表单，由站端人员进行异常数据审核，审核结束后进行提交上传，上传到机器人集中管理系统。

4.5　机器人系统的接入调试

4.5.1　接入调试准备工作

在变电站机器人接入机器人集中管理系统前，应该做好以下准备工作：

（1）站端后台由机器人完成变电站巡视机器人的基础建设工作及站端后台的安装部署。通过标准：完成机器人的试运行、通过安全检查。变电站机器人后台安全检查一般包括出厂测试、等保测试和入网测评，是机器人后台接入电力系统内网安全保障的前提，通常由具备相关资质的第三方进行测试并提交测试报告。

（2）严格按照公司统一制定的变电站巡视机器人作业指导书模板完成本地化修编。通过标准：供电局发布本地化修编后的变电站巡视机器人作业指导书。

（3）供电单位进行 IP 和端口号开通申请，同时进行变电站机器人后台的入网连通性测试。通过标准：对开通 IP 和端口进行连通性测试合格。

（4）按照供电局本地化修编的作业指导书，导出变电站机器人巡视设备台账，下发给变电站机器人站端后台。通过标准：站端后台接收到巡视设备台账。

（5）由机器人厂家负责，供电局人员协助，实现对变电站机器人巡视的点位匹配，并上送到机器人集中管理主站。通过标准：经供电局确认，实现对下发设备台账的覆盖率 100%；主站端收到站端上报的点位信息。

4.5.2 机器人视频接入联调

变电站端向主站端提供视频接入对应的 IP、端口号，由主站端负责进行视频接入，如图 4-22 所示。通过标准：访问主站，可以实时看到接入站的高清可见光和红外视频。

图 4-22 视频接入

4.5.3 机器人巡视接入联调

（1）录入变电站人员相关信息（见表 4-45）。一般来说，电网企业生产系统需要相关的权限，才能进行巡检信息的录入。对于变电站机器人巡视而言，数据回传到生产系统，必须借助对应的人员权限才能完成。

表 4-45　人员信息

人员 ID	用户名称	生产系统登录账号	所属班组 ID	组织编码	组织 ID	所属变电站 ID	所属变电站	所属班组名称
1A82AF811821612DE05337050A0A5922	×××	xxx1@qj.yn.csg.cn	8aef8b615b1b6572015f38b643c36ee5	0502	×××供电局	050320155000198	×××变电站	×××巡维中心

（2）变电站运行人员在生产系统中编制作业任务，并进行派发。任务要求：测试任务名称中必须含有“机器人”这三个关键字；任务类型为维护类；任务作业时间建议在 30 min 左右；任务类型尽量覆盖所有巡视内容，包括：红外测温、压力表记、断路器动作次数等。通过标准：设备状态监测评价中心系统能同步到巡检任务。

（3）任务下发：站端在生产系统中编制完成作业任务后，设备状态监测评价中心系统在 10 min 内将自动同步该任务并在 3 min 后下发主站端，主站端接收到任务后自动下发给站端。因此在联调的过程中，站端人员编制好任务后，须及时给各个环节的人员发布任务 ID、任务名称，以便及时跟踪任务的下发情况。站端在收到任务后，需通知各个环节人员（微信群通知）。通过标准：站端收到巡视任务。

（4）站端根据下发的任务进行机器人巡检。任务结束后，站端人员需进行后台日志查询，检查巡检数据是否上传成功，如果站端后台显示数据成功上传，需和主站端对接，校核主站端是否成功接收到数据。如果主站端没有成功收到数据，主站端和站端需进行联合排查，查明原因后再续传巡视数据。通过标准：主站端收到巡检数据。

（5）数据上传至生产系统。主站端收到巡检数据后，将数据发送至设备状态监测评价中心系统，可以在生产系统中查询该任务，核实数据是否回传到生产系统。如果生产系统中未回填，主站端进行与生产系统的接口排查。通过标准：生产系统中完成数据回传。

（6）数据校核。校核的主要内容包括：与巡视任务进行核对，是否存在点位未巡视的情况；是否存在数据漏报的现象；巡检数据、数据结果、各固定项（额定压力、报警压力、闭锁压力）、各统计项（上次表计读数、累计表计读数、累计至上次表计读数等）是否成功回传。通过标准：生产系统中记录表各项数据均已回填。

第5章 机器人应用+

5.1 概　述

5.1.1 智能技术发展

近年来，云计算、大数据、物联网、移动互联网和人工智能等新技术方兴未艾，国家已将人工智能发展提升到国家战略层面。2015 年国务院常务会议通过的《“互联网+”行动指导意见》，明确提出加快发电设施、用电设施和电网智能化改造，提出了智慧能源的发展目标。2017 年，党的十九大报告明确提出：加快建设制造强国，加快发展先进制造业，推动互联网、大数据、人工智能和实体经济深度融合，加强应用基础研究，拓展实施国家重大科技项目，突出关键共性技术、前沿引领技术、现代工程技术、颠覆性技术的创新。2018 年，习近平总书记在全国网络安全和信息化工作会议上强调：要推动互联网、大数据、人工智能和实体经济深度融合，加快制造业、农业、服务业数字化、网络化、智能化，要推动产业数字化，利用互联网新技术新应用对传统产业进行全方位、全角度、全链条的改造，提高全要素生产率，释放数字对经济发展的放大、叠加、倍增作用。国家政策频出，大力推进新一代智能技术的研究和发展，正在推动我国经济的转型升级。

5.1.2 智能机器人的发展趋势与现状

5.1.2.1 智能机器人的发展趋势

智能机器人是第三代机器人，这种机器人带有多种传感器，能够将多种传感器得到的信息进行融合，能够有效地适应变化的环境，具有很强的自适应能力、学习能力和自治功能。目前研制中的智能机器人智能水平并不高，只能说是智能机器人的初级阶段。智能机器人研究中当前的核心问题有两方面。一方面，提高智能机器人的自主性，这是就智能机器人与人的关系而言，即希望智能机器人进一步独立于人，具有更为友善的人机界面。从长远来说，希望操作人员只要给出要完成的任务，而机器能自动形成完成该任务的步骤，并自动完成它。另一方面，提高智能机器人的适应性，提高智能机器人适应环境变化的能力，这是就智能机器人与环境的关系而言，希望加强它们之间的交互关系。

智能机器人涉及许多关键技术，这些技术关系到智能机器人的智能性的高低。这些关键技术主要有以下几个方面：多传感信息耦合技术，多传感器信息融合就是指综合来自多个传感器的感知数据，以产生更可靠、更准确或更全面的信息，经过融合的多传感器系统能够更加完善、精确地反映检测对象的特性，消除信息的不确定性，提高信息的可靠性；导航和定位技术，在自主移动机器人导航中，无论是局部实时避障还是全局规划，都需要精确知道机器人或障碍物的当前状态及位置，以完成导航、避障及路径规划等任务；路径规划技术，最优路径规划就是依据某个或某些优化准则，在机器人工作空间中找到一条从起始状态到目标状态可以避开障碍物的最优路径；机器人视觉技术，机器人视觉系统的工作包括图像的获取、图像的处理和分析、输出和显示，核心任务是特征提取、图像分割和图像辨识；智能控制技术，智能控制方法提高了机器人的速度及精度；人机接口技术，人机接口技术是研究如何使人方便、自然地与计算机交流。

在各国的智能机器人发展中，美国的智能机器人技术在国际上一直处于领先地位，其技术全面、先进，适应性也很强，性能可靠、功能全面、精确度高，其视觉、触觉等人工智能技术已在航天、汽车工业中广泛应用。日本由于一系列扶植政策，各类机器人包括智能机器人的发展迅速。欧洲各国在智能机器人的研究和应用方面在世界上处于领先地位。我国起步较晚，而后进入了大力发展的时期，以期以机器人为媒介物推动整个制造业的改变，推动整个高技术产业的壮大。

5.1.2.2　智能机器人的广泛应用

现代智能机器人基本能按人的指令完成各种比较复杂的工作，如深海探测、作战、侦察、搜集情报、抢险、服务等工作，模拟完成人类不能或不愿完成的任务，不仅能自主完成工作，而且能与人共同协作完成任务或在人的指导下完成任务，在不同领域有着广泛的应用。

智能机器人按照工作场所的不同，可以分为管道、水下、空中、地面机器人等。管道机器人可以用来检测管道使用过程中的破裂、腐蚀和焊缝质量情况，在恶劣环境下承担管道的清扫、喷涂、焊接、内部抛光等维护工作，对地下管道进行修复；水下机器人可以用于进行海洋科学研究、海上石油开发、海底矿藏勘探、海底打捞救生等；空中机器人可以用于通信、气象、灾害监测、农业、地质、交通、广播电视等方面；服务机器人半自主或全自主工作、为人类提供服务，其中医用机器人具有良好的应用前景；仿人机器人的形状与人类似，具有移动功能、操作功能、感知功能、记忆和自治能力，能够实现人机交互；微型机器人以纳米技术为基础在生物工程、医学工程、微型机电系统、光学、超精密加工及测量（如扫描隧道显微镜）等方面具有广阔的应用前景。

在国防领域中，军用智能机器人得到前所未有的重视和发展，近年来，美、英等国研制出第二代军用智能机器人，其特点是采用自主控制方式，能完成侦察、作战和后勤支援等任务，在战场上具有看、嗅等能力，能够自动跟踪地形和选择道路，具有自动搜索、识别和消灭敌方目标的功能，如美国的 Navplab 自主导航车、SSV 自主地面战车等。在未来的军事智能机器人中，还会有智能战斗机器人、智能侦察机器人、智能警戒机器人、智能工兵机器人、智能运输机器人等，成为国防装备中新的亮点。

在服务工作方面，世界各国尤其是西方发达国家都在致力于研究开发和广泛应用服务智能机器人，以清洁机器人为例，随着科学技术的进步和社会的发展，人们希望更多地从烦琐的日常事务中解脱出来，这就使得清洁机器人进入家庭成为可能。日本公司研制的地面清扫机器人，可沿墙壁从任何一个位置自动启动，利用不断旋转的刷子将废弃物扫入自带容器中；车站地面擦洗机器人工作时一面将清洗液喷洒到地面上，一面用旋转刷不停地擦洗地面，并将脏水吸入所带的容器中；工厂的自动清扫机器人可用于各种工厂的清扫工作。美国的一款清洁机器人“Roomba”具有高度自主能力，可以游走于房间各家具缝隙间，灵巧地完成清扫工作。瑞典的一款机器人“三叶虫”，表面光滑，呈圆形，内置搜索雷达，可以迅速地探测到并避开桌腿、玻璃器皿、宠物或任何其他障碍物。一旦微处理器识别出这些障碍物，它可重新选择路线，并对整个房间作出重新判断与计算，以保证房间的各个角落都被清扫。

甚至在体育比赛方面，智能机器人也得到了很大的发展。近年来，在国际上迅速开展起机器人与机器人足球高技术对抗活动，国际上已成立相关的联合会——FIRA（国际机器人足球联盟），许多地区也成立了地区协会，已达到比较正规的程度且有相当的规模和水平。机器人足球赛目的是将足球（高尔夫球）撞入对方球门取胜。球场上空（2 m）高悬挂的摄像机将比赛情况传入计算机内，由预装的软件作出恰当的决策与对策，通过无线通信方式将指挥命令传给机器人。机器人协同作战，双方对抗，形成一场激烈的足球比赛。在比赛过程中，机器人可以随时更新它的位置，每当它穿过地面线截面，双方的教练员与系统开发人员不得进行干预。机器人足球融计算机视觉、模式识别、决策对策、无线数字通信、自动控制与最优控制、智能体设计与电力传动等技术于一体，是一个典型的智能机器人系统。

现代智能机器人不仅在上述方面有广泛应用，而将渗透到生活的各个方面，如在电力行业生产运维方面，考虑到社会上对电力需求量日益增长的趋势，将智能机器人应用于电力势在必行。随着智能机器人的应用领域日益扩大，人们期望智能机器人能在更多的领域为人类服务，代替人类完成更多、更复杂的工作。

5.1.3 机器人应用+

当前，电网快速发展，电网规模和智能化水平快速提高，随着以“信息化、数字化、智能化”为特征的智能电网建设深入推进，通过先进的传感和测量技术、先进的设备技术、先进的控制方法以及先进的决策支持系统技术的应用，实现变电站设备智能巡检是将来电网设备管理的必然趋势。目前，传统变电站设备的巡维方式仍主要依赖于人工，随着管辖变电站的增加，设备管理要求越来越高，巡维人员工作量不断增加，设备巡检任务重、压力大，因此有必要开展变电站巡检机器人建设，利用变电巡检机器人全自主可见光、红外、声音、局放等检测功能来辅助或替代人工开展设备巡检，降低人工劳动强度，减少巡维人员进站频率和次数，以提高设备精益化管理水平。

目前，变电站智能巡检机器人整合机器人技术、电力设备非接触检测技术、多传感器融合技术、模式识别技术、无轨导航定位技术，处于第五代机器人发展阶段，可配置高分辨率可见光、红外摄像头，可实现 24 h 全天候运行，实现精确定位、精确识别、精确检测。机器人能够开展可见光检测（设备外观检查、位置状态识别等）、红外检测（设备外壳的温度）、声音检测（变压器、电抗器等设备噪声）、局放检测等巡维工作，具备辅助或替代人工开展设备巡检的条件。

“机器人应用+”是机器人的进一步应用成果，推动智能技术不断地发生蜕变，为变革、创新、精益、智能提供广阔的应用平台。通俗地说，“机器人应用+”就是“机器人+各个传统业务”，但这并不是简单的两者之和，而是通过通信协议以及机器人管理平台，让机器人与传统业务进行深度融合，创造新的生产领域生态。

“机器人应用+”是将智能机器人作为当前智能技术应用的核心特征，并与生产运维、倒闸操作、安防、现场管控、现场操作、无人机、物联网、大数据等业务的全面融合。其中的关键就是互联互通，只有互联互通才能让这个“+”真正有价值、有意义。

5.2 机器人应用+调控一体化

下面将介绍位置识别、操作，跳闸的应急响应、异常和缺陷的远方判别，顺控操作等与机器人的结合应用。

5.2.1 传统调控一体化

调控一体化是指调度、设备监视及远方控制业务由调控中心承担，调度、设备监视及控制人员在同一值班场所值班，分工协同开展相应业务。由同一值班负责人管理，同一值班员应同时具备调度、监视、控制业务资质，承担调度监控业务。调控一体化将调度自动化主站系统（EMS）和设备运行遥测、遥信等进行整合，形成以电力调度控制中心为“枢纽”的整合性电网调度管理体系。调控一体化作为新一代电网管理模式，有效推动了电力系统向智能化方向转变。

智能变电站涉及的技术背景复杂，环节众多，而其重点是变电站站内一次设备的实时监测和二次设备的网络化。为了提高智能变电站一次设备实时监控的精度，结合 IEC 61850 标准，智能变电站宜采用分布式监控、分层次管理的策略[1]。具体来说，分布式监控就是将一次设备按照其设备属性的不同，划分为若干个不同的管理分区，每一个管理分区以间隔汇控柜来作为分布式分区的管理主体，每一个间隔汇控柜中安放着该分区的传感器、监测单元及其他的变电站二次设备，例如一些通信设备或设备的供电电源等，所有间隔柜所采集的数据在一次设备的分区中心进行分等级的区域汇总，汇总的原则可以采用电压分级和设备分类两种形式，区域汇总的结果通过短距离通信方式传送至变电站集中状态监测系统，进行数据的分类汇总及进行状态分析。具体结构如图 5-1 所示。

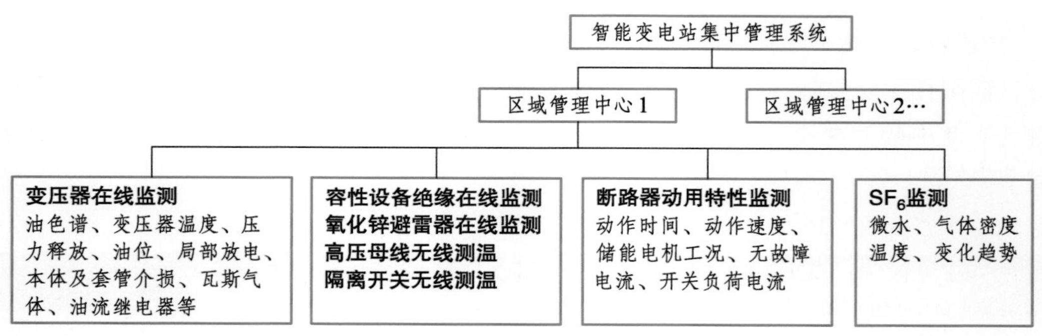

图 5-1　智能变电站分布式分层管理体系结构

对一次设备进行保护和控制的设备都归于二次设备，智能变电站中的二次电源、继电保护、通信设备、控制设备等都属于此列。具体结构方式如图 5-2 所示。二次设备是智能变电站可靠、安全、稳定、经济运行的主要保障。各个设备与下层设备之间，各个设备之间，各个设备与变电站集中系统之间的通信是该保障的重要基础。在智能变电站中，一次设备与二次设备之间距离相隔不会太远，利用电力以太网构造通信网络是一种比较理想的选择。同时有些二次设备由于设备特性及设备的地理位置等问题，有线的网络化会对设备功能的发挥有所影响，因此，构造无线的局域通信网也是智能变电站必要方式。在目前所有的短距离通信方式中，ZigBee 是一种比较适合的方式，成本低、功耗低、可靠性强，组网方式多，节点多，可以为一次设备的数据采集和二次设备的数据传输提供良好的基础。

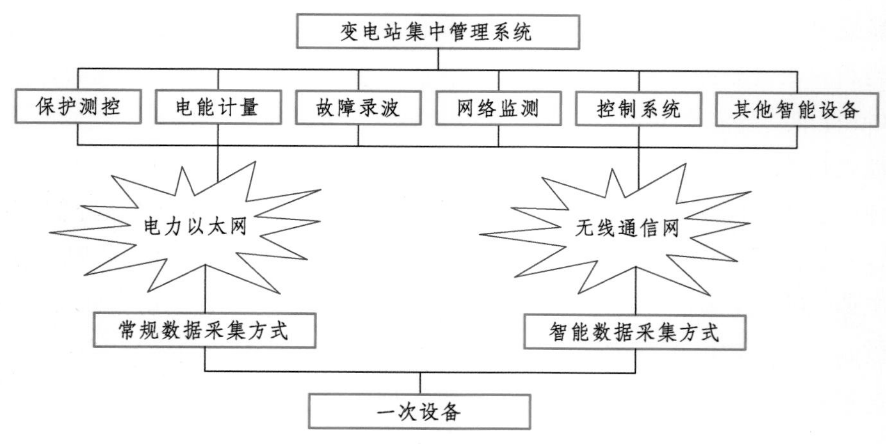

图 5-2　智能变电站通信网络结构

5.2.2 机器人应用+调控一体化

由于调控一体化对无人值班变电站端设备可靠性、故障和异常反应信息快速性及设备状态判别的准确性要求较高，在建设高水平的调控一体化硬件系统的同时，需要真正从系统到人员的运行管理调控一体化。为此，能第一时间了解设备状态，及时掌握电网关键信息，提高事故处理速度和工作效率，减少信息传递的环节以及传递中的不确定因素是其中的关键，而机器人应用在调控一体化推进过程中，其作用就显得尤为重要。其中，程序化操作按照预先设定好的控制逻辑或操作票，一次性完成多个步骤的控制操作，同时进行各种控制条件和“五防”闭锁逻辑的判断。程序化操作可以大幅度提高操作效率，提高电力系统的安全可靠性，并达到增效的目的。

1．刀闸分合闸位置判断

刀闸识别指的是刀闸当前状态的识别，即实时识别当前刀闸是连接状态（合状态）还是断开状态（分状态）。变电站智能巡检机器人在巡检过程中拍摄刀闸设备图像并传送至后台，系统后台可通过相应的图像处理技术得到刀闸区域，通过图像预处理可以有效地去除噪声得到清晰的刀闸区域。使用模式识别算法提取刀闸区域特征，通过图像分割中的二值化对刀闸标定区域进行分析，然后根据规则对线段筛选，就可以判断刀闸的分合状态。

刀闸分为折臂刀闸、接地刀闸等，种类样式繁多。结合刀闸外形，使用图像处理获得刀闸的整体轮廓特征，使用多模式分类器对不同种类的刀闸进行训练，可以实现刀闸识别效率达到 100%，快速准确地做到刀闸设备的识别，如图 5-3 所示。

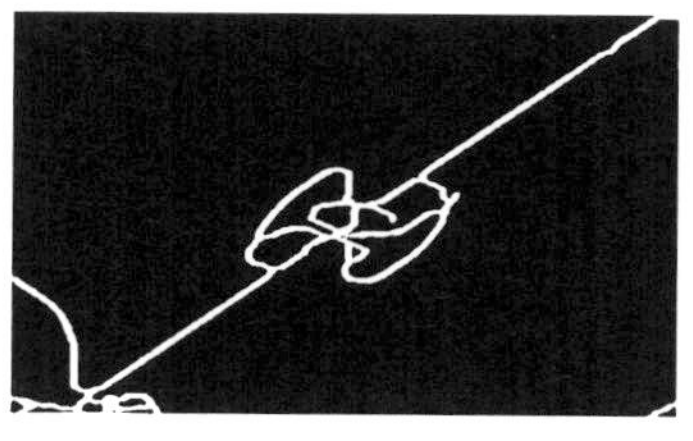
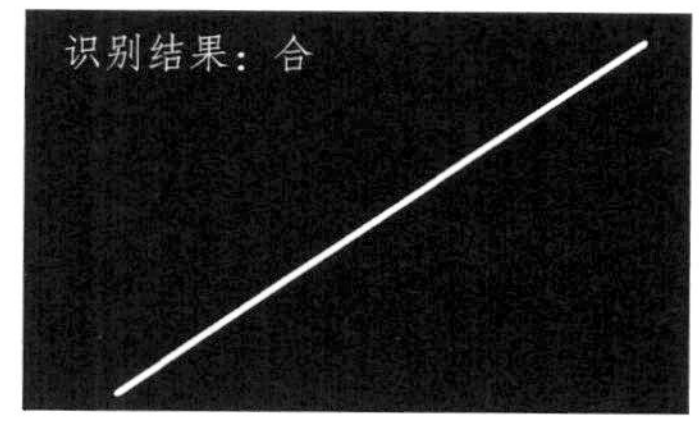

图 5-3 刀闸状态识别

2．程序化控制机器人设备位置判断

自动化系统程序化操作功能操作平台基于调度自动化系统，结合“五防”、视频监控系统数据源平台，实现对变电站程序化操作期间的“五防”逻辑判断，接地线、接地桩现场判断，视频摄像头同步控制，机器人数据同步检测等多项功能，实现调度自动化系统程序化操作时综合监视和综合分析判断的控制展示，为实现程序化操作的人员提供安全、可靠、全面的监视和控制功能。自动化系统程序化操作功能操作平台拓扑如图 5-1 所示，在调度员检查由集控五防上送调度自动化系统的接地线及接地桩位置无异常时，使用调度自动化系统实现对变电站设备的程序化操作，并将电机电源空气开关的变位信号通过规范性规约同步传输至机器人，由机器人到达相关位置进行监视和判断，并将图像分析信号回传至调度自动化系统。

变电站中常见的断路器开关种类包括颜色开关和储能开关。使用颜色分析技术可以识别颜色开关的分合状态，使用形状检测和角度分析可以识别储能开关，三角储能开关不但可以识别开关的分合，还可以识别储能状态，如图 5-4 所示。

图 5-4　断路器开关分合状态识别

3．通信接口

（1）变电站内通信协议。

程序化操作远动实现的重要基础是完善、高效的通信协议，因此必须对远动机站内通信和调度通信两个接口的协议进行分析讨论。国内变电站站内通信协议广泛采 IEC 60870-5-103。IEC103 规约是 IEC（国际电工委员会）在 1997 年制定的继电保护信息接口配套标准，缺乏以太网通信规范，没有变电站系统功能和设备的模型规范，缺乏权威的一致性测试，不同设备之间的互操作性差。国内 220 kV 以上电压等级的

变电站主接线相对复杂，程序化操作往往需要涉及不同的间隔、不同的 IED，所以需要一个良好互操作性并且提供较好的横向信息交互机制的协议来完成。IEC 61850 是新一代的变电站自动化系统的国际标准，目前在国内已经普遍为电力公司用户和主要的二次设备系统供应商所支持，可以较好地解决不同厂商设备间的开放无缝的互操作问题，面向通用对象的变电站事件模型（GOOSE）的应用也可以很好地解决间隔层连锁、横向的命令及操作信息的快速传输问题，考虑到互操作性及先进性，程序化操作变电站内宜采用 IEC 61850 协议。

（2）远动通信协议。

调度通信协议国内普遍采用 IEC 101/104 规约，现有通信条件下 IEC 101/104 的数据通信效率大大提高，已经具备传输较大数据的能力。因此，可以通过 IEC 101/104 的协议机制来传输程序化控制的操作命令、操作票、操作信息等数据。程序化操作会涉及继电保护信息的传输，有时还会涉及保护定值区的切换和校验，目前标准定义的 IEC 101/104 的 ASDU 数据类型已经不能完整表达操作过程的信息传输，需要进行规约的扩展。

（3）机器人系统和调度自动化系统功能对接。

在Ⅰ区和Ⅲ区分别增加“Ⅰ区 104 转换系统”和“Ⅲ区巡检通信系统”，通过 104 规约和 E 文件实现调度自动化系统顺控系统和智能巡检系统之间数据的交互。

① 当断路器/隔离开关开合状态变化时，东方电子下发命令（104 规约），“Ⅰ区 104 转换系统”将命令转化为 E 文件。

② 将 E 文件保存至正向隔离装置的上传目录下。

③ E 文件通过正向隔离装置同步到Ⅲ区。

④“Ⅲ区巡检通信系统”解析 E 文件，将命令下发到机器人巡检系统。

⑤ 机器人巡检完成，将巡检数据上报“Ⅲ区巡检通信系统”，“Ⅲ区巡检通信系统”将其转换成 E 文件。

⑥ 将 E 文件保存至反向隔离装置的上传目录下。

⑦ E 文件通过反向隔离装置同步到“Ⅰ区 104 转换系统”。

⑧“Ⅰ区 104 转换系统”解析 E 文件，解析成 104 规约，上报给调度自动化系统。

系统流程如图 5-5 所示。

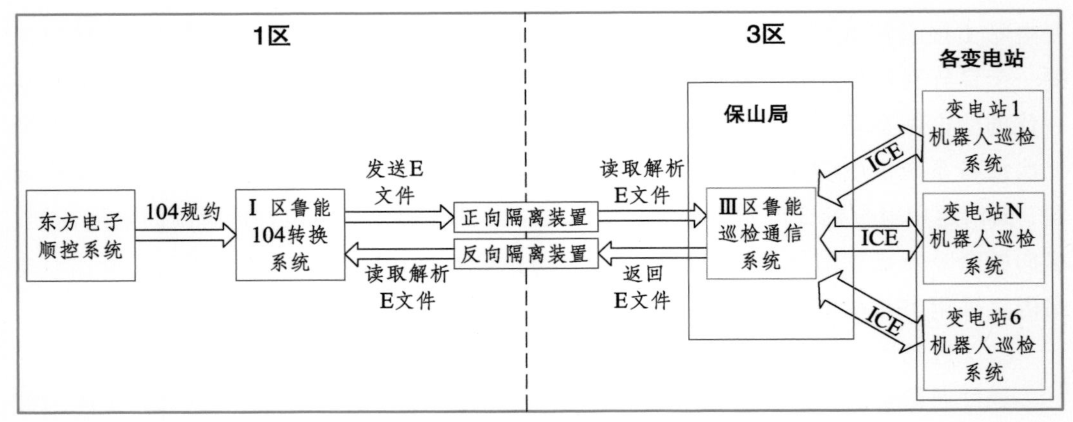

图 5-5　系统流程

系统配置如图 5-6 所示。

4. 图像数据处理

图像分析涉及的数据内容包括对机器人产生的非结构化与结构化监测数据。将数据进行整理、提取、分析后与设备信息关联进行存放，而原始的生数据则采用分时、分区的方式存放。设备监测数据在监测主 IED 实现初步处理和诊断，把数据转换成统一的数据模型，通过统一的数据传输方式将从监测主 IED 传输处理结果和诊断结果到图像分析分析服务器。视频监控数据在 RTU 中实现智能分析与结构化的分类处理，通过统一的数据传输方式将从 RTU 传输处理结果和诊断结果到图像分析服务器。图像分析服务器通过对历史数据、感应、感知，采用图像分析算法，对未来的态势进行预测并可视化管理。

5. 主要技术难点

（1）环境问题。

实际环境中因光照变化而引起的背景的复杂性、目标运动的复杂性、遮挡、目标与背景颜色相似、杂乱背景等都会增加目标检测与算法设计的难度。以刀闸状态分析为例，虽然图像识别技术已经有不少成熟的方案，但是图像识别效果在不同的应用场景中所成像的效果千差万别，因此需要对具体的应用环境进行创新以得到较好的效果。

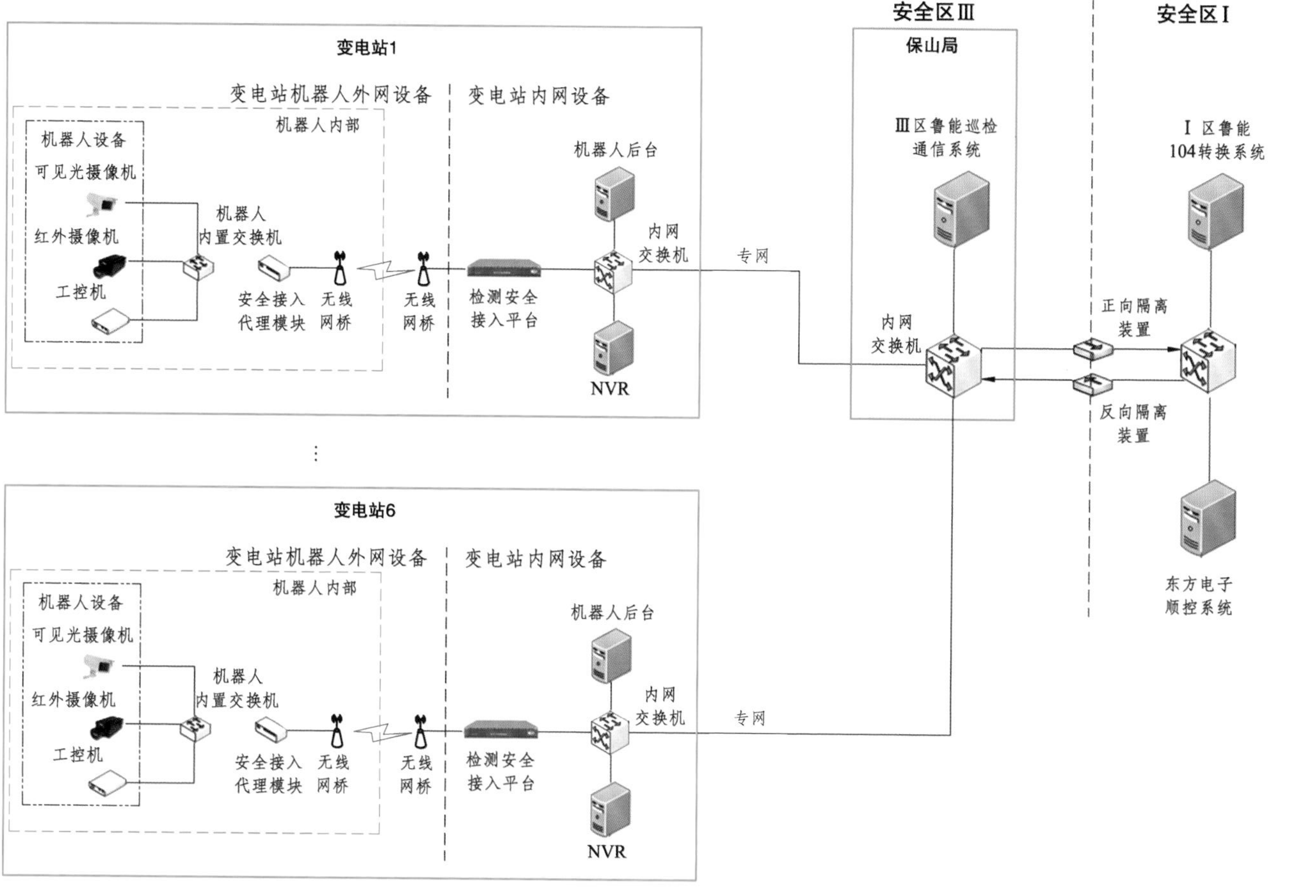
变电站1
变电站机器人外网设备
变电站内网设备
机器人内部
机器人设备
可见光摄像机
红外摄像机
工控机
机器人
内置交换机
安全接入
代理模块
无线
网桥
无线
网桥
检测安全
接入平台
机器人后台
内网
交换机
NVR
专网
变电站6
专网
安全区Ⅲ
保山局
Ⅲ区鲁能巡检
通信系统
内网
交换机
安全区Ⅰ
Ⅰ区鲁能
104转换系统
正向隔离
装置
反向隔离
装置
东方电子
顺控系统

图 5-6 系统配置

（2）目标特征复杂问题。

变电站刀闸的形状也各不相同，导致目标的形状、边缘、大小有很大差异，图像识别技术如何对视频区域内的图像目标进行特征区域的判断，还需要进行进一步的研究分析。

5.2.3　机器人在设备故障处置中的应用

智能机器人集合了计算机、远程控制、多源感应、人工智能等技术，在电力系统中的应用越来越广泛，利用机器人设备故障处置，结合电力系统的实际情况，通过与调度自动化系统的对接，实现电力故障信息的收集与整理，通过变电站现场点位的匹配，当设备发生故障动作跳闸时，机器人通过调度自动化系统设备跳闸信息触发，通过预定的策略，实现机器人对跳闸设备区域自动监测、巡视（见图 5-7）。

图 5-7　跳闸间隔巡视

随着科技的进步，制造产业智能化水平的快速提升，以及内置式、感知、信息化等技术的日新月异，机器人运行核心的控制系统，正向开放化和智能化的方向发展。在调控一体化模式下，通过设备异常和缺陷诊断算法，将实现电力设备异常和缺陷的智能判别。其中，主要的诊断算法有以下几种。

5.2.3.1　专家系统诊断

专家系统诊断方法是目前应用最广且影响最大的诊断方法。专家系统通过内嵌计算机及其智能程序实现，内嵌计算机存储了海量知识库，融合人工智能技术，通过智能程序系统，将收集的信息或信号与存储知识库进行自动比对和推理判断，从而解决问题。专家系统通常由知识经验数据库、信息与信号输入系统、推理决策系统、人机交互系统、信息与信号输出系统组成，具备信息咨询、推理判断、分析决策等功能。

5.2.3.2 人工神经网络诊断

相比较而言，人工神经网络诊断方法更灵活、更便捷，更适宜云数据处理。人工神经网络具有强悍的建模逼近能力和模式识别能力，可对任意复杂状态或过程进行分类和识别。目前，人工神经网络广泛用于电力系统故障判断与分析，应用人工神经网络可以迅速且准确地判断故障所在，且不受电力系统运行状态、运行方式、故障类别及其他环境等相关因素的影响，识别与诊断效果显著。

5.2.3.3 模糊理论诊断

电力系统故障诊断是一个集信息收集、信息研判、信息决策非精确化的动态过程，这种非精确化基于诱因之间的模糊与非精确性。通常根据专家经验在故障征兆和故障诱因之间建立模糊关系矩阵，将模糊关系进行矩阵组合，用逻辑或并逻辑进行模糊诊断。随着该理论的发展和云数据库的融入，变量表述开始得以应用，这使其更接近人类表达习惯，用户可以进行程序设计与方案筛选，根据模糊度高低进行甄别并择优决策。

5.2.3.4 遗传算法诊断

遗传算法本质上是一种概率统计法，是模仿生物进化概率搜索寻优的过程表达，其最大的优点在于无需待处理问题知识数据库，只需通过适应度公式（函数）对海量信息进行个别评析，从而得出最优解答方案。智能机器人基于遗传算法能够在云数据或云空间中进行自适应搜寻，从优化的角度出发基本上可以解决故障诊断问题，尤其是在复故障或存在保护、断路器误动作的情况下，能够给出全局最优或局部最优的多个可能的诊断结果。

5.2.3.5 几种智能方法综合诊断

无论是专家系统诊断方法、人工神经网络诊断方法，还是模糊理论诊断方法和遗传算法诊断方法都有其软肋或短板。若需构造性能优越的智能机器人，需综合多个方法和技术，将上述诊断方法进行智能融合，设计成集成智能系统，即将系统分成若干模块，并集成主体系统机构模块群，构造功能全面和完善系统整体。当前，人工智能控制系统的各模块出现了相互融合的趋势，智能机器人“智能性”越来越明显，也越来越深刻[2]。

5.2.4 智能机器人可见光读表原理

5.2.4.1 指针式仪表识别

为了提取仪表指针，需要对图像进行分割，去除对提取表针有干涉影响的背景。由于现场的光线变化及其他设备阴影的遮挡，使得采集的仪表图像亮度不均，有时甚至会出现“阴阳脸”似的表盘图像。通过改进的局部自适应阈值算法对图像进行分割，为了更准确地找到指针位置，对二值化后的图像进行细化处理，然后通过霍夫直线检测算法进行直线检测，并由此得到指针位置，进而进行仪表读数，如图 5-8 所示。

（a）仪表图像灰度化

（b）二值化

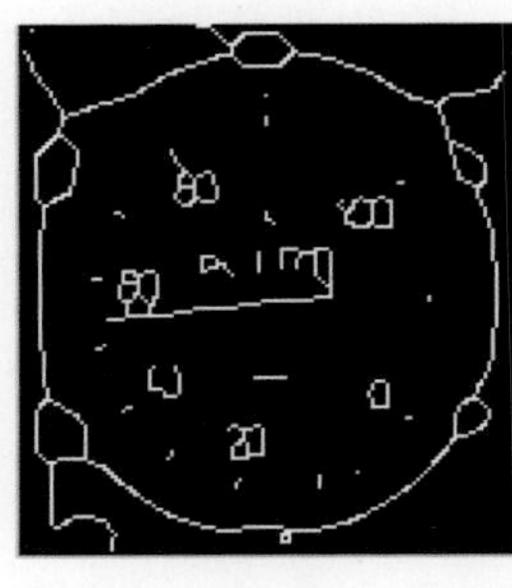

（c）细化

图 5-8　仪表图像的预处理

图 5-9 显示了由细化后的仪表图像得到的 Hough（霍夫）直线检测结果，以及由此所得的在仪表图像中指针所在的位置。

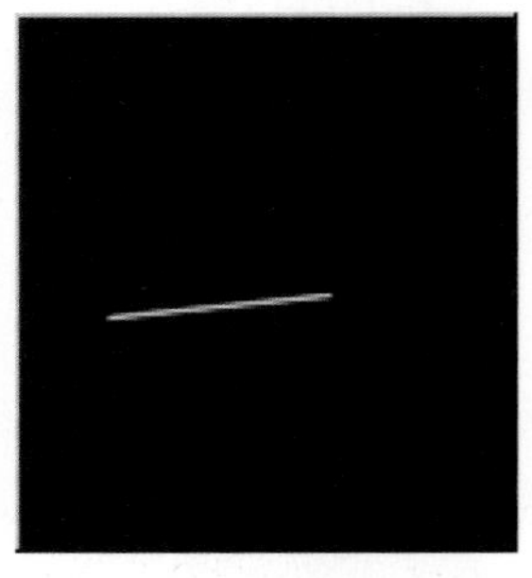

（a）Hough 变换指针检测

（b）结果表示

图 5-9　仪表指针检测及结果读数

图 5-10 所示为仪表识别效果。

图 5-10 仪表识别效果

5.2.4.2 数字式仪表识别

针对变电站内避雷器动作次数表等数字表计的识别，开发了对户外环境具有较强适应性的数字表识别算法。

针对室外条件下光线对识别的影响，使用预处理算法对巡检后台传回的图像进行预处理，抑制图像噪声，减少光照影响。对数字区域进行分割操作，定位数字位置，得到单个数字图像；对单个数字图像进行特征提取，然后使用训练好的机器学习分类器对单个数字进行识别，最后将单个数字进行组合得到最终的识别结果。

为了提高分类器数字识别的精度，构建了一个由多个子分类器组成的集成学习分类器，结构如图 5-11 所示。图中的 Classifier_i 代表子分类器，各子分类器采用不同训练集，以保证子分类器之间有足够的差异性。

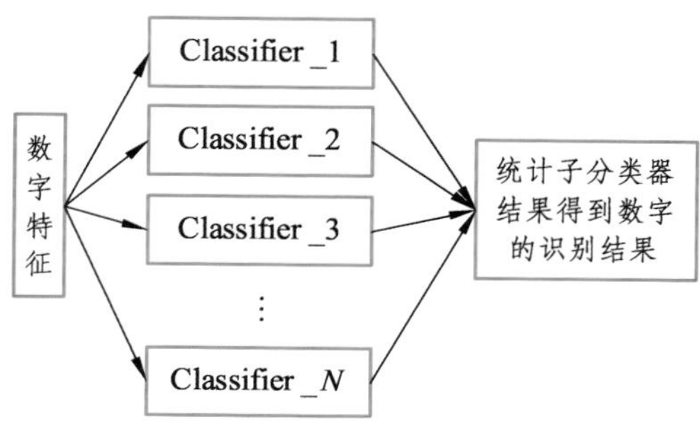

图 5-11 集成分类器结构

图 5-12 所示为巡检图片。

图 5-12　巡检图片

图 5-13 所示为数字分割位置定位。

图 5-14 所示为识别结果。

图 5-13　数字分割位置定位

图 5-14　识别结果

数字表识别算法同样可以识别液晶数字表（见图 5-15）。

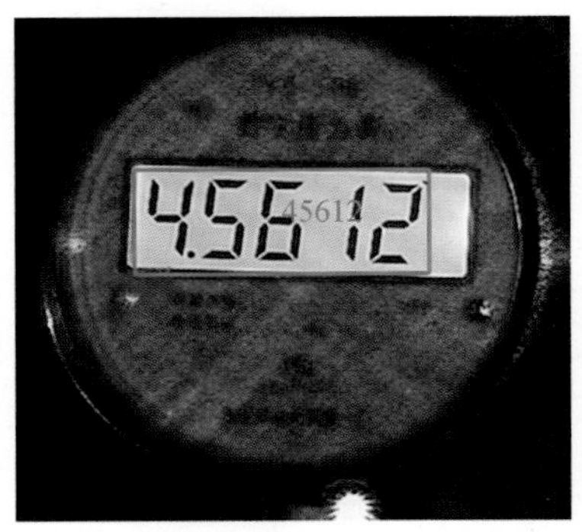

图 5-15　液晶数字表识别效果

5.2.4.3　油位计识别

油位计（见图 5-16）是变电站内常见的仪器设备，主要检测目标是检测液面指示窗格中的液面比例。通过综合利用图像预处理中的 Gabor 滤波以及各种去噪技术可以有效避免光线对于检测的影响，使用图像分割中的自适应阈值技术可以对图像进行有效分割，从而得到识别油位计读数。图 5-17 所示为油位计检测效果示意图。

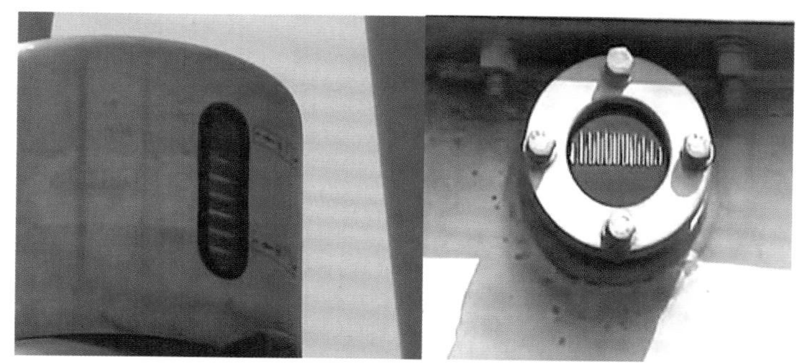

图 5-16 油位计设备示意图

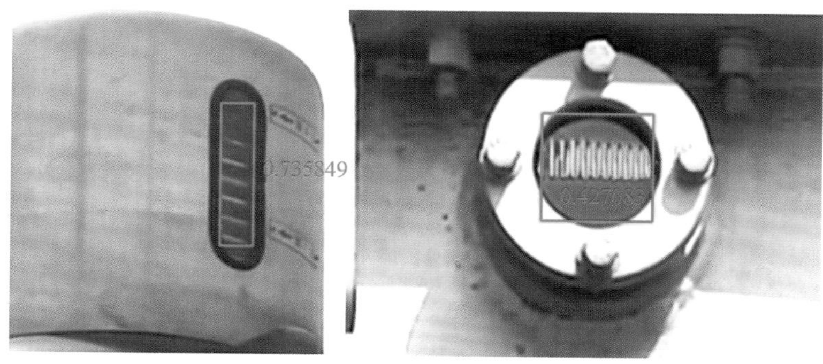

图 5-17 油位计检测效果示意图

5.2.4.4 呼吸器识别

呼吸器（见图 5-18）对于指示变电站内设备工作状态具有很重要的参考意义，通过对呼吸器的填充物的颜色空间和饱和度进行分析，得到填充物变色比例，作为识别结果上传状态数据库。

图 5-18 呼吸器识别效果示意图（白变红）

5.2.4.5 声音识别

变电站智能机器人巡检系统具备听觉功能。在机器人巡检过程中，通过拾音器采集设备运行中发出的声音，经对声音的时域和频域分析提取特征进行声音信号识别，当声音信号异常时，发出预警警示站内工作人员，如图 5-19 所示。

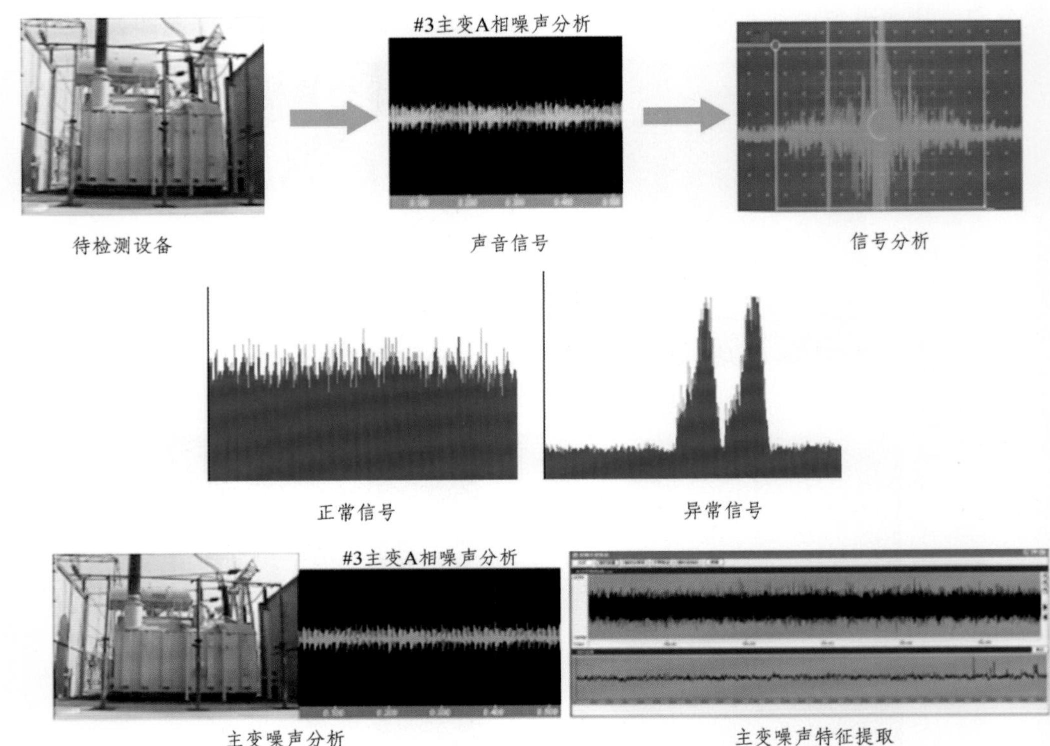

图 5-19　声音识别示意图

5.2.4.6　变电站室内设备检测

变电站室内设备的类型主要包括各种类型的开关、压板和指示灯。

目前的模式识别算法可以识别各种颜色的空气开关。在识别空气开关状态时，首先利用轮廓检测判断空气开关是否倾斜，对倾斜的空开根据其倾斜程度进行矫正，然后对图像进行对称分析，判断空气开关的上下位置，从而判断空气开关分合状态（见图 5-20）。

模式识别算法可以识别各种红绿开关（见图 5-21）和黑白开关（见图 5-22）。对于红绿颜色开关和黑白颜色开关，利用颜色分析算法对开关的颜色区域进行多维度的智能分析，得到颜色区域的颜色，根据颜色对开关的状态进行判断。

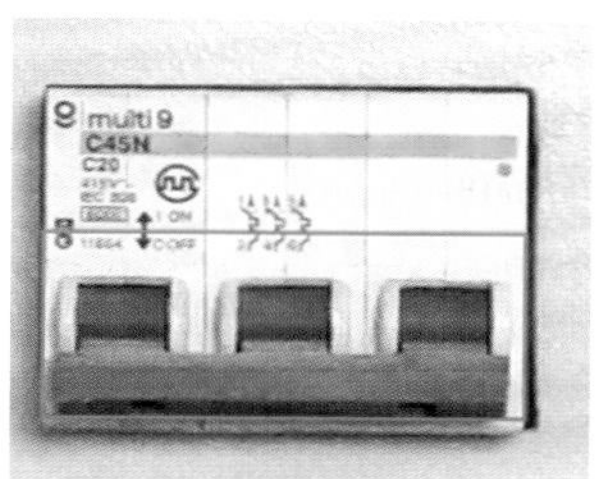

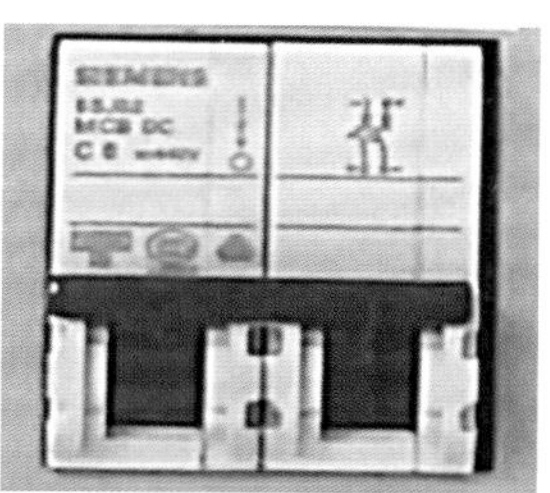

图 5-20 空气开关识别类型

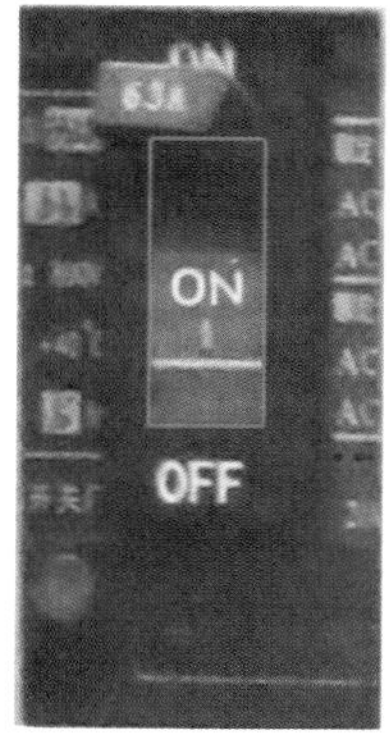

图 5-21 红绿开关识别类别

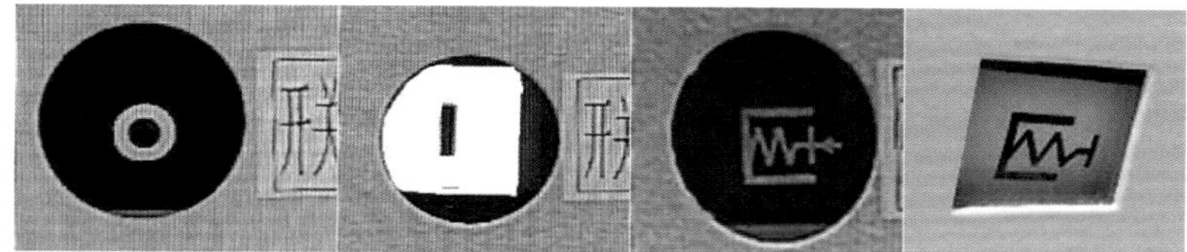

图 5-22 黑白开关识别类别

后台模式识别模块可以识别不同颜色的截断式开关，对于截断式开关，利用纹理分析、形状检测的方式分析截断开关内指示线条的形态来判断开关的分合（见图 5-23）。

图 5-23 截断式开关识别类别

室内屏柜上的旋钮开关类型比较多，对于旋钮开关可根据旋钮的凸出部位对其进行识别，通过图像分割技术，得到凸出部位的位置，然后对比模板图像中凸出部位的位置来判断旋钮开关状态，若凸出部位是对称的，则需要根据凸出部位的方向指示对开关状态进行识别（见图 5-24）。

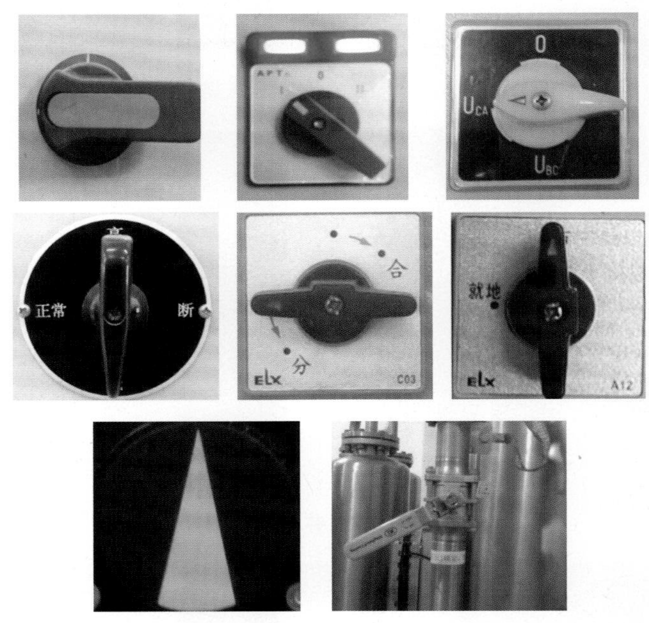

图 5-24　旋转开关状态识别

室内压板类型较多，分为两项方形压板、两项圆点压板和三项压板，对于不同的压板设备图片，通过图像分割、纹理分析和机器学习等模式识别手段进行组合处理，最大限度地简化了算法流程，保证了算法的可靠性，增强了变电站智能巡检机器人的巡检能力（见图 5-25）。

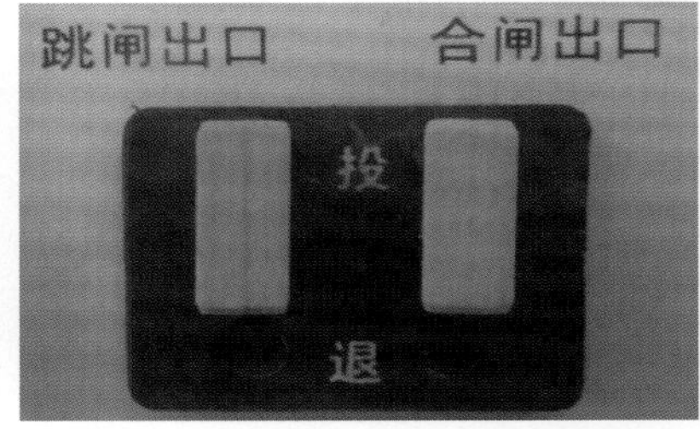

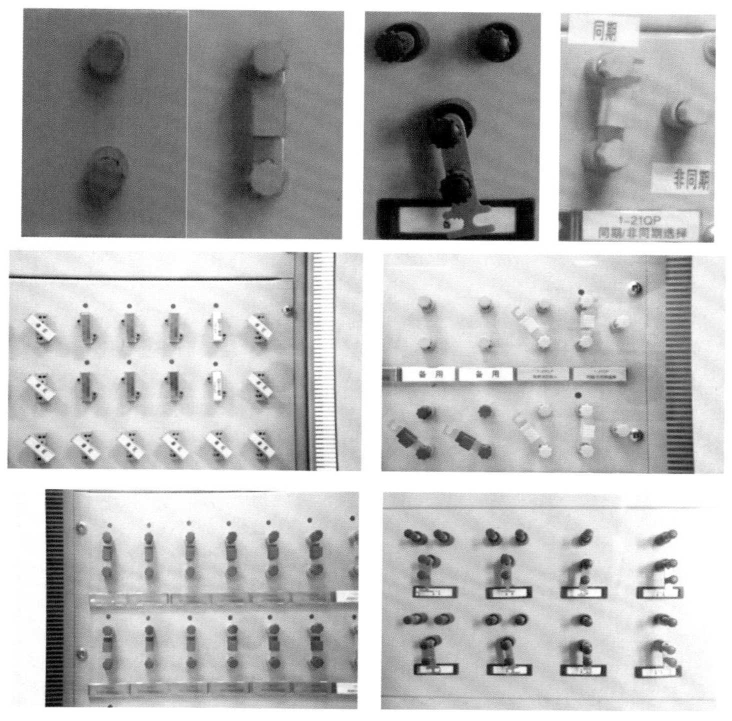

图 5-25 压板识别类型

室内屏体上指示灯大小不一，颜色各异，类型较多。针对指示灯处于亮灯状态时指示灯周围可能出现光晕的情况，利用图像预处理算法进行分析处理，消除指示灯光晕对于图像质量的影响。然后利用图像分割、亮度空间分析等技术对指示灯进行处理识别。并且指示灯处理算法具有效率高的特点，对于指示灯个数较多的区域，识别算法可以在较短时间内完成对区域内所有指示灯的识别，保证了机器人室内巡检效率（见图 5-26）。

5.2.4.7 红外热成像

变电站智能巡检机器人红外普测，是通过预先设置多个监测点，从多个角度对全站设备进行整体性扫描式温度采集，系统能够对变压器、互感器等设备本体以及各开关触头、母线连接头等的温度进行检测，并采用温升分析、同类或三相设备温差对比、历史趋势分析等手段，对设备温度数据进行智能分析和诊断，实现对设备热缺陷的判别和自动报警（见图 5-27）。

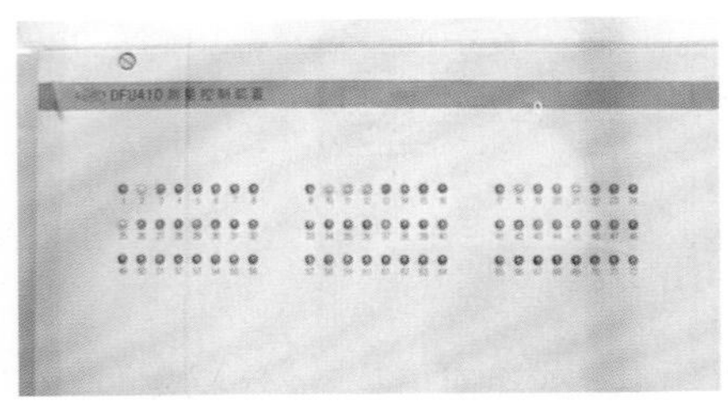

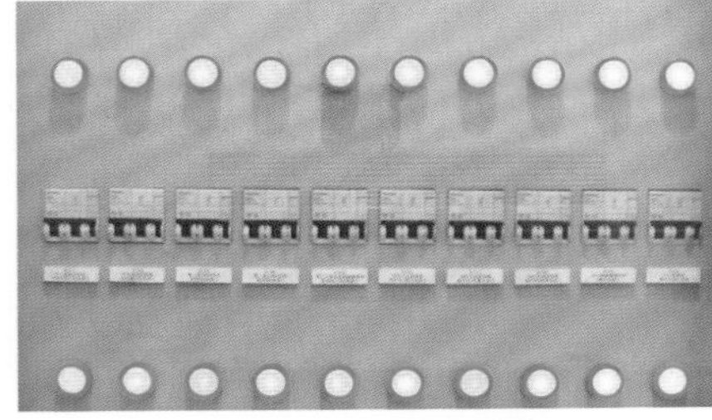

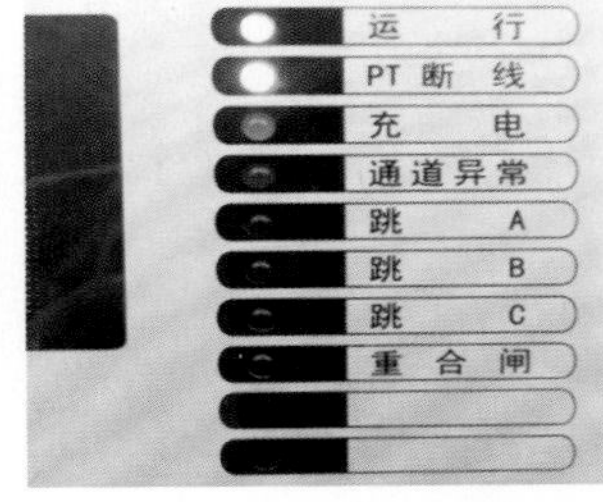

图 5-26　指示灯识别类型

图 5-27　红外热成像

在现有测温模式的基础上，系统增加红外普测任务运行模式，在任务预设的停靠点进行快速扫描，对于超出温度阈值的设备区域抓拍红外热图，生成区域报警，为下一步精确测温任务的执行提供数据参考（见图 5-28）。

图 5-28　增加红外普测任务运行模式

5.3 机器人+智能安防

在传统电子围栏等安防传感器基础之上，加装高清视频装置，实现对变电站周界环境全面感知。将安防传感器、高清视频等数据传送到智能机器人边缘计算节点，智能开展站内全景可视、越界智能分析、视频跟踪预警、声光爆闪、语音警告等，并及时巡视并向运维人员推送预警信息，实现站内安防设备之间互联互通、智能联动，以及全方位立体安全防护。

5.3.1 传统安防

在变电站中，安防主要依靠视频监控系统、电子围栏及红外设备等，其中以电子围栏为主。目前各个系统相互独立，形成多个信息孤岛。通过各系统与机器人的互联互能通，实现多个系统的信息互通并融合，通过联动策略，实现机器人在安防告警时，能按预置的点位对告警区域进行监控和巡视。

5.3.1.1 电子围栏系统的主要功能

（1）有强大的威慑作用，有效阻退入侵者，防护周界区域，能及时报警。

（2）适用性强，抗误报性能较好，防范效果佳。

（3）现场报警阻退入侵者，并引起保安注意防范。

（4）系统划区域管理便于报警区域的准确定位。

（5）中心警情提示直观，警号、电子地图等多种报警提示。

（6）通过中心实现对前端设备的状态控制，安全、可靠，对人体无直接伤害。

5.3.1.2 电子围栏的工作原理

当电子围栏事件触发，传感器发出触发信号，编码器编码后以二进制数据发送至计算机的端口，通过获取事件编码数据并进行识别，进而触发告警。系统的硬件组起着触发信号和完成报警的功能，软件部分则完成分析触发信号并向响应硬件端传递动作信号的工作，并可以让用户选择触发器组对应的端口、报警器组对应的端口、触发器组与报警器组。

5.3.2　基于机器人的智能安防

使用机器人开展安防巡检是安防发展的一种必然趋势。整个安防的发展历程如下：从最早期的纯人工时代，到“人工+摄像头”时代，再到现在的“人工+摄像头+机器人”时代。在这个过程中，一方面，科技的发展促进了安保行业的整体发展；另一方面，人口老龄化的加重也驱动着“机器人替人”进程的加快。也许到 21 世纪中期，不再依赖人工而是依靠“机器人+摄像头”的时代就会到来。

5.3.3　主要技术

5.3.3.1　基于激光雷达的自主导航系统

目前主流的导航技术仍是基于单线激光雷达进行 SLAM 建图，在建立地图之后，可以按照设定路线或者学习路线的方式进行自主导航。然而，因为单线激光雷达扫描的是一个平面，平面以下或以上的物体是探测不到的，只依靠激光雷达无法达到非常完备的导航。因此，还需要配合视觉摄像头和超声波雷达以增加避障的可靠性。此外，如果是在室外较颠簸的路面，或者在环境不太适合激光导航（十分空旷或者环境类似）的情况下，还需要利用差分 GPS 的数据进行定位导航。

5.3.3.2　底盘运动系统

机器人的底盘可以分为履带式或者轮式。履带式的底盘通过性更好，适合野外区域的巡检。但是目前大部分的应用场景都是铺装路面，所以市面上大部分的巡检机器人都采用轮式底盘。轮式底盘可再细分为有转向的结构和无转向的结构。无转向的底盘在转向时利用的是两边轮子的速度差，也就是差速转向。这种轮式底盘存在两个缺点：一是对路面和轮胎的磨损较大，容易留下转向痕迹；二是如果减振设计不合理，转向时容易出现跳动。前转后驱的底盘结构相对来说效果更好，前桥可以采用阿克曼转向结构，后轮采用机械差速或电差速。

5.3.3.3　防撞保护

关于巡检机器人在运行中的防撞保护，除了利用激光雷达检测障碍物以外，还需要依靠视觉系统、超声波雷达系统和防撞杆。视觉系统是依靠摄像头（布置在车前或者四周）对图像进行识别。如果障碍物处于激光雷达的检测范围之外（例如路沿石等低矮物体），则可以通过视觉系统进行判断。此外，一般的巡检机器人都会标配超声波雷达以检测是否有物体靠近。这是一种低成本的解决方案，并且可以弥补视觉系统在较差天气下效果下降的问题。部分巡检机器人上设置有防撞杆，但是不能否认这是一种十分简单且有效的防撞手段。

5.3.3.4 后台通信技术分析

后台通信技术对巡检机器人使用效果的影响非常大。巡检机器人需要与后台进行大量的数据传递。除了基本的控制指令外，还有 1 ~ 5 路的图像回传，因此需要非常大的带宽。目前常用的解决方案包括两种：一是采用 4G 路由器，使用 4G 信号通信；二是对应用场地进行 WiFi 覆盖，采用 WiFi 进行通信。通常情况下，会采用两者结合的方案，以 4G 作为一种备用手段，当 WiFi 热点信号弱的时候，可以通过 4G 来传输数据。目前从效果上看，当摄像头数量达到 5 个左右，回传高清视频时仍存在一定的问题。这主要是巡检机器人从一个热点运动切换到另外一个热点时，数据链路会存在短时的衔接问题。随着通信技术的发展，相信该问题很快会得到解决。

5.3.3.5 机器人平台

巡检机器人平台的功能也是一个重点。除去基本的运动控制、任务控制等功能，如果只是采集图像而不进行处理，是无法完全依靠机器人进行巡逻的。这一方面还需要科技的不断进步才能达到更好的效果。从目前来看，相对成熟的两个平台应用是人脸识别和车牌识别。这两种应用都有比较成熟的第三方解决方案。此外，即便是自行开发，其训练模型也相对成熟。基于这两种技术可以去进行一些智能化的应用，如陌生人检测、违章停车等。依靠一些搭载的传感器还可以实现更多的应用，例如热成像系统可以对物体温度或者火灾进行检测，气体传感器可以检测有毒有害气体浓度。针对不同的应用场景可以制定出不同的应用策略。

5.3.4 可尝试的新技术

5.3.4.1 基于多线激光雷达的导航方案

多线激光雷达近两年发展比较迅猛，国内也有几家在这方面比较成熟的公司，如速腾聚创和镭神智能。由于国内公司的参与，多线激光雷达的单体成本已经降低了很多。可预见的是，多线激光雷达的方案很快会成为机器人安防巡检的主流导航方案。多线激光雷达与单线激光雷达的区别在于，多线激光雷达扫描建图形成的是一个 3D 地图，而单线激光雷达扫描建图完形成的是一个 2D 地图。因此，使用多线激光雷达将在很大程度上提升机器人在避障方面和导航方面的性能，即便遇到坑洼或斜坡路面也会有更好的适用性。

然而，使用多线激光雷达以后，其计算量是单线雷达的几何倍数。因此，计算平台较原来要提高不少，这就带来了计算平台成本的上升和功耗的增加。此外，多线激光雷达对于安装位置也有较高的要求，这对机器人的结构设计是一个不小的挑战。

5.3.4.2　视觉导航方案

基于纯视觉的导航方案还处在发展阶段，目前主要是辅助激光导航实现对物体的识别。但当 AI 技术发展到一定程度时，基于视觉导航的方案将是成本最低的一种解决方案。视觉导航方案已经在扫地机器人上开始应用，这是一个很好的开端。

5.3.4.3　双转双驱的底盘系统

目前巡检机器人采用的主流底盘系统是前转后驱的轮式底盘。虽然这种方案的实际效果还不错，但是仍存在一点问题——转弯半径较大。尤其是一些体积较大的巡检机器人，其转弯半径可能会达 2.5 ~ 3 m。如果采用双转的结构，则可以大大减少机器人的转弯半径，并且可以以斜角进行运动，大大增加灵活性。实现双转的方案可以在设计时让前后桥都采用阿克曼结构；也可以采用 AGV 的方案，使用 4 个独立的舵轮。舵轮在结构上会稍微复杂一点，且成本较高。因此，可以预见，双阿克曼的转向系统会被使用得更多。双驱的意思是指前后轮都可以驱动，这样设计的目的是让底盘有更好的通过性。尤其是对于采用机械差速的底盘来说，如果一个轮子悬空，则另外一个轮子可能就失去了动力。

5.3.4.4　多种传感器融合

如果想要未来的巡检机器人能够代替人工胜任更复杂的任务，各种类型的传感器是必不可少的。传感器也正在朝着智能化、集成化、小型化和多样化的方向发展。相信未来在巡检机器人上会搭载更多的传感器，其能够感知的内容也将是多层次、多维度的。

5.3.4.5 边缘计算及 AI 技术

虽然目前的巡检机器人还达不到电影里的那种智能水平，但是 AI 技术是一个发展的方向。除了 AI 算法和运算能力的提升以外，更关键的是机器人能否具有自主判断的能力。其实这个方向可以从当前实施的安防策略来汲取经验，针对出现的不同情况来制定相应的应对策略。同时，随着 AI 芯片技术的发展，很多应用可以在设备端完成，也就是说，边缘计算也许会成为主流。这样一来，机器人单体的智能水平又会有飞跃式的提升。

5.3.4.6 矩阵式联动关系

矩阵配置联动关系能够满足机器人联动关系的配置，也能够满足新增联动系统的灵活性，在这样的配置逻辑下面，实现新增联动系统功能的编程工作也得到了解放，程序员只需要再新增加一个被联动系统的代码，然后通过矩阵进行联动关系的勾选，即可实现多个系统与新增被联动系统的关系，具备提升开发效率、扩展性强的特性。

（1）矩阵式智能安防联动法，能适应系统多信号开入、开出数据的接入，具有支撑各系统相互沟通的标准媒介。不同的开入、开出数据接入采用通用的工业 MODBUS 通信协议、TCP、UDP、HTTP 等标准通用的协议，通过 RS485、RS232、RJ45、光纤接口等通信媒介，将不同系统的数据开入及开出进行汇集、交换。其中在开入方面考虑了模拟量的电压、电流等信号进行数据的采集，同时考虑了干接点、湿节点开关量信号的采集；在开出方面，该方法考虑了网络开出、点动开出、节点开出等多种主流开出方式，开出的电压也能够根据控制回路进行灵活的调整。该方法在开入、开出采集中尤其考虑了不同传感器及控制器的不同电压供电的集中供电需求。具备支撑各系统相互沟通的标准媒介主要是通过网络交换机、统一资产管理系统设备关联两方面来实现。网络交换机将开入、开出设备的接入层统一为 RJ45 的标准通信接口，同时将数据规约统一为标准的电力系统通信规约(满足 101 协议、104 协议以及 IEC 61850 协议)，这样就形成通信通道标准媒介、协议标准媒介、联动巡检设备标准媒介，为矩阵式智能联动巡检提供了必要的条件。

（2）矩阵的纵横向配置功能能够按需扩展，而不需要对前面的联动控制进行任何更改，只需将新增加的被联动系统进行单一的增加开发，这样就能够满足新增联动逻辑，系统具有较强的灵活性。当任一设备或系统的告警、系统的指令需要联动其他系统进行联动巡检时，需要进行以下步骤：

步骤一：由控制单元的输入设备对设备或系统的告警进行监控，获取设备或系统的开关量、模拟量、网络输入量的告警或任务信息；

步骤二：当输入量在监控的过程中接收到设备、系统告警或巡检任务时，该事件将会在联动控制矩阵的纵向事件列表中，然后控制运算中心程序根据事件对横向的系统进行联动配置索引，索引后形成被联动的各系统的任务列表；

步骤三：系统将步骤二中形成的任务列表按照矩阵的系统配置输出给输出控制器单元，然后由输出控制器将所需要采取的联动操作传递给机器人，完成事件或任务联动巡检的命令下发；

步骤四：完成联动巡检后的结果由各系统分别通过标准的传输接口将信号送入联动控制运算中心，运算中心将结果汇总整理为联动报告后在巡检系统前端进行联动过程及相应结果的综合展示，完成整个联动巡检任务。

（3）步骤一的输入监控分为设备主动上送、运算中心与设备终端 SOKET 通信监控、运算中心 MQ 数据接收处理后所得报警事件监控等多种手段，以满足不同装置事件告警的监控；其次是通过开端端口监听方式，对特定系统任务的下发进行端口监听已获得其他系统的巡检任务指令。

（4）步骤二的联动任务索引及任务列表的生成主要是根据矩阵的纵向、横向坐标定位任务，再通过任务列表的配置进行任务提取。

5.3.4.7　机器人和门禁系统联动

智能巡检机器人通过激光导航传感器及工控机通信来确定自己的坐标位置信息，当机器人到达后台配置任务中的开门停靠点时，工控机发送指令到平开门转接板，平开门转接板上的 Zigbee 无线模块Ⅰ将该指令传达到 Zigbee 无线模块Ⅱ，该模块将指令信息传达给平开门控制板，平开门控制板控制继电器实现推臂式开门机动作，当平开门扇完全开启后，机器人获取传感器信息判断门已经开启，之后执行通过平开门动作。智能巡检机器人可以自由进出装有平开门的充电室，完成充电任务或巡检任务，节约人力并且提高巡检工作效率。

5.3.4.8 机器人上楼方式

机器人采用沿斜坡折返上升的方式上楼。斜坡采用钢架结构，路宽 1.2 m，是机器人专用巡检通道。机器人上楼时，首先沿预设路径前往斜坡入口，然后沿斜坡上的各个预设位置折返上升，每段直坡的两端各有一个预设位置，机器人在该预设位置转向，通过将若干段直坡首尾相连，实现折返上升。机器人上坡时，为保证车轮在斜坡上的抓地力，应当采用主动轮在下、被动轮在上的方式行进，在该基础之上，实现扫图和定位。机器人下坡时同理。由于机器人的 3D 激光雷达被云台遮挡，无法观测后方环境，因此需要保证机器人巡检时和扫图时朝向相同。

扫图工作可使用机器人完成。首先将机器人开到斜坡顶端，打开扫图程序，控制机器人沿每段斜坡逐级下降，其间保证运行平稳无滑动。行进过程中，机器人会基于 SLAM 技术采集环境信息，以点云的形式保存至文件。当机器人开到斜坡底端后，终止扫图程序，执行地图格式转换脚本，生成用于定位的地图。机器人定位采用粒子滤波算法，机器人动态扫描环境信息，通过点云配准算法获取其在地图中的位姿，从而实现机器人自身的定位。

当地图跨越多个场景时，需要用到多地图切换功能。在每个场景分别扫图并配置预置位，将地图切换点配置在多个地图交界的地方。每个场景通过 ID 区分所使用的地图，当机器人巡检过程中移动到切换点时，根据预置位的地图 ID 信息加载对应地图，根据两地图间的预设位姿关系完成在新地图中的位姿初始化，从而实现地图切换。

5.3.5 智能安防优势对比

与人工相比，采用机器人智能安防的优势包括以下几个方面。第一是成本。尽管实施机器人的投入较大，但细细算下来，5 年期的机器人平均成本甚至略低于人工的成本，而且还无须考虑离职、招聘、培训、考核等问题。并且随着机器人应用的普及，机器人的产量增加之后，机器人的成本会更低。第二是执行效率。人工巡逻会存在很多客观限制，尤其是在夜间，巡逻人员的效率会大大降低。此外，让人工 365 天都保持有效的工作状态几乎是不现实的。而这些对于机器人来说都不是问题。第三是可发展性。当一些新型的安防技术或者设备出现的时候，人工要掌握它需要一个学习成本，而对于机器人来说则会容易得多。并且机器人相比人工来说可以搭载更多的设备，随着 AI 技术的发展，机器人的功能将变多，能做的事情会更多。除了基本的监控巡检以外，机器人通过热成像检测站内各个设备设施的温度是否正常，并且通过无线技术与站内的智能设备交互，以判断其是否工作正常。另外，机器人还能够通过摄像头的图像识别获取仪器仪表的信息及检测是否存在危险气体超标等问题。

5.4　机器人+现场作业管控

5.4.1　传统现场作业管控

目前，变电站开展的工作主要由外单位、局内检修单位、运行单位进行。对于作业管控的重点是外单位工作以及局内检修单位的工作，比较常见的做法是通过作业计划制度、工作票制度、现场监管方式进行作业管控。作业管控主要是从作业人员进出站、资质审核、现场作业、作业验收等方面进行综合的全过程管控。

传统的进出站管理是作业单位按照上报计划，并按照作业计划时间到巡维中心或变电站进行办理工作票，进站时主要是由保安通电话与巡维中心值班负责人联系，值班负责人根据作业计划决定作业人员是否可以进站；如果能够进站，则保安会用纸质方式进行进出站的登记，这种方式给运行值班造成了电话繁忙、进站登记手段落后、存在进出站作业人员与安监备案人员不符的弊端，特别是在预试定检、改扩建等大型项目施工过程中，临时作业人员频繁变动给运维人员现场作业管控带来巨大压力。进站后运行人员根据身份证及备案资料进行工作班人员的资质审查，对工作负责人进行安全交底后，由工作负责人对现场工作班成员进行安全交代后开展现场作业。对于无人值班的厂站，在第二种工作票不需要值班人员现场办理安全措施时，可使用电话许可的方式。电话许可模式下运维人员对现场作业管控难度尤为突出，在当前作业现场频繁失去管控，习惯性违章大量存在的安全生产严峻考验下，绝大部分运行单位为了严控现场安全，基本都安排运行人员到站进行作业管控工作，耗费了大量资源。具体的现状见表 5-1。

表 5-1 管控方式与不足

管控项目	管控方式	不足
进出站管理	保安电话给值班人员，纸质登记	值班人员电话量大,登记未人证合一,进站人员登记手段落后，可能导致未备案人员临时进站
施工资质核查	人工查询两种人系统，核对备案资料，人与身份证核对	人工查询项目较多,比较耗时,对“两种人”的联网积分管理不到位
工作票许可	现场办理、许可的占比高达 90%	运行人员工作量增加，人员需求增多
作业现场管理	现场管理占比高达 90%	对于风险较低的工作，运行人员需要到现场管理，占用人力及其他资源较多

5.4.2 机器人应用+现场作业管控

构建变电站智能巡检机器人现场作业管控，在变电站合理布设各类视频摄像头和视频监控主机（含智能分析单元），充分利用已经成熟的人员行为分析、入侵诊断、烟火感知等视频图像识别技术，智能开展作业人员入场检测、分组定位、电子围栏布设、作业范围划分、区域检测、运动检测、作业监控、违规告警，实现运检人员、设备间隔、作业范围的人人互联、人物互联，避免运检人员误入带电间隔或失去工作现场监护，确保运检人员人身安全。

第一，随着科学技术的进步以及近年来变电站辅助系统的投资建设，视频监控系统覆盖率基本达到 95%，现场作业的可视化监控也具备了条件；第二，随着移动物联网技术的发展，移动式布控球监控也得到了广泛应用，通过机器人球能够弥补固定式视频监控的盲区；第三，人脸识别、人证合一身份鉴别技术的准确性为进出站的管理提供了有力的技术支持；第四，传感器的发展对变电站实现虚拟安全围栏的在线监测提供了条件；第五，定位技术的精准性为作业人员轨迹的追踪提供了便利；第六，程序开发能够实现现场作业关键点（隐蔽性工程）的作业把控；第七，移动智能终端及直播技术的普及使得远方许可、远方验收具有了可能性。

5.4.2.1 基于人脸识别的进出站管理实现

现场作业管控除了在确认关键风险点的控制措施得到落实后，仍需对现场的工作票所列作业人员资质进行检查[1]。按照电网公司的要求，作业人员需要经过安全培训并在供电企业备案后方可进行现场作业，随着人脸识别技术的发展，人脸识别技术已经能够用到变电站的进出站管理。作业人员在备案过程中将人员信息（包含单位、姓名、性别、证件照片、具备资质等）提供给供电企业备案，照片可以作为人脸模板与施工人员绑定，绑定包含备案人员的基本信息及作业周期，当备案过人员按照计划进站时，可以通过变电站大门口的访客登记摄像头采集人脸信息与备案库中的人脸比对，自动识别人员信息，完成作业人员的进出站管理。

具体地，当某变电站进站人员人脸被抓拍后送到后台进行处理分类，将进站人员识别为计划进站人员、非计划进站人员、陌生人员三类，其中计划进站人员是本单位在当天具有作业计划且有备案人脸的人员，非计划进站人员是本单位在当天没有作业计划但有备案人脸的人员，陌生人是不具备人脸库的人员。计划进站人员直接通过人脸识别后允许进站，系统完成自动电子化登记，非计划进站人员与陌生人进站时，系统通过弹窗提醒和短信发送提醒后，由巡维中心运行人员通知安保人员执行运行进站或禁止进站的决定，从而实现了进出站的智能化、网络化管理。

5.4.2.2 工作票工作班成员预警功能实现

由人脸识别进出站的完成登记后，登记人员信息会与工作票中填写的工作负责人、其余工作班成员进行自动识别与匹配，当出现工作负责人不具备“两种人”资质或扣分超过规定值时，作业管控系统将通过弹窗及短信方式对值班人员进行提醒。当出现进站人员数量、姓名与工作票填写不一致时，作业管控系统立即弹窗、短信给值班运行人员预警，从而实现工作票工作班成员的资质核验、身份预警，确保人员资质正确，降低作业风险。

5.4.2.3 固定视频监控与机器人作业监控实现

远程视频监控系统的实施已经成为实现变电站无人值守的重要工具，为推动电力网的管理逐步向自动化、综合化、集中化、智能化方向发展提供有力的技术保障，有效地提高了变电站运行和维护的安全性和可靠性。目前变电站采用的是固定式视频监控，始终还存在一定的死角，做不到作业区域的全覆盖，因此可以采用已有视频监控系统与机器人视频球机共同组成远程可视化变电站作业管控方案。当工作票填写并审核完毕后，远方作业管控平台通过工作地点的匹配，将固定视频监控预置点自动匹配到作业监控操作图标下。同时，在巡维中心值班人员的管理下将机器人球机配置到视频监控操作下。当变电运行值班人员希望查看现场工作时，点击作业管控区域的视频操作图标就可以将当前监控的摄像头及预置点调出来方便运行人员完成远方作业管控。

此外，可以在行为识别技术发展的前提下进行作业现场的作业人员行为识别，对习惯性违章进行抓取，及时在作业管控平台中弹窗提示及短信提醒，最终实现变电站作业人员的行为智能识别及预警。

5.4.2.4 基于 3D 及定位技术的作业人员轨迹实现

通过北斗定位技术、3D 建模技术相结合，实现变电站运行人员的作业轨迹定位，为作业管控提供更加直观的作业信息支持。作业管控平台拉取的工作票的作业地点与定位的人员信息进行综合评判后，视作业人员经过轨迹给巡维中心值班人员进行预警。

5.4.2.5 基于人脸识别与门禁系统联动的作业人员轨迹实现

在变电站建筑物的门口进行人脸识别摄像头安装，同时将门禁组合使用，达到作业人员进出不同建筑物的信息，并以此模糊绘制出在站作业人员的活动轨迹。通过这一技术，可以关联相应人员的作业地点，当出现作业人员出现在不该出现的地方时，作业管控平台将弹窗预警，同时短信平台将预警信息发送到值班人员手机。

5.4.2.6 基于智能电磁钥匙的非五防锁具授权监控实现

目前，变电站运用的智能电磁钥匙可在运维工作人员授权的情况下，通过一把钥匙开启工作中所涉及的所有锁具，形成一对多的钥匙系统。该系统既可现场授权，也可通过远方后台授权，能很好地适应变电站无人化状态下工作的开展[3]。系统将智能电子钥匙系统与作业管控平台接口，实现智能钥匙与工作票中工作地点的自动关联，并将电磁钥匙的授权时间与工作票的时间、状态进行关联，实现电磁钥匙与作业管控的衔接，当出现智能钥匙在工作间断、终结状态时，智能锁具钥匙将自动消除授权并提示运行人员收回该钥匙管理，只有当钥匙归还运行人员后智能钥匙的提醒状态才能取消。

5.4.2.7 基于传感技术的电子安全围栏预警实现

传统的变电站作业时，运行人员是根据作业地点的情况来布置安全围栏的，这样避免作业人员误入带电间隔触电。即使有传统围栏后，但是越过围栏的现象时有发生，因为部分作业人员在运行作业管理人员不在现场的时候就会出现懈怠，放松安全警惕性。为了解决这个问题，可以采用红外对射技术在真实围栏上加装布置具备预警功能的监控性安全围栏，一旦有人越过围栏切断红外线后，作业管控系统平台就会弹窗预警，同时发送短信至值班人员手机（见图 5-29）。

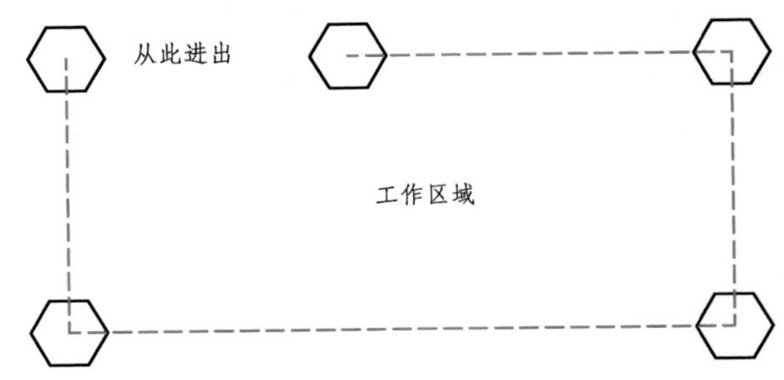

图 5-29　基于红外技术的电子安全围栏

5.4.2.8　基于移动终端及直播技术的远方许可和远方验收实现

采用移动终端的视频通信功能实现与作业管控平台的通信，由现场工作负责人与巡维中心值班许可人进行远方许可，作业管控平台将把远方许可的影像资料保存到数据库并与工作票关联。当现场作业工作完毕后，由工作负责人通过视频通信或直播通信方式与巡维中心汇报作业情况，实现部分作业的远方验收，在远方验收过程中，需要求工作负责人根据作业标准逐项对照直播摄像头给验收人员看并且口述工作情况，远方巡维中心验收人员通过汇报情况完成工作的验收。

5.4.2.9　机器人技术需求

1．惯性导航定位

惯性导航系统的原理是利用加速度计测量载体本身的运动的加速度，由加速度使用积分进行运算得到运动载体的速度信息，对速度信息再次使用积分策略能够得到物体的位置信息，进而得到载体的定位信息。

由于惯性导航系统一般都是装在一个惯性平台或者直接安装在载体之上，在经过初始化之后，以初始化点为起点，运用自主式导航，其所测量得到的数据都依赖于本身的器件设备，通过将测量所得的数据经过计算可实施定位功能。惯性导航系统一般由惯性测量装置、核心计算设备、控制显示设备等组成。一个惯性测量装置，又称为一个惯性测量单元，由加速度计和陀螺仪组成。陀螺仪拥有 3 个自由度，在坐标系的 3 个方向上测试运动载体的方向速度，利用 3 个加速度计对运动载体的 3 个方向的平移运动进行计算。测量平台分为平台式和捷联式，前者使用惯性平台装载惯性测量设备，其精准度比较高；后者无平台，直接安装在载体之上，工作条件不佳，对精度影响较大。

2．双目立体视觉系统

视觉导航定位方法是一种仅用摄像头即可进行定位导航的方法。它通过提取图像帧的特征点，在图像帧序列之间进行特征点匹配，并通过跟踪图像特征点的运动变化计算摄像头的运动轨迹。视觉导航的优势在于不依赖其他传感器，定位精度与传统的轮式里程计雷达及惯性导航仪等相对定位技术相比，具有一定的优势，对传统定位方法是一种非常有效的补充，也是目前机器人的研究热点之一。

双目立体视觉采用固定好的两个摄像头通过视差原理获得同一场景中目标对象的三维几何信息，准确地恢复场景中目标对象的深度信息，从而解决单摄像头系统中尺度与深度信息难以获取等问题。系统的关键是双摄像头的标定，即相机的内部与外部参数的标定。内部参数标定，即确定相机的内部光学几何参数，包括相机中心、焦距和畸变等，这些参数都是固定不变的；外部参数标定，即确定相机坐标系与世界坐标系的关系，一般用 3×3 的旋转矩阵 $\boldsymbol{R}$ 和平移向量 $\boldsymbol{T}$ 表示。双目立体视觉系统中左右相机的几何关系，即可实现立体图像对的校正，使左右相机两帧图像的外极线平行，从而获取图像中的深度信息。图像校正是通过绕光心旋转两个成像平面实现的。

3．视觉里程计

单目视觉里程计跟踪摄像头运动过程，实时提取图像帧中的特征点，根据这些特征点在三维空间中的位置变化计算摄像头的姿态、位置与运动轨迹，从而实现定位。单目视觉里程计一般提取图像帧中处于轮廓边缘、角点或者亮度变化显著的特征点，保证能够在连续两帧中进行对比跟踪。具体的计算方法：① 通过特征提取获得某图像帧的特征点；② 与前一帧图像的特征点进行匹配，得到前后两帧图像的相同特征点；③ 根据它们的三维坐标，求出摄像头的运动轨迹。基于双目相机的视觉里程计，不仅可以像单目摄像头一样实现空间定位，还可以获取场景中目标对象的尺度信息，能够精确地计算双目相机当前的位置与姿态信息。

4．视觉与惯性导航联合定位

使用视觉摄像头结合惯性测量装置主要解决如何更好地在 Visual SLAM 中融合 IMU 数据，而 IMU 数据不单可以帮助解决单目的尺度模糊问题，还可以提高 SLAM

的精度和健壮性。本书研究融合惯性导航，采用计算机视觉在变电站进行空间定位法。首先，利用双目相机获取图像帧对，提取图像帧对的特征点，并对特征点进行匹配与跟踪，计算出双目相机的运动轨迹；与此同时，系统记录惯导装置的输出，计算出惯导的位姿信息，并对双目相机的全局位姿信息进行修正，建立扩展卡尔曼滤波模型，最终获得比较精确的运动估计参数。

5. 现 业管控

在变电站检修过程中，需要实时地将人员定位信息传递给机器人系统，机器人系统能够方便将人员定位，并将消息发还给实地人员，提示人员当前位置。惯性导航统与双目立体视觉系统的融合，可以通过人员运动的加速度和转动角信息判断人员的下一步运动位置，对未来的运动趋势做一个大体的预判。在对人员反馈的信息中包含警告与禁止，警告可以是对分析出来的趋势具有危险性的一个提示，而禁止则是对当前位置已处于危险区的信息反馈。针对现场工作人员，将双目摄像头与 IMU 融合装置固定在安全头盔上，可以为现场作业或巡检人员进行实时空间定位；对于工程车辆，则将双目摄像头与 IMU 融合装置固定在预先测量好的位置；而对于吊车等，需要另外在吊臂上固定一套装置。由于现场作业风险管控对定位信息的精度要求非常高，需要对参与现场作业的人员、设备、工程车辆进行预先建模，并且需要知道工作人员身高、工程车辆尺寸、吊臂长度等，才能准确地计算摄像头在目标对象上的精确安装位置。另外，需要对吊车吊臂伸展的角度、方向等通过摄像头的位姿信息进行计算。采用的解决方案是将摄像头与 IMU 融合的实时定位信息转换为目标对象在三维实景模型中的位置信息，并计算出目标对象在三维实景模型中的移动轨迹与碰撞检测结果，如果存在碰撞，则进行警告提醒。

5.5　机器人+现场操作

机器人的现场操作主要在于对其机械臂的运用，综合分析国内外研究现状，在液压机械臂方面，国外液压机械臂技术已较为成熟，国内还处于研发样机阶段，特别是在精细化作业的控制精度、时空时延等方面还有很大的提升空间；在电动机械臂方面，综合分析国内外研究现状，目前集成一体化柔性关节正处在快速发展阶段，但存在单个电动关节零部件分散、布线复杂、机械臂关节精度及稳定性不足的缺点；且机械臂关节传感器使用复杂、人机协助安全性不高。本书针对国内外技术研究的不足，通过研究适用于配网带电作业的结构设计、高精度液压伺服控制、主从控制等技术，开发适用于电力专用的液压机械臂系统；研发多部件、内部集成整合的一体化机械臂关节，在一体化关节基础上，运用关节内部力控制技术，开发具有拖动示教与碰撞检测功能的电动机械臂。

5.5.1 国内外研究现状

1. 国外研究现状

主从控制技术作为液压机械臂最基础且核心的技术，国外在 20 世纪 40 年代后期就已开始研究，第一台主从机械臂是由美国 ANL 实验室（Argonne National Laboratory）研制成功，主从控制系统就开始应用到很多领域[1, 2]。由于主从机器人的实用价值，使得许多发达国家在其开发上投入了巨大的人力、物力和财力。美国 NASA 自 20 世纪 90 年代就对主从机器人的关键技术进行了深入研究。日本也为此制订了一项计划来实现主从控制机器人系统。国外早期的主从控制系统采用双向位置反馈来实现位置与力矩的再现，但由于主从手间无法消除位置误差，使得系统在控制过程中显得“迟钝”[3]，直接影响了操作性能和体验。国外对于液压机械臂以及以之为核心的液压驱动和控制系统研究较为成熟，一些专业的液压机械臂生产研制公司和产品应运而生，如美国 Alstom Shilling 机器人公司的 CONAN、ORION 主从远程控制液压机械臂，美国 Kraft 公司的 Grips、Predator、Predator 等主从远程控制液压机械臂，美国 Deepsea System 国际公司的 Kodiak 遥控机械臂以及英国 Hydro-Lek 公司的机械臂等。图 5-30 所示为国外用于带电作业的主从力反馈液压机械臂。

图 5-30　国外用于带电作业的主从力反馈液压机械臂

在电动机械臂方面，1958 年，美国研制出第一台示教型机械手臂，到现在已有可用于人类假肢的高智能机械手臂[4]。目前主流机械臂技术路线大致有集成机械臂设计、传统工业机器人设计法、仿生腱肌等。

Iiwa 机械臂（见图 5-31），由力传感器、角度传感器、HD 谐波减速机、无刷电机、电源转换模块、伺服驱动器、电源模块以及壳体组成。ABB 通过采用传统的设计方法，把标准电机、减速机、编码器通过线缆一条条引至控制柜，驱动器分离在控制柜外。BioRob 采用了一种模仿生物腱肌的设计方式，用绳索通过相应滑轮组连接各个关节，把所有驱动关节的电机都藏于机器人底座，由电机驱动牵引绳来控制机器人的运动，这种方法可以最小化机器人运动部分的质量，可设计出质量轻、柔顺性好、成本低的机械臂。

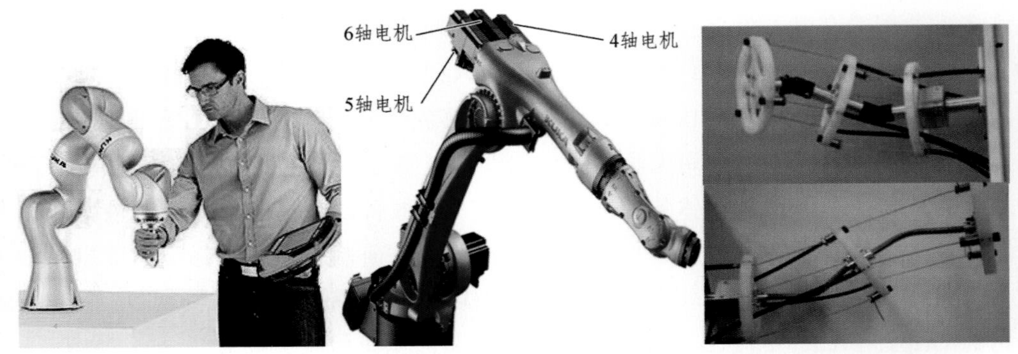

图 5-31　Iiwa 集成化关节机械臂、传统工业机械臂及绳锁驱动机械臂

2．国内研究现状

我国基于主从控制的液压机械臂技术研究起步较晚，但也取得了一些成果。许多高校和科研院所已开展基于主控控制的液压机械臂研究，开始研究时空时延、操作精准度、主从控制等关键问题。目前国内对于主从控制技术的研究，主要是将主从两侧的位置和力矩信息采用不同的融合方式，构成不同的控制策略，主要有位置伺服型控制策略，以上技术能最大限度地消除主从位移跟随上的滞后，但主手的冲击和精细化作业问题仍没有很好解决。

在电动机械臂方面，近年来，伴随着各行业机器人的快速发展，具有结构轻量化、模块化、控制安全化、智能化特点的电动式柔性机械手臂呈现高速增长态势。而电动式柔性机械手臂的运动行程、精度刚度和强度在很大程度上受到材料属性的影响，并且柔性机构受到振动后会严重影响其控制的精度及系统的稳定。因此，目前柔性机械臂结构设计和控制方法的研究，即如何从结构设计、运动学、动力学和控制方面考虑避免、减小和消除弹性变形和弹性振动的影响是电动式柔性机械臂的研究热点。

图 5-32 所示为集成关节流水操作及集成关节四轴应用。

图 5-32 集成关节流水操作及集成关节四轴应用

5.5.2 机器人机械手臂智能路径规划

机器人机械手臂智能路径规划是智能机器人领域中的关键技术之一，也是机器人学中研究人工智能问题的一个重要方面。一般而言，机器人的路径规划为在未知的环境内，按照一定的规划标准，得到一条无碰撞路径。机器人路径规划按照目标一般分全局路径规划方法与局部路径规划方法。目前应用较广的传统算法有人工势场法、遗传算法、蚁群算法、粒子群算法等，至今仍有学者陆续对以上算法提出改进方案。

RRT 算法最早由 LaValle 在 1998 年提出，是一种基于随机采样的路径规划算法，全称为快速随机扩展树（Rapidly-exploring Random Tree，RRT）算法。RRT 算法在处理非完整约束的路径规划问题时具有相当大的优势。因为它可以将各种约束集成到算法本身之中，所以对环境要求较低，而且该算法具有概率完备性，在理论上肯定能找到可行路径，并且由于随机快速采样的性质使得搜索速度快，因而十分适用于高维空间。但其缺点是搜索过于平均，例如工作空间很大时，算法往往会偏离目标点在空间中随机生长，这样会使算法效率较低，而且规划出的路径往往偏离最短路径，这在实际应用中因为效率低下而难以应用。针对原始 RRT 算法的缺点，本书拟基于 RRT 算法进行改进用于双臂机器人进行无碰撞路径规划，使得双臂机器人在给定起始点以及目标点的条件下，从复杂的工作环境中搜寻出一条可行的无碰撞路径。

5.5.3　机器人在操作方面的发展前景

智能机器人是近几十年发展起来的一种高科技自动化设备。目前，智能机器人还未实现现场变电设备操作，但随着技术的发展，机械臂可通过编程来完成各种预期的作业任务，在构造和性能上兼有人和机器各自的优点，尤其体现了人的智能和适应性。因此，机械手作业的准确性和各种环境中完成作业的能力，在国民经济各领域有着广阔的发展前景。

5.6　机器人+无人机

通过机器人与无人机智能巡检系统构建，完成机器人自动读取表计示数、油位表计（SF_6 气体压力表、油位计、避雷器泄漏电流表计等）；自动对设备外壳、接头红外测温；自动识别二次压板、转换开关投退状态；自动识别二次设备指示灯状态；自动识别设备位置状态；自动巡视设备外观、构建筑物、开关场地等；自动对设备（变压器、电抗器等）运行噪声进行采集、远传及分析。无人机自动起飞、自动充电、自动开展变电站周边环境巡视、隐患跟踪，以及配合智能巡检机器人死角补位，开展特定设备巡视，并将相关数据回传。

5.6.1　智能巡视在变电站中的应用现状

多旋翼无人机是一种能够垂直起降的无人直升机，其发展历史最早可以追溯到 1907 年，当时 Breguet 兄弟 Louis 和 Jacque 在法国科学家 Charles Richet 的指导下，设计制造了世界上第一架有人驾驶的多旋翼飞机——“旋翼机一号”。这架飞机加上飞行员总质量为 578 kg，飞行器的框架由 4 个长长的焊接钢管支架组成，并按水平十字交叉形式分布。4 个旋翼处于框架的对角线位置，其中一对按顺时针方向旋转，另一对按逆时针方向旋转。动力装置为一台 36.7 kW 的发动机，它通过驾驶员控制油门来对其进行控制，但是由于当时的技术限制，他们无法实现飞机的控制，从那以后人们将目光转向直升机和固定翼飞机，一直到 20 世纪 90 年代，多旋翼的发展就一直处于停滞状态。而 20 世纪 90 年代以后随着 MEMS 技术、无刷电机技术、微处理技术的发展，小型多旋翼无人机又重新进入人们的视野，成为各大科研机构研究的热点。多旋翼无人机根据旋翼的数目可以分为四旋翼、六旋翼、八旋翼等类型，还有一些特殊造型的多旋翼无人机，其最大特点就是具有多对旋翼，并且每对旋翼的转向相反，用来抵消彼此反扭力矩。图 5-33 是一架典型的四旋翼无人机结构简图，4 个旋翼呈十字交叉结构。在“+”字形工作模式下，旋翼 1 沿逆时针方向转动，旋翼 2、4 沿顺时针方向转动，这样 4 个旋翼产生的反扭力矩可以相互抵消，通过改变 4 个旋翼的转速就可以实现俯仰、滚转、航向和高度通道的控制。

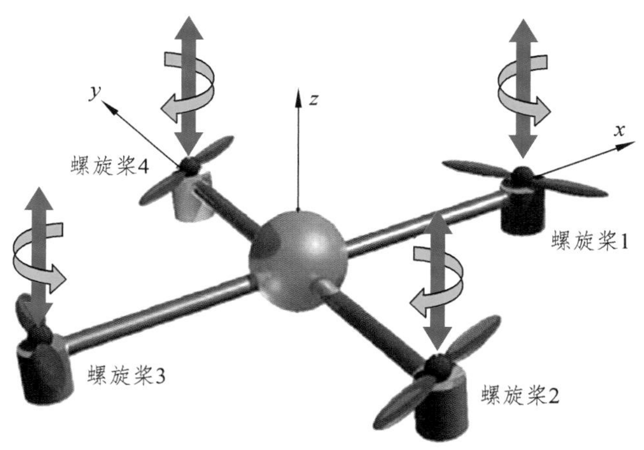

图 5-33 典型的四旋翼无人机结构

多旋翼无机人相较于其他无人机具有得天独厚的优势，与固定翼飞机相比，它具有可以垂直起降，可以定点盘旋的优点；与单旋翼直升机相比，它采用无刷电机作为动力，并且没有尾桨装置，因此具有机械结构简单、安全性高、使用成本低等优点。多旋翼无人机的诸多优点使得它在以下领域获得了广泛的应用：教育科研领域应用，多旋翼无人机的研究涉及自动控制技术、MEMS 传感器技术、计算机技术、导航技术等，是多科学领域融合研究的一个理想平台；航拍领域应用，利用多旋翼无人机搭载相机设备（可见光相机/红外相机），并配备图像传输系统（被人们称为“可飞行的相机”），已被广泛应用于影视航拍、电力巡线、测绘等行业；军事领域应用，多旋翼无人机搭载侦查设备快速飞行到危险区域执行侦查任务，为作战人员提供战场信息，是单兵作战的理想装备；农业领域应用，利用多旋翼无人机替代人进行喷洒农药，具有成本低、效率高、减少农药对人体伤害等优势。

5.6.2　无人机在变电站的应用需求

随着时代的进步，我国经济也在飞速发展，与之相随的就是人们对于电能的依赖不断上升，最明显的表现是：输变电设备设施大规模扩建。其选择的站点，更多的是选在山区等人力达不到的地区。这样选址造成的后果就是，站址地形复杂，人工进行周边巡视难度很大。无人机的出现改变了这一情况，无人机在社会各个方面的广泛应用引起了有关人员的注意。与过去的人工巡察相比，利用无人机进行巡察更为安全且有效，这是一种全新的手段，既可以保障线路的安全运行，又可以实现经济效益最大化。多旋翼无人机自由起降和空中悬停，通过自动起飞、自动充电和数据接口开发，实现作业任务一键下达，自动辅助开展变电站周边环境巡视、隐患跟踪、死角补位及特殊气候等应急状况的巡视，通过与智能巡检机器人数据互通，实现变电设备设施立体式巡维。

5.6.3　自动充电、智能避障和虚拟护栏

目前，变电站的巡检工作主要依靠人工，辅以地面机器人的工作模式。由于变电站电压等级高、占地面积大、高处设备多、结构复杂且设备价值高，自动化、智能化程度不高的巡检手段使得部分设备不能得到全方位巡视，主要包括变电站避雷针、绝缘子串、引流线、接线板及门型构架等，长期缺乏有效的巡检维护。变电站周围有大面积的边坡和植被覆盖，周围存在山火、异物悬挂、地基沉降、滑坡等外部风险，若没有第一时间掌握站围环境，任其自由发展，也可能危及变电站设备安全。通过“机器人+无人机”的组合巡检模式能实现全方位、全覆盖，智能化、精益化的三维立体巡视。

5.6.3.1　无人机要求

变电站设备密集、结构复杂、电磁干扰强度大，对无人机的飞控系统有很强的干扰作用，一旦无人机失控坠落，极有可能对设备造成损伤，甚至危及电网运行安全。针对变电站的实际情况，无人机飞控系统应覆盖电磁屏蔽材料，具有抗强电磁环境干扰的特点。在设备方面，通过在变电站内设置多套固定式有源 RTK 基站，利用无人机配备的三维防抖云台、光学变焦可见光摄像头和高精度红外热成像相机，提供 4k 高清图像。同时，无人机配备高清图传系统，可实时对设备进行巡视，并将变电站的各个设备拍照或录像。采集到的影像数据上传至服务器后，结合巡检机器人的巡检数据，可以进行变电站缺陷的识别和统计分析，并将该资料进行归档管理。

5.6.3.2 双天线 RTK 精准定位

GPS 数据是带有三维坐标信息的，RTK 通过基站多次采集 GPS 坐标，得到多次采集后收敛下来精度较高的 GPS 基准站坐标，机载 RTK 的天线和基站天线分别同时采集 GPS 的实时数据，地面基站会实时对比基准站坐标，将修正误差的参数传给天空端，天空端实时修正，从而使无人机获得高精度的 GPS 坐标（见图 5-34）。RTK 是基于载波相位观测值的实时动态定位技术，它能够实时地提供测站点在指定坐标系中的三维定位结果，使得无人机在强电磁干扰环境下精准定位、定向和稳定飞行，控制精度达到厘米级。在 RTK 作业模式下，结合惯性导航系统（见图 5-35），基准站通过数据链将其观测值和测站坐标信息一起传送给流动站。流动站不仅通过数据链接收来自基准站的数据，还要采集 GPS 观测数据，并在系统内对采集和接收的两组数据组成差分观测值进行实时处理，同时给出厘米级定位结果。

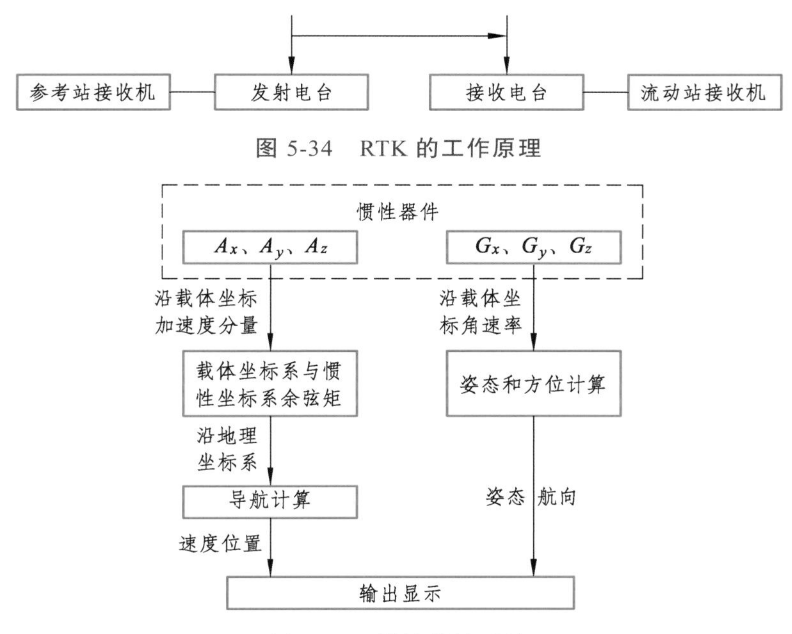

图 5-34 RTK 的工作原理

图 5-35 惯性导航系统

通过两个 RTK 天线坐标，就可以解算出飞机的朝向，RTK 赋予了飞机双天线高精度的坐标，从而实现精确的方向解算。一般无人机在方向导航上主要使用指南针，飞机上会被电磁干扰的就是 IMU 中的指南针模块，惯导和飞控不依赖于外部信息，因此不会被干扰。使用 RTK 以后，指南针若受电磁干扰会主要使用 RTK 提供的方向信息，而 GPS 信号不会被高压电影响，因此使用双天线 RTK 的无人机可以规避电磁干扰。在变电站利用带有双天线 RTK 的无人机下进行高精度自动化巡检可以避免强电磁场对无人机的影响。

5.6.3.3　自动充电机库

无人机在变电站内执行巡检任务时，为了保障无人机的正常供电，需要在变电站内建立自动充电机库，以满足无人机的长时作业。通过智能升降平台和机器人装置，与机库内的充电插座进行对接，实现无人机电池的充电/换电操作。

5.6.3.4　智能避障及虚拟护栏

从装备技术上设置安全防线：一是无人机自身具备的防撞、防误、避障及飞前保护自检功能（见图 5-36）；二是变电站区域飞行边界限制，无人机应急控制策略程序固化（见图 5-37）。

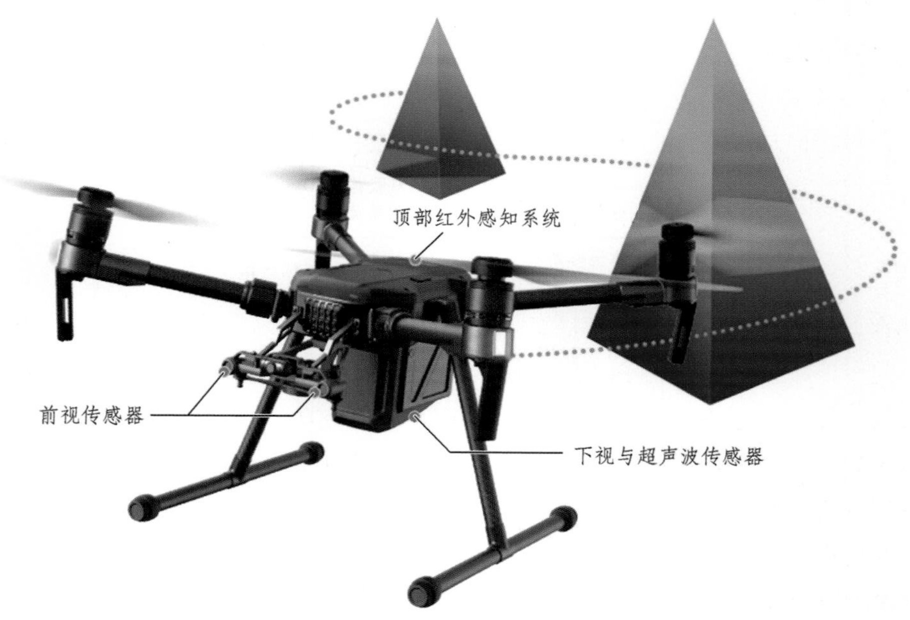

图 5-36　第一道安全防线

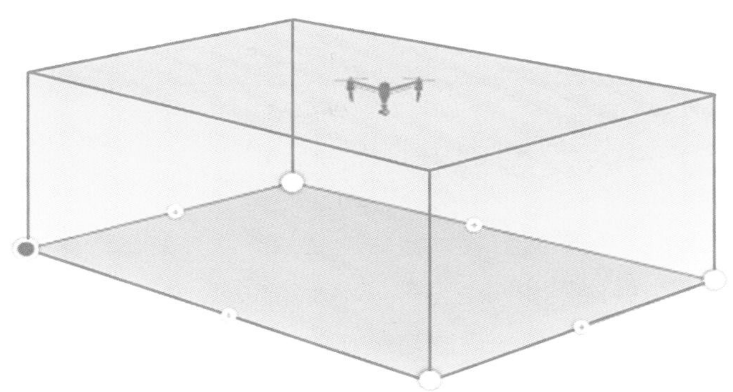

虚拟护栏区域由用户自由设定，可以为任意多边形，也可以
事先起飞飞行器，以飞行器的实际位置划定虚拟护栏范围。

图 5-37 第二道安全防线

由于变电站环境复杂、设备价值高、对系统意义重大，保证无人机在变电站巡检时的自身安全和设备安全是难点中的重点。无人机执行巡检任务时，飞行路线必须严格按照规划好的路线进行自动巡检，巡视路径必须在设备三维电子围栏外侧，与变电站设备保持一定的安全距离。在极端情况下，当无人机失去控制或联系后，无人机沿预设飞行路径的最高点位置自动返航到应急降落点，以保障无人机自身及变电站各设备的安全。

5.6.3.5 机器人和无人机的对接

机器人和无人机在站端进行整合，巡视任务下发到智能巡检机器人，再由机器人系统分配无人机和机器人各自的巡视任务；机器人巡视内容侧重于站内设备可见光和红外巡视；无人机巡视内容主要对机器人无法巡视到的站内设备进行补位巡视，尽可能多地对站内其他设备进行红外和可见光巡视，同时可对变电站周边环境、站外树障、终端塔等进行巡视。

无人机巡视数据发送给机器人系统，机器人系统对机器人和无人机数据进行对比，取最合理的数据进行回传。除此之外，当有联动功能需调用无人机开展巡视时，巡视命令发送给机器人，由机器人调用无人机开展巡视，再由机器人反馈巡视结果。

5.7　机器人+物联网

5.7.1　物联网的发展现状

物联网是继计算机、互联网与移动通信网之后，世界信息产业的第三次发展浪潮，是通信网和互联网的拓展应用和网络延伸。2018 年 12 月举行的中央经济工作会议上明确提出，将加强物联网等新型基础设施建设作为 2019 年重点工作，指明了未来的产业发展方向。国网公司在 2019 年工作会议上提出，要顺应能源革命和数字革命融合发展趋势，打造“三型两网，世界一流”企业，以建设泛在电力物联网为电网安全经济运行、提高经营绩效、改善服务质量，以及培育发展战略性新兴产业，提供强有力的数据资源支撑。

输变电设备物联网是物联网技术在输变电设备领域的融合应用，具有智慧化、多元化、生态化的特征，是公司泛在电力物联网的重要组成部分。近年来，随着智能运检体系深化建设，无人机、机器人等智能传感装备配置范围不断扩大，人工智能诊断技术得到一定发展应用，输变电设备管理已初步开展了设备和作业信息互联互通的实践。随着泛在网络、人工智能、边缘计算等物联网新技术在坚强智能电网建设中的逐步渗透，输变电设备物联网进入跨界融合、集成创新和规模化发展的新阶段。

5.7.2　机器人+物联网的总体思路

围绕“三型两网”战略目标，以移动互联、人工智能等现代信息通信技术为支撑，以智能运检体系建设成果为依托，以输变电业务典型场景应用为抓手，构建基于“四层总体架构、二维标准体系、五项技术攻关、三类业务应用”的输变电设备物联网体系，为输变电设备安全经济运行提供强有力的数据资源支撑，实现设备状态全面感知、数据信息高效处理、业务应用便捷灵活，逐步建立开放、共享的输变电设备物联网生态系统。

四层总体架构：构建基于感知层、网络层、平台层和应用层的输变电设备物联网总体架构，实现统筹布局、有序建设。

二维标准体系：建立基于通信协议与规约、设备及装备标准与规范的标准体系，实现输变电设备物联网规范化建设。

五项技术攻关：开展传感器、微功率传输、数据处理、物联网平台层与应用层、安全技术防护体系五项关键技术研发，实现自主创新技术突破。

三类业务应用：推进物联网在输变电及换流站设备状态感知、数据融合分析、风险智能防控、现场作业灵活交互等方面的深度应用，实现输变电设备管理质效提升。

5.7.3 建设内容

输变电设备物联网整体架构分为四个层级：感知层、网络层、平台层和应用层，如图 5-38 所示。

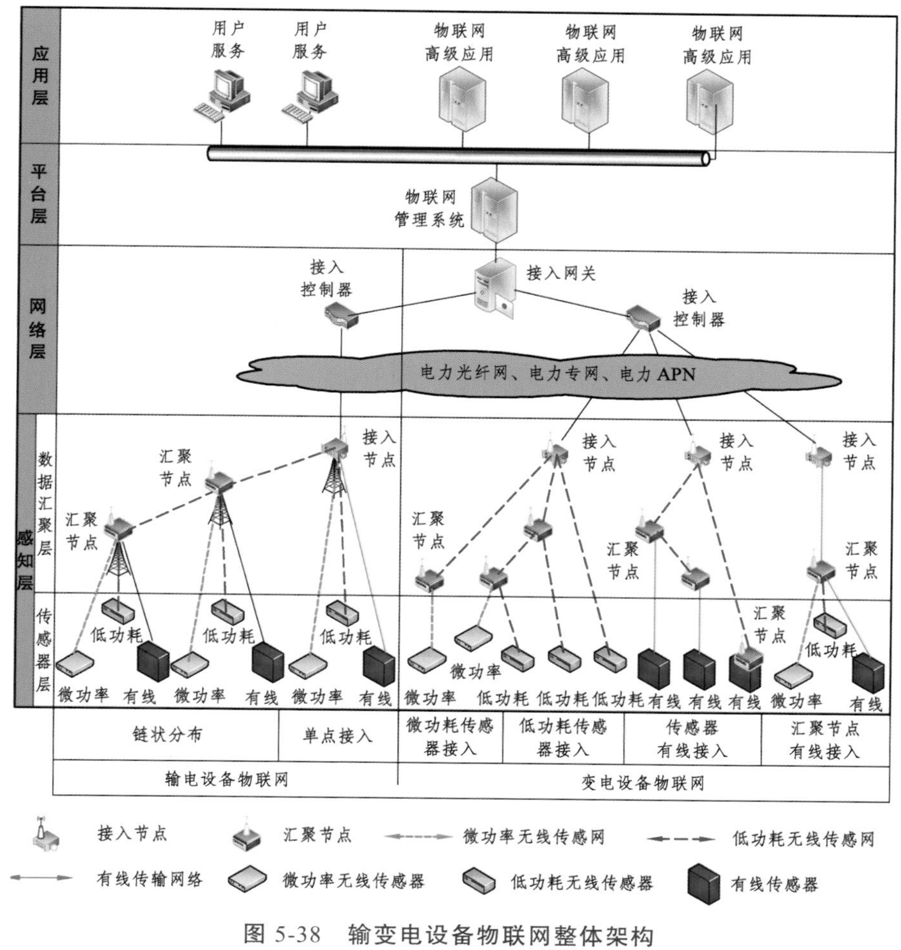

图 5-38 输变电设备物联网整体架构

1. 感知层

感知层由各类物联网传感器、传感器网络系统组成，用于实现传感信息采集和汇聚，分为传感器层与数据汇聚层两部分。

传感器层：传感器层由各类物联网传感器组成，用于采集不同类型的状态参量，并通过传感器网络将数据上传至汇聚节点。物联网传感器分为微功率无线传感器（μW 级）、低功耗无线传感器（mW 级）、有线传感器三类。

数据汇聚层：数据汇聚层由汇聚节点、接入节点等网络节点组成，各类节点设备构成微功率/低功耗无线传感网和有线传输网络全兼容、业务场景全覆盖的传感器网络，同时搭载可软件定义的边缘计算内核，实现一定范围内传感器数据的汇聚、边缘计算与内网回传。

2. 网络层

网络层由电力无线专网、电力 APN 通道、电力光纤网等通信通道及相关网络设备组成，为输变电设备物联网提供高可靠、高安全、高带宽的数据传输通道。

3. 平台层

平台层用于对物联网各类传感器及节点设备进行管理、协调与监控，具备物联网边缘计算算法远程配置功能，实现海量物联网数据存储和多源异构物联网数据的开放式接入。

4. 应用层

应用层用于数据高级分析应用与支撑运检业务管理。针对传感数据类型繁杂、诊断算法多样化等需求，部署开放式算法扩展坞，建立统一算法 I/O 接口，利用大数据、人工智能等技术，实现算法模块标准化调用，为电网运检智能化分析管控系统以及 PMS 等其他生产管理系统提供业务数据和分析结论。

输变电设备物联网通过多种类型传感器实现设备状态全面感知；通过网络层对感知数据进行可靠传输，实现信息高效处理；通过平台层汇集物联网底层数据，实现物联网设备管理、边缘计算配置和海量数据存储，并提供公司泛在物联网中台数据交互接口；通过应用层对物联网感知数据进行高级分析与应用，实现信息共享和辅助决策。

电网运检智能化分析管控系统将物联网数据与其他系统数据进行联合高级分析与应用，以微应用模块为交互窗口对结果进行集中展示，实现输变电物联网各类数据信息的及时推送和实时共享。

5.7.4 应用场景

1. 变电设备物联网应用场景

遵从输变电设备物联网总体框架并细化，构建变电物联网。在感知层充分利用传感器与智能终端技术，通过汇聚节点及接入节点实现变电各类信息的全面接入与边缘计算；在网络层通过电力光纤网、电力无线专网、电力 APN 等方式，实现数据的安全、高效传输；在平台层，构建输变电设备物联网管理系统（变电物联管理中心）并充分利用全业务数据中心和企业中台，实现数据的高效共享。在应用层，完善 PMS 2.0 系统功能、新建输变电设备物联网高级应用（变电智能分析决策平台），实现变电业务的智能化管理。变电设备物联网应用全景如图 5-39 所示。

2. 变电主辅设备全面监控

采用先进传感技术对变电站环境量、状态量、电气量、行为量进行实时采集，建设主辅设备集中监控系统，集成变电站全面运行信息，实现无人值守变电站设备本体及变电站运行环境的深度感知、风险预警、远程监控及智能联动，提升变电站状态感知的及时性、主动性和准确性。

场景一：变电主设备的状态感知。一是建设主设备集中监控系统，实时上传站内电流、电压等设备运行信息及设备异常告警信号，实现运维班对所辖站设备设施运行状态的准确掌握，强化运维班设备感知能力。二是利用先进在线监测传感器，如电流互感器油压监测装置、变压器套管一体化内部状态监测装置、数字化气体继电器、声学照相机等，实现变电设备状态的全方位实时感知；同时，利用站内辅助监控主机开展边缘计算，根据阈值初步判断状态量，实现设备状态的自主快速感知和预警。对于异常设备，及时向运行人员推送预警信息，调整状态监控策略，并将数据上传至平台层进行更精确的诊断和分析。

场景二：变电站运行环境的状态感知。通过站内辅助监控主机，采集分析变电站微气象、烟雾、温湿度、电缆沟水位、SF_6气体等传感器数据，实现变电站运行环境状态感知，及时推送站内安全运行风险预警。一是根据烟雾传感器、感温电缆与设备温度监测数据，实现变电站站房火灾隐患的监测和感知，并与灭火装置形成智能联动，实现自动触发、及时灭火；二是利用 SF_6 气体传感器，感知变电站站房内有害气体含量，并进行实时告警；三是通过水浸传感器，监测电缆沟道积水情况。

场景三：变电主辅设备智能联动。如遇站内发生预警、异常、故障、火灾、暴雨等情况，站内辅助监控主机主动启用机器人、视频监控、灯光、环境监控、消防等设备设施，立体呈现现场的运行情况和环境数据，实现主辅设备智能联动、协同控制，为设备异常判别和指挥决策提供信息支撑。

5.8 机器人+大数据分析

5.8.1 大数据发展现状

近年来，我国大数据产业从无到有，全国各地发展大数据积极性较高，行业应用得到快速推广，市场规模增速明显。2017 年，我国包括大数据核心软硬件产品和大数据服务在内的市场规模超过 2 600 亿元，与 2016 年相比，增长了 49%。2017 年 1 月，工信部发布了《大数据产业发展规划（2016—2020 年）》，进一步明确了促进我国大数据产业发展的主要任务、重大工程和保障措施。国家政策的接连出台为推动大数据产业快速成长提供了良好的发展环境。2020 年，我国大数据产业规模超过 1 万亿。“十四五”时期，我国的大数据产业也将进入集成创新、快速发展、深度应用、结构优化的新阶段。图 5-40 所示为 2014—2019 年全球大数据储量及其增长情况。图 5-41 所示为 2015—2020 年我国大数据产业规模及预测情况。

大数据产业具备了良好基础，面临难得的发展机遇，但仍然存在一些困难和问题。一是数据资源开放共享程度低。数据质量不高，数据资源流通不畅，管理能力弱，数据价值难以被有效挖掘利用。二是技术创新与支撑能力不强。在新型计算平台、分布式计算架构、大数据处理、分析和呈现方面与国外仍存在一定差距，对开源技术和相关生态系统影响力弱。三是大数据应用水平不高。虽然大数据具有强劲的应用市场优势，但是目前还存在应用领域不广泛、应用程度不深、认识不到位等问题。四是大数据安全体系不健全。数据所有权、隐私权等相关法律法规和信息安全、开放共享等标准规范不健全，尚未建立起兼顾安全与发展的数据开放、管理和信息安全保障体系。五是人才队伍建设亟需加强。大数据基础研究、产品研发和业务应用等各类人才短缺，难以满足发展需要。

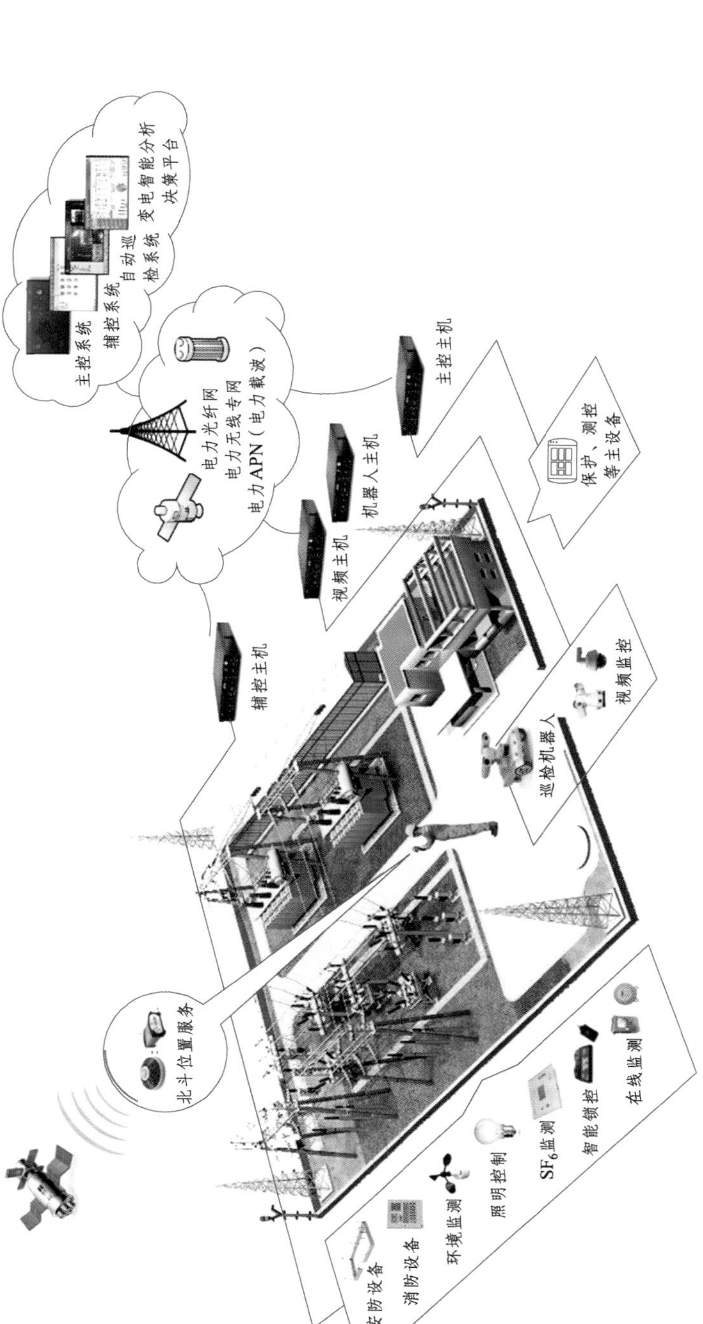

图 5-39 变电设备物联网应用全景

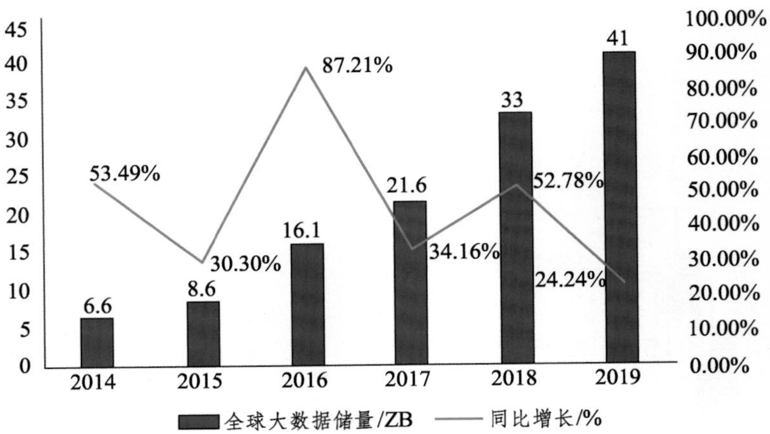

图 5-40　2014—2019 年全球大数据储量及其增长情况

图 5-41　2015—2020 年我国在数据产业规模及预测情况

对我国大数据创新发展进行预测，得出结论主要呈现以下几个方面趋势：一是政策影响趋势。随着国家大数据战略推进实施以及配套政策的贯彻落实，大数据产业发展环境将进一步优化，社会经济各领域对大数据服务需求将进一步增强，大数据的新技术、新业态、新模式将不断涌现，产业规模将继续保持高速增长态势。二是技术影响趋势。大数据的技术发展与物联网、云计算、人工智能等新技术领域的联系将更加紧密，物联网的发展将极大提高数据的获取能力，云计算与人工智能将深度融入数据分析体系，融合创新将会不断地涌现和持续深入。三是人才影响趋势。大数据需要的复合型人才将源源不断形成，加之海外和传统行业跨界人才不断加入大数据行业，大数据产业将迎来创新发展。四是资本影响趋势。近年来，伴随着资本大量进入大数据行业，出现了创业公司估值过高的现象。泡沫期的大数据行业，许多企业的发展远远无法回归企业的本质，导致创业企业供给与市场需求之间脱节。随着资本的沉没，理性资本将引领大数据行业健康发展。一些在资本热潮退去之后还能沿正常轨道发展的企业将占据新一轮的资本优势，得到进一步的发展和壮大。

在能源互联网的背景下，随着国家智能电网的大规模发展，各类状态监测设备和传感器的广泛应用，状态监测所获得的数据呈现几何型的增长，已由原来的 TB 级别跃升至 PB 级别，不但包含一次系统设备，还涵盖二次系统设备。这种增长不仅仅是监测数据量的增长，而是监测数据的类型也呈多样化，从原来的台账信息和在线监测数值等结构化数据，到现在的状态信息图像和视频等非结构化数据，以上的监测数据逐步构成电力设备状态监测大数据，使得数据存储与分析都面临了较大的挑战。

智能变电站在其大规模发展的过程中逐渐累积了庞大的、有利用价值的变电设备状态监测历史数据。现有的状态监测与诊断装置设备类型较多，接口各不相同。这些状态监测数据往往存储在不同的数据仓库或者关系数据库中，无法实现数据共享，无法对各个变电设备的状态进行统筹分析，其潜在的价值难以得到充分的利用，不能及时地为管理层提供有效的决策支持。随着变电设备的海量数据存储和规模庞大的数据分析，传统的数据分析越来越难以满足智能变电站的需求。因此，针对智能变电站的信息化建设，如何可以有效地存储和利用有价值的状态监测数据提出了更高的要求，迫切地需要更加适合目前形势的状态监测大数据分析方案产生。

近年来，随着云计算、大数据处理等相关领域技术以及状态监测技术本身的迅猛发展，越来越先进的技术将在智能变电站状态监测中得到应用。Hadoop 已成为主流的云计算技术，它打破了传统的数据集中存储模式，拥有开源的分布式计算框架，采用 HDFS（分布式文件系统）来存储所需的数据，它能在由大量廉价的硬件设备组成的集群上运行应用程序，通过对任务的分解与聚合操作，可以实现并行的数据处理与分析。如何快速、有效地存储、查询与分析大规模的状态监测数据，是衡量变电设备状态监测系统的重要标准。将变电设备状态监测大数据进行集中存储与管理，操作者不但能够直接获取监测设备的历史数据以及当前状态数据，还可以将传感器采集到的状态监测数据进行分析，可以实现对未来趋势更深入、更准确地分析与预测，以此来适应电网安全经济的运行和用户对供电可靠性的要求。与此同时，将变电设备状态监测大数据进行集中整合还能够使变电设备负载能力的评估、故障预测以及智能调度成为可能。

5.8.2　关键技术

5.8.2.1　大数据分析

大数据技术是使大数据中所蕴含的价值得以挖掘和展现的一系列技术与方法，包括数据采集、预处理、存储、分析挖掘、可视化等。在本系统中采用的大数据技术，是结合变电站调控一体化业务的实际需求，基于分布式计算、大数据检索等技术进行设计的，主要解决海量结构化、半结构化视频资源的快速检索、分析统计应用需求，并通过大数据的深度关联分析，支撑变电站调控一体化开展视频图像信息业务应用。

5.8.2.2　分布式计算技术

海量视频资源通过本系统的结构化解析，形成海量结构化、半结构化有价值数据的积累，针对这些有价值的大数据进行快速检索、分析统计需要巨大的计算能力，需要极大成本的同时也极其耗时。分布式计算负责将一个需要巨大的计算能力才能解决的问题分成许多小的部分，然后把这些部分分配给许多计算机进行处理，最后把这些计算结果综合起来得到最终的结果，节约计算成本的同时也提高处理效率。分布式计算原理如图 5-42 所示。

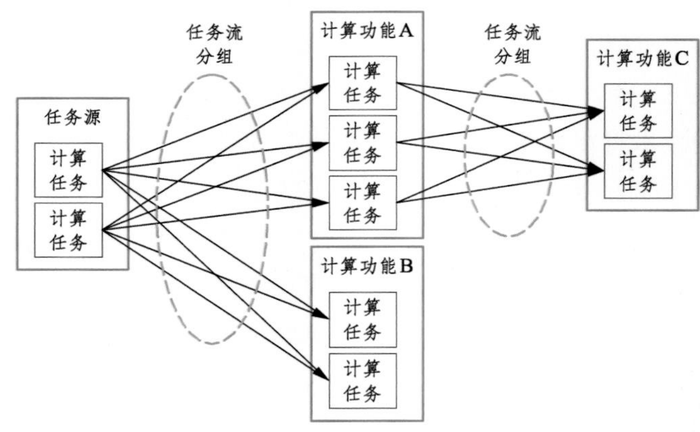

图 5-42　分布式计算过程示意图

5.8.2.3　大数据检索技术

大数据检索是针对大数据搜索业务需求而打造的一套搜索引擎，具有专业精准、高扩展性和高通用性的特点。全文检索作为大数据检索技术的实现与应用，能够快速生成海量文件对应的索引数据，同时对搜索引擎的配置管理进行人性化的定制，使全文检索集群的管理、监控与扩展都变得十分简单，极大提高了系统的维护性与可用性。

5.8.2.4 视频云存储技术

视频云存储是在云计算的概念上延伸和发展出来的一个新概念，是指通过集群应用、网格技术或分布式文件系统等功能，应用存储虚拟化技术将网络中大量各种不同类型的存储设备通过应用软件集合起来协同工作，共同对外提供数据存储和业务访问功能的一个系统，也可将云存储理解为是配置了大容量存储设备的一个云计算系统。

系统针对变电站应用特点，采用面向业务的设计思路，融合集群化、虚拟化、离散存储等技术，规划图片云存储，可将网络中大量各种不同类型的存储设备集合起来协同工作，共同对外提供高性能、高可靠、不间断的图片存储和业务访问服务。

5.8.3 大数据在人工智能中的作用

大数据的技术发展与物联网、云计算、人工智能等新技术领域紧密的联系将极大提高数据的获取能力，云计算与人工智能将深度融入数据分析体系，融合创新将会不断地涌现和持续深入。人工智能，又称为“AI”，是使智能机器和计算机程序能够以通常需要人类智能的方式学习和解决问题的科学和工程。通常，这些包括自然语言处理和翻译、视觉感知和模式识别以及决策，但应用程序的数量和复杂性正在迅速扩大。人工智能学科研究的主要内容包括知识表示、自动推理和搜索方法、机器学习和知识获取、知识处理系统、自然语言理解、计算机视觉、智能机器人、自动程序设计等方面。人工智能的核心问题包括推理、知识、规划、学习、交流、感知、移动和操作物体的能力等。强人工智能目前仍然是该领域的长远目标。目前比较流行的方法包括统计方法、计算智能和传统意义的 AI。目前有大量的工具应用了人工智能，其中包括搜索和数学优化、逻辑推演。而基于仿生学、认知心理学，以及基于概率论和经济学的算法等也在逐步探索当中。

5.8.3.1 完善智能感知

在以往人工智能数据采集中，因传感器分辨率不高、缺乏采集途径，促使采集的数据只能够进行较少的记录，导致这些数据不能够清晰地还原现实世界特征。而将大数据思维渗透到人工智能中，大数据能够在虚拟世界中收集较多的数据信息，之后运用大数据思维将这些数据进行合理、有效的分析，能够保留全部收集的收据，快速还原真实世界。大数据来源于网络，涵盖互联网、电信网、物联网等，随着网络的不断发展，在人工智能装备中安装各类传感器，不仅能收集大量的数据，还能够使通信网络技术得到升级，使大量数据传送到云端服务器中。例如，运用云技术对数据进行处理，这些数据思维都为人工智能处理提供了可能性，进而完善人工智能感知系统。

5.8.3.2　加速智能认知

云技术能够更好为大数据解决数据的存储与处理，但对于大数据思维的认知，还需依赖于人工智能的相应算法。人类对人工智能的认知与理解，经历了专家推理阶段、直接阶段、计算阶段，而在大数据思维下，数据不断的增长，会演变成质的变化。在计算机技术的发展中，“万物皆计算”理念已经深入人心，相比较下，将大数据思维运用到人工智能中，也发展到这一阶段，其具有认知计算能力，较为注重大数据的理解与分析。由此能够看出，大数据思维加速了人工智能的认知能力，为人工智能带来了宽广的发展前景，进而促进人工智能进一步发展与创新。

5.8.4　大数据在智能机器人中的渗透路径

将大数据思维渗透到人工智能机器人中，通过对机器人感知层面、操作层面、认知层面的设定，使其能够为人们服务，而这些种种实现的前提是，需要人工智能机器人具备大量的数据存储功能，机器人在工作之前，能够进行类似人类一样的大脑活动，去思考再进行决策，运用信息感染器对大量数据进行分析，进而才能够使机器人更好地为用户服务。因此，将大数据思维渗透到人工智能机器人制作中，拓展机器人存储空间，加强机器人对大量数据的分析与辨别功能，运用云计算技术，对各类数据进行科学、有效的计算，提升机器人物品识别能力，使机器人能够满足人们的需要，进而实现大数据思维在人工智能机器人中的渗透价值。

5.8.5　机器人在大数据中的发展应用前景

随着信息技术应用的深化，大数据产业与传统领域的融合将是全方位的，直接关系到我国经济结构转型的升级成功与否、经济发展质量的高低和国际竞争力的提升速度。从以下步骤的推进，可以发现我国在大数据产业发展的进程和战略布局：2011 年出台的《通信业“十二五”发展规划》发布了推动云计划和大数据技术发展的政策；在 2014 年的第十二届全国人民代表大会第二次会议上，“大数据”首次进入政府工作报告，国家对这一新兴产业进行支持；2015 年召开的十八届五中全会正式提出“实施国家大数据战略”并印发《促进大数据发展行动纲要》，全面推进大数据发展；2016 年国务院通知落实大数据发展行动纲要事宜；2017 年 1 月 17 日工信部编制并正式印发了《大数据产业发展规划（2016—2020 年）》，酝酿开启万亿级别市场规模的大数据产业。

面向特定领域的人工智能（即专用人工智能）由于应用背景需求明确、领域知识积累深厚、建模计算简单可行，形成了人工智能领域的单点突破，在局部智能水平的单项测试中可以超越人类智能。大数据、计算能力和算法固然重要，但“合适的应用场景”同样是不容忽略的重要因素，当前所有取得的重要成就都必须依托于一个确定的和合适的应用场景，脱离了这个特定的场景人工智能就无法发挥出应有的效力。对人工智能机器人的感知层、操作层和认知层等进行详细设定，能够让其发挥实际作用。大数据技术与人工智能技术的结合能够让机器人像人类一样思考和决策，通过传感器传递海量信息，通过模式识别引擎对大数据进行系统化的分析，通过数据学习算法或数据反馈来深化智能机器人技能的设定，由此能够优化人工智能机器人的应用。

第 6 章 机器人运维管理

目前，各电力企业正积极推进智能巡检机器人的建设工作，智能巡检机器人的推广运用将带来更高、更专业的巡视维护要求，也务必会引起运维管理模式的变化。本书参考国内外智能巡检机器人运维模式，结合特点从集中式运维管理模式、离散式运维管理模式、外单位运维管理模式和组合式运维管理模式出发，提出集中于局运维、集中于所运维、离散于班组运维、机器人业务外包运维和集中式与离散式组合运维五种方法，并对这五种方法的智能巡检机器人运维管理模式进行详细分析，找到各运维管理模式的优、缺点，为下一步智能巡检机器人的全面推广应用提供理论依据。

6.1 国内外机器人运维模式介绍

6.1.1 国外运维模式

目前，在日本、新西兰、巴西、巴基斯坦等国家有过变电站智能巡检机器人的相关报道。2003 年，日本率先提出了变电站巡检机器人的研究方案，并完成了实验室模拟实验，随后研制出适用于 500 kV 变电站的巡检机器人，但是由于技术等问题，仅在个别变电站开展试用，并停止了后续研发工作。2018 年，日本开始采购浙江国自机器人技术有限公司的智能巡检机器人开展变电站巡维工作。

2008 年，圣西保罗大学研制了一种悬挂式移动机器人，主要应用于变电站内发热点温度监测。该机器人悬挂在站内高空钢索轨道上，采用搭载红外热像仪进行站内设备测温。

2012 年，新西兰电网公司与梅西大学合作研发了全地形变电站巡检机器人。该机器人配置有防碰撞的可见光摄像机和超声波传感器，并配置有用于现场设备图像和视频回传的一个高清可见光摄像机。目前该机器人仅能采用远程遥控方式工作。

2018 年，巴基斯坦、巴西采用了我国山东鲁能智能技术有限公司的智能巡检机器人。该机器人采用激光导航的组合式导航技术，并配置了可见光摄像机和红外热像仪，能有效地开展变电站巡维工作。

目前，国外在智能巡检机器人的推广应用还停留在建设试点变电站阶段，并未对智能巡检机器人进行大规模推广，其智能巡检机器人的运维模式停留在单站式机器人应用阶段。

6.1.2 国内运维模式

我国智能巡检机器人最早于 1999 年在山东开始变电站巡检机器人研究，在 2001 年首次提出了在变电站应用移动机器人技术进行设备巡检的想法。2005 年 10 月，研制出国内首台产品样机，并在山东 500 kV 长清变电站投运。

2014 年 1 月，浙江国自机器人技术有限公司成功研制出激光导航式变电站巡检机器人，并在浙江瑞安变电站投运。2014 年 5 月，深圳市朗驰欣创科技有限公司研制的变电站巡检机器人在湖南省衡阳电业局麻塘变电站成功试运行。

智能巡检机器人自产品样机问世发展到现在，已有了 10 余年的历史，在变电站得到了广泛应用，其推广应用范围已遍布山东、广东、浙江、陕西、云南等全国十几个省、自治区和直辖市，电压等级从 35 kV 到 1 000 kV 特高压各电压等级交、直流变电站，积累了丰富的应用经验。在不同电压等级、不同环境的影响下，智能巡检机器人的运维方式也各不相同，其中以山东省、浙江省的运维方式最具特点。

山东省智能巡检机器人业务主要依托于山东鲁能智能技术有限公司外委开展，山东鲁能智能技术有限公司按山东省相关要求提供智能巡检机器人开展智能巡检机器人巡维工作和智能巡检机器人转运工作，并对智能巡检机器人的运行状态、日常维护、数据结果负责。供电局负责按智能巡检机器人要求开展变电站土建工作，满足智能巡检机器人巡维要求，通过对数据结果的分析验证落实智能巡检机器人的工作质量。通过外委智能巡检机器人业务，有效地降低了运行人员的工作压力，提高了运行人员的工作积极性，直接体会到智能巡维带来的好处，有利于智能巡检机器人的快速推广应用。

浙江省智能巡检机器人业务主要通过供电局内部成立巡维班开展。巡维班在项目建设上需根据变电站实际需求参与智能巡维机器人项目规划，保障智能巡检机器人项目有序推广；在巡维工作上，负责变电站的智能巡维和人工巡维工作，对智能巡检机器人的转运工作、运行状态、日常维护、数据结果负责，并定期对智能巡维结果和人工巡维结果进行分析，验证智能巡检机器人的工作质量和人工巡维的工作质量，进一步提升供电局整体运维质量。通过巡维班开展智能巡检机器人业务能够将运行工作精益细化，有针对性地开展巡维工作，保障设备安全稳定运行。

6.2　集中式运维管理模式

集中式运维管理模式主要指的是将智能巡检机器人进行统一有效的集中管理，通过高级别的沟通调配减少因沟通不畅、资源不足等问题出现的整体资源浪费情况。

在集中式运维管理的基础上，我们提出了集中于局运维和集中于所运维两种方式，也可以简单地理解为大集中和小集中，通过不同的集中范围，帮助进行智能巡检机器人运维管理。

6.2.1　集中于局运维

集中于局运维方式，即智能巡检机器人的项目管理、机器人及转运管理、数据管理等所有工作都由局层面统一进行管理、运维，如图 6-1 所示。

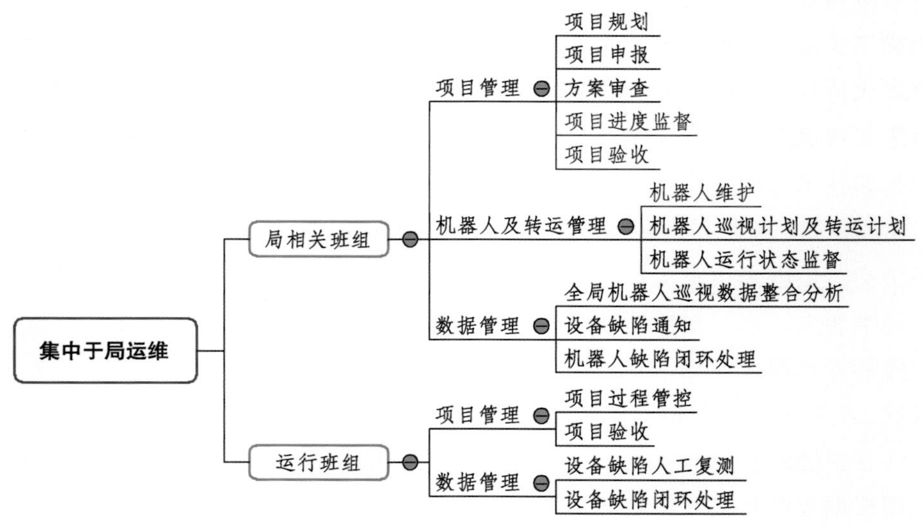

图 6-1　集中于局运维

1．项目管理

在项目管理方面，由局层面建立相关班组为项目责任单位，统一在智能巡检机器人项目建设初期开展项目规划、方案审查、物资申报等工作。根据全局综合考虑进行项目资源的调配，有优先级地开展智能巡检机器人项目建设工作。

在项目建设过程中，由局相关班组统一对智能巡检机器人开展项目进度监察，对项目建设过程中存在的各类问题进行分析处理。项目完成后统一对项目建设内容进行验收，保障智能巡检机器人建设效果。

2．机器人及转运管理

在单站式机器人运用中，首先在适用单站式机器人的变电站中固定一台机器人来满足此变电站的巡维工作，当此变电站机器人故障时，由局统一调配其他机器人开展此变电站的巡维工作。

在多站式机器人运用中，首先需要建立智能巡检机器人库，对所有的多站式机器人进行统一的存放，方便开展对机器人的维护工作。每月可根据变电站巡视计划提前安排转运车转运相应的智能巡检机器人到站开展巡视、巡维工作，每天到站工作的智能巡检机器人由局相关班组统一进行工作监督，保障机器人在巡视过程中无异常现象发生，保障机器人巡视的工作质量。如在巡视过程中发生机器人故障，则由局相关班组就近调配转运附近的智能巡检机器人替代开展巡视工作，并对智能巡检机器人出现的异常情况进行登记处理。针对偏远变电站，可根据实际情况就近建立智能巡检机器人的子库，由子库值班人员按照计划开展机器人巡视工作和机器人应急工作。

3．数据管理

在数据管理中，所有智能巡检机器人产生的数据都统一汇总至局相关班组，并由局相关班组统一对机器人巡视数据进行录入分析，其巡视数据发现的设备故障、缺陷由局相关班组统一通知故障设备对应班组开展复测工作，并由对应班组对设备缺陷进行闭环处理。

6.2.2 集中于局运维的优缺点

集中于局运维方式存在以下优点：

（1）项目规划上，可根据局需要整体规划，按照一定优先级别开展智能巡检机器人项目规划，合理利用资源。

（2）机器人管理上，可对机器人进行统一的维护工作，提高机器人的使用寿命，降低机器人异常风险。

（3）机器人转运上，由于同一天开展巡视的变电站数量不多，由局层面统一开展转运能减少购买的机器人数量，降低成本。

（4）当机器人本体发生故障时，可从全局调配附近的机器人进行巡视工作，提供机器人应急效率。

（5）在数据管理上，由局进行统一的数据汇总可以有效地降低班组的工作强度，统一的数据分析可避免重复数据分析造成的资源浪费。

集中于局运维方式存在以下缺点：

（1）项目建设中，班组对项目建设参与度不足，对巡视点位等基础工作配合度不高，导致机器人巡视质量降低。

（2）需建立机器人库、机器人子库，对场地、基础设施要求较高。

6.2.3　集中于所运维

集中于所运维方式，即智能巡检机器人的项目管理、机器人及转运管理、数据管理等所有工作都由所层面统一进行管理、运维，如图 6-2 所示。

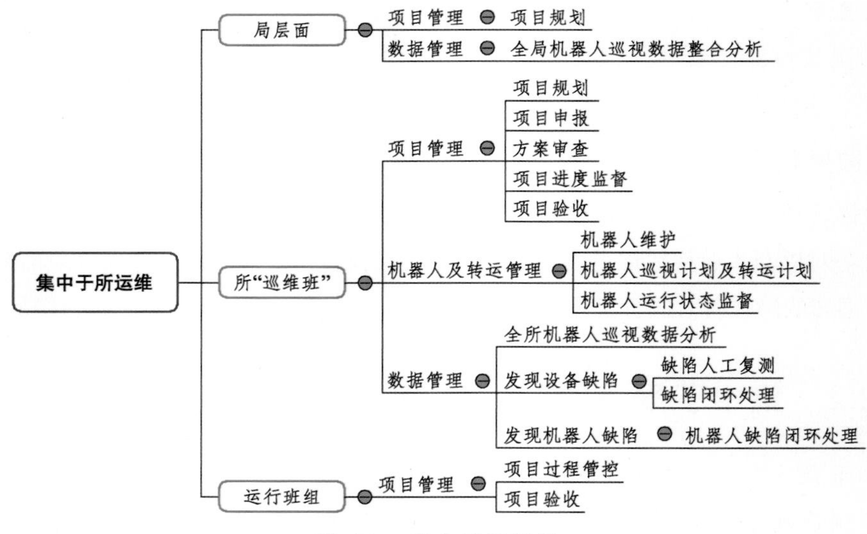

图 6-2　集中于所运维

1．项目管理

在项目管理方面，由局层面参考所层面提出的建议开展项目规划。所层面为项目责任单位，统一进行智能巡检机器人项目的方案审查、物资申报等工作。根据所层面实际需求进行项目申报，有重点地进行智能巡检机器人项目的建设工作。

在项目建设过程中，由所层面对厂家进行监督，统一对智能巡检机器人开展项目进度监察，对项目建设过程中存在的各类问题进行分析处理。项目完成后对项目建设相关内容进行验收，保障智能巡检机器人建设效果。

2．机器人及转运管理

在智能巡检机器人推广应用后，在所层面成立“巡维班”，以“巡维班”作为变电运行专业的巡视维护主体（包括机器人巡视的管理），主要负责进行变电站的巡视维护工作。

以变电运行二所为例，变电运行二所巡维班将从各班组共抽调 20 人组建，其中班长、副班长共 3 人负责班组日常管理工作；抽调 4 人负责变电运行二所所有变电站智能巡维机器人的工作计划和转运计划安排，并对智能巡维机器人巡视数据进行收集管理，负责将机器人发现的故障异常进行闭环工作，并按要求定期向局相关部门汇报智能巡维机器人的巡视质量；抽调 1 人负责班组日常文件、工具的管理工作；其余 12 人成立 6 个巡视维护队，负责按照巡视要求定期开展变电运行二所 96 个变电站的巡视维护工作，其中 500 kV 变电站 2 座，220 kV 变电站 11 座，110 kV 变电站 51 座，35 kV 变电站 32 座，平均每月每站需投入 19.18 工时在巡视维护工作上（包括日常巡视和动态巡视）。因巡维班工作的特性，应设置为长白班的工作机制，则巡维班每月有 20 个工作日，根据工时量计算，平均每天巡维班能够实现 5 个变电站的巡视工作，则每月可完成 100 座变电站的巡视任务。

在“巡维班”的单站式机器人管理上，固定一台机器人来满足此变电站的巡维工作，当此变电站机器人故障时，由“巡维班”统一调配其他机器人开展此变电站的巡维工作或由“巡维班”对该变电站开展人工巡视。

在“巡维班”的多站式机器人管理上，既可将机器人统一放置在机器人库中，也可将机器人根据不同巡视计划放置在不同的变电站中。因“巡维班”人力资源充足，可结合复测或人工巡视工作对所辖的机器人进行日常维护工作。每月可根据“巡维班”实际情况安排机器人工作计划、机器人转运计划（转运车辆由“巡维班”管理）和人工巡视计划。每天到站工作的智能巡检机器人由“巡维班”统一进行工作监督，保障机器人在巡视过程中无异常现象发生，保障机器人巡视的工作质量。如在巡视过程中发生机器人故障，则由“巡维班”就近调配转运附近的智能巡检机器人替代开展巡视工作或直接由“巡维班”开展人工巡视工作，并对智能巡检机器人出现的异常情况进行登记处理。

3．数据管理

在数据管理中，全所的智能巡检机器人产生的数据都统一汇总至“巡维班”，并由“巡维班”机器人巡视人员对机器人巡视数据进行录入分析，并可根据人工巡视数据进行对比分析，其分析结果提交至局相关部门。“巡维班”负责将智能巡检机器人发现的设备故障、缺陷进行进一步确认，由“巡维班”组织进行人工复测，将最终明确为缺陷的问题进行闭环处理。“巡维班”负责记录机器人本体在巡视工作中发生的异常情况，并对机器人异常情况进行登记处理。

6.2.4　集中于所运维的优缺点

集中于所运维方式存在以下优点：

（1）在项目规划上，更着力于本所需求，根据所层面的需要进行项目规划的建议。

（2）在巡维工作上，“巡维班”更专注于巡视维护工作，并具备人工巡视的条件，能更好地保障巡维工作质量。

（3）在数据分析上，“巡维班”可做到人工巡视数据和智能巡检机器人巡视数据的相互对比，得到的数据更具有价值。

（4）不必建设单独的机器人库，可依托于变电站进行管理，可降低投资成本。

集中于所运维方式存在以下缺点：

（1）在项目建设中，主要参与者并不是“巡维班”，导致班组对项目建设参与度不足，对巡视点位问题了解不足，机器人巡视质量可能会降低。

（2）机器人不统一存放，可能因存放条件导致机器人故障，将机器人维护工作分散开展，可能因工作人员水平不同不能及时发现机器人本体故障。

6.3 离散式运维管理模式

离散式运维管理模式主要指的是将智能巡检机器人分散至各巡维中心进行管理，通过“谁使用、谁管理”的方式优化巡维工作，提高巡维质量。

6.3.1 离散于班组运维

离散于班组运维方式，即智能巡检机器人项目过程管理、机器人及转运管理、数据管理等工作由班组根据自身情况进行运维，如图 6-3 所示。

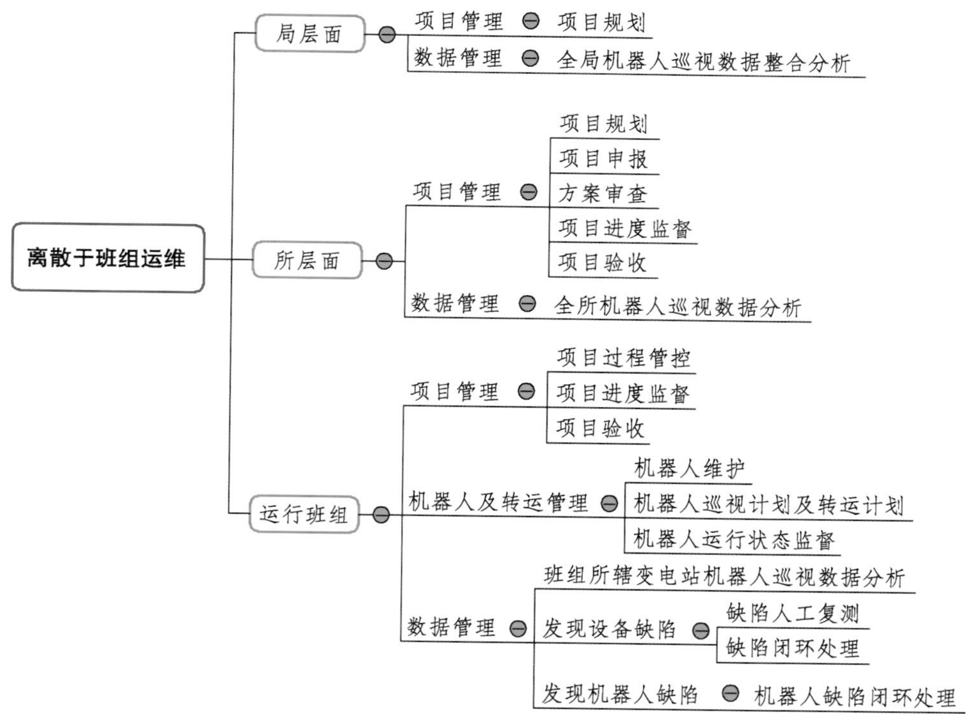

图 6-3 离散于班组运维

1. 项目管理

在项目管理方面，由局层面参考所层面提出的建议开展项目规划。所层面为项目责任单位，统一进行智能巡检机器人项目的方案审查、物资申报等工作。根据所层面实际需求进行项目申报，有重点地进行智能巡检机器人项目的建设工作。

在项目建设过程中，由班组对厂家进行监督，对本班组智能巡检机器人项目进度监察，指导厂家开展点位录入等基础工作，对项目建设过程中存在的各类问题进行分析处理。项目完成后对项目建设相关内容进行验收，保障智能巡检机器人建设效果。

2. 机器人及转运管理

对于存在单站式机器人的班组，班组需固定一台机器人来满足此变电站的巡维工作，当此变电站机器人故障时，由班组进行情况说明，所层面根据实际情况调配其他机器人或由本班组人工开展此变电站的巡维工作。

在班组多站式机器人管理上，可根据班组巡视计划将多站式机器人放置在班组所辖变电站中，班组根据实际情况到站进行维护或统一进行维护工作。班组每月可根据实际情况安排机器人工作计划、机器人转运计划（转运车辆由班组管理）和人工巡视计划。智能巡检机器人开展巡视工作时需安排 1 人开展工作监督，保障机器人在巡视过程中无异常现象发生，保障机器人巡视的工作质量。如在巡视过程中发生机器人故障，则由班组调配本班组其他空闲机器人、联系所层面调配机器人或人工开展巡视工作，并对智能巡检机器人出现的异常情况进行登记处理。

3. 数据管理

在数据管理中，以班组为单位将本班组所辖变电站的智能巡检机器人巡视数据进行汇总分析，并由班组员工对机器人巡视数据进行录入和初步分析，并可根据人工巡视数据进行对比分析，其分析结果提交至所相关部门进行汇总后再次分析并上报至局相关部门。班组需对智能巡检机器人发现的设备故障、缺陷进行进一步确认，由班组组织进行人工复测，将最终明确为缺陷的问题进行闭环处理。班组负责记录机器人本体在巡视工作中发生的异常情况，并对机器人异常情况进行登记处理。

6.3.2　离散式运维管理模式的优缺点

离散于班组运维的方式，存在以下优点：

（1）在项目建设上，班组对自己所辖的变电站更熟悉，由班组开展离散式的管理有利于巡视点位的录入，可以更好地保障巡维工作质量。

（2）在开展巡维工作上，班组对隐蔽的巡视点位更了解，并具备开展人工巡视的条件，可以保障巡维工作质量。

离散于班组方式存在以下缺点：

（1）会导致购置的机器人、转运车数量多，增加投资成本。

（2）会加大资源调配难度，不同班组之间不易协调资源进行互补，不易保障机器人巡视工作的开展。

（3）会加大对班组员工技术水平的要求，可能会因工作人员水平不同不能及时发现机器人本体故障，导致机器人无法正常开展巡视工作。

（4）在数据分析上，不同班组需进行一次数据分析，所层面需开展数据的二次分析整合，局层面需再次对数据进行汇总分析，加大了工作强度。

6.4 外单位运维管理模式

外单位运维管理模式主要指的是将智能巡检机器人业务外包至机器人厂家，通过对厂家的运维进行管理监察，降低工作强度，提高巡维质量。

6.4.1 机器人业务外包运维

机器人业务外包运维方式，即机器人厂家按相关要求使用现有智能巡检机器人并在智能巡检机器人不足时提供智能巡检机器人开展巡维工作和数据管理工作，如图 6-4 所示。

1．项目管理

在项目管理方面，由局层面建立相关班组为项目责任单位，在智能巡检机器人项目建设初期开展项目规划、方案审查、物资申报等工作，并根据全局综合考虑进行项目资源的调配，有优先级地开展智能巡检机器人项目建设工作。局相关班组根据实际情况将智能巡检机器人业务进行外包巡维。

在项目建设过程中，由局相关班组监督外包单位对智能巡检机器人项目进度监察，对项目建设过程中存在的各类问题进行协调处理。项目完成后统一对项目建设内容进行验收，以保障智能巡检机器人建设效果。

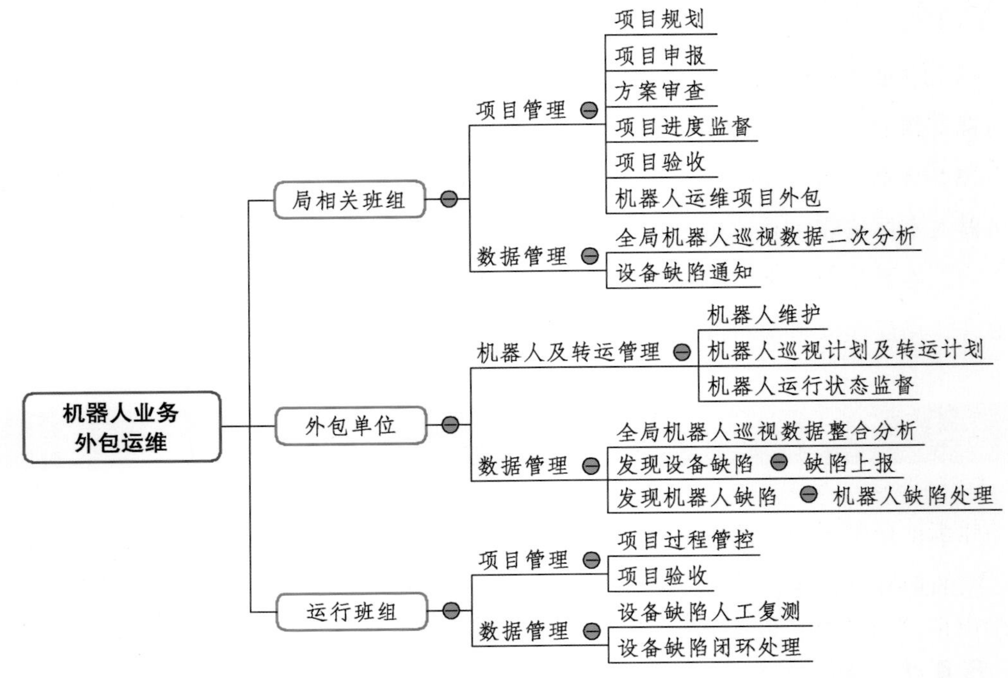

图 6-4　机器人业务外包运维

2．机器人及转运管理

在单站式机器人运用中，存在两种情况：已经具备智能巡检机器人的变电站，由外包单位进行机器人维护、数据分析；还未配置机器人的变电站，由外包单位提供一台机器人，用来固定满足此变电站的巡维工作。当此变电站的机器人故障时，由外包单位转运其他空闲机器人开展此变电站的巡维工作。

在多站式机器人运用中，外包单位按照人工巡视计划，编制机器人巡视计划和转运计划，提前开展对应变电站的机器人巡视工作。每天到站工作的智能巡检机器人由外包单位工作人员统一进行工作监督，保障机器人在巡视过程中无异常现象发生，保障机器人巡视的工作质量。如在巡视过程中发生机器人故障，则由外包单位就近调配转运附近的智能巡检机器人替代开展巡视工作，并对智能巡检机器人出现的异常情况进行登记处理。外包单位需定期组织开展机器人维护工作，保障机器人状态完好。已经配置的多站式机器人需统一转交至外包单位进行管理，当机器人数量不足时，由外包单位提供机器人开展巡维工作。

3. 数据管理

在数据管理中，外包单位需将所有智能巡检机器人产生的数据都统一汇总分析，并将数据分析结果上报至局相关班组，由局相关班组对机器人巡视数据进行二次分析，其巡视数据发现的设备故障、缺陷由局相关班组统一通知故障设备对应班组开展复测工作，并由对应班组对设备缺陷进行闭环处理。

6.4.2 外单位运维模式的优缺点

机器人业务外包运维方式存在以下优点：

（1）机器人管理上，可由更专业的厂家对已有的机器人开展维护工作；对厂家提供的机器人减少了维护成本。

（2）机器人转运上，由厂家提供机器人进行转运工作，当机器人出现故障时，可减少内部沟通环节，更快速地完成机器人的转运工作；厂家进行转运也可减少用车成本，降低行车风险。

（3）可以降低各级工作人员的工作强度，得到更专业的数据分析报告。

机器人业务外包运维方式存在以下缺点：

（1）会加大项目整体成本。

（2）容易因与外单位沟通不畅带来机器人巡维工作滞后开展等风险。

6.5 组合式运维管理模式

组合式运维管理模式主要指的是将智能巡检机器人运维管理按照不同层面优点相互结合的方式进行管理，进一步提高运维质量。

6.5.1　集中式、离散式组合运维

集中式、离散式组合运维方式，即智能巡检机器人项目过程管理由班组为主，所、局为辅开展，机器人及转运管理由“辅助班”开展，数据管理由局相关班组开展组合进行运维，如图 6-5 所示。

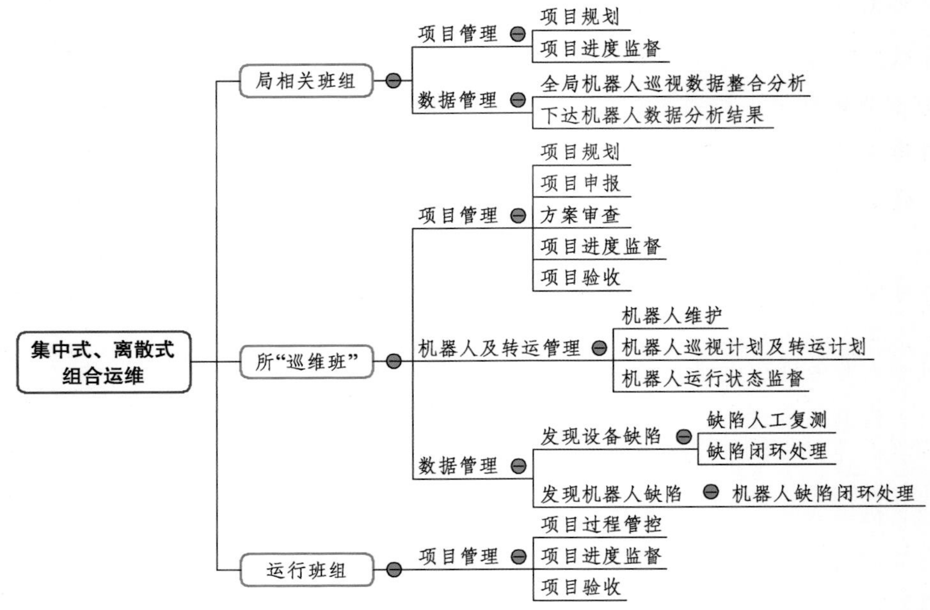

图 6-5　集中式、离散式组合运维

1．项目管理

在项目管理方面，由局层面参考所层面提出的建议开展项目规划。所层面为项目责任单位，统一进行智能巡检机器人项目的方案审查、物资申报等工作。根据局层面综合考虑进行项目申报，有重点地进行智能巡检机器人项目的建设工作。

在项目建设过程中，由班组对厂家进行监督，对本班组智能巡检机器人项目进度监察，指导厂家开展点位录入等基础工作，对项目建设过程中存在的各类问题进行分析处理。局、所层面定期对项目进度及建设质量进行监督检查，辅助完善项目建设工作。项目完成以班组为主对项目建设相关内容进行验收，以保障智能巡检机器人建设效果。

2. 机器人及转运管理

组合式运维管理模式中，采用所层面建立“巡维班”来开展巡维维护工作。

在单站式机器人管理上，固定一台机器人来满足此变电站的巡维工作，当此变电站机器人故障时，可由“巡维班”调配所层面其他机器人开展此变电站的巡维工作，当所层面无空闲机器人时，可向局层面反应协调其他“巡维班”空闲机器人开展巡视工作，当不存在空闲机器人时，由“巡维班”对该变电站开展人工巡视。

在“巡维班”的多站式机器人管理上，可将机器人根据不同巡视计划放置在不同的变电站中，“巡维班”结合复测或人工巡视工作对所辖的机器人进行日常维护工作。局层面定期对机器人日常维护工作进行监督检查，保障机器人日常维护工作的正常开展和维护质量。“巡维班”根据实际情况安排机器人工作计划、机器人转运计划（转运车辆由“巡维班”管理）和人工巡视计划。每天到站工作的智能巡检机器人由“巡维班”统一进行工作监督，保障机器人在巡视过程中无异常现象发生，保障机器人巡视的工作质量。如在巡视过程中发生机器人故障，则由“巡维班”就近调配转运所层面附近的智能巡检机器人替代开展巡视工作，当所层面无空闲机器人时，可向局层面反应协调其他“巡维班”空闲机器人开展巡视工作，当不存在空闲机器人时，由“巡维班”对该变电站开展人工巡视，并对智能巡检机器人出现的异常情况进行登记处理。

3. 数据管理

在数据管理中，“巡维班”负责将智能巡检机器人发现的设备故障、缺陷进行进一步确认，由“巡维班”组织进行人工复测，将最终明确为缺陷的问题进行闭环处理。“巡维班”负责记录机器人本体在巡视工作中发生的异常情况，并对机器人异常情况进行登记处理。局相关班组负责将所有智能巡检机器人产生的巡视数据都统一汇总，并由局相关班组统一对机器人巡视数据进行录入分析，生成季度设备分析报告，并将分析报告下发至各“巡维班”。

6.5.2 组合式运维的优缺点

集中式、离散式组合运维方式存在以下优点：

（1）在项目建设上，班组对自己所辖的变电站更熟悉，由班组主导、局层面和所层面辅助监督推进项目建设有利于巡视点位的录入，可以更好地保障巡维工作质量。

（2）在巡维工作上，“巡维班”更专注于巡视维护工作，并具备人工巡视的条件，能更好地保障巡维工作质量。

（3）在数据分析上，“巡维班”可做到人工巡视数据和智能巡检机器人巡视数据的相互对比，保障智能巡检机器人数据的准确性。通过局相关班组的数据汇总分析能得到设备状态的数据变化趋势，帮助“巡维班”有重点地开展巡维工作。

集中式、离散式组合运维方式存在以下缺点：

集中式、离散式组合运维方式需要三个层级之间的相互配合，沟通成本相对较高。

6.6 建议运维模式

通过对集中于局运维、集中于所运维、离散于班组运维、机器人业务外包运维和集中式与离散式组合运维五种方法的综合分析，建议采用集中式与离散式组合运维的方法开展机器人运维工作。

集中式、离散式组合运维方法首先在局层面进行各“巡维班”的集中，帮助开展“巡维班”之间的资源协调工作和“巡维班”巡视数据的整合分析工作。数据分析结果由局相关班组定期下达至“巡维班”，帮助“巡维班”有重点地开展巡维工作，保障巡视维护质量。其次，集中式、离散式组合运维方法在所层面建立“巡维班”，将变电运行专业拆分为“巡维班”和“操作班”的工作模式，通过将变电运行专业进行专业划分，将进一步明确自身工作内容，提高专项工作的专业程度。“巡维班”将作为变电运行专业的巡视维护主体，将主要负责进行变电站的人工巡视维护和智能巡视维护工作。“巡维班”的建立能在所层面集中资源，统一班组管理智能巡维机器人，一方面加强了对智能巡维机器人的整体管控能力，另一方面实现了专业的细化分类，提高了工作效率，可最大限度地降低班组巡维工作的压力，通过“巡维班”人工巡视数据与智能巡维机器人巡视数据的对比，也能够及时相互验证数据的可靠性，进一步提高巡维质量，加强对设备的管控。最后，集中式、离散式组合运维方法在项目建设管控中，采用离散式，充分利用各班组对所辖变电站的熟悉程度，以班组作为项目管控、进度跟踪、点位核实的主体，以项目的形式将工作分散出去，实现各项目基于班组实际巡维需求，提高巡维质量。

集中式、离散式组合运维方法，从巡视质量来看，可以提高智能巡检机器人的巡维质量，建立良好的机器人应急转运机制；从工作量上看，此方法有效避免了重复工作的开展，减少了各单位、各层级之间的沟通压力，降低了沟通成本。综合考虑，建议采用集中式、离散式组合运维方法开展机器人运维工作。

第7章 机器人新技术及其应用展望

7.1 云机器人技术

所谓云机器人，就是云计算与机器人学的结合。就像其他网络终端一样，机器人本身不需要存储所有资料信息，或具备超强的计算能力，只需要对云端提出需求，云端进行相应响应并满足即可。许多专家认为，云机器人是机器人的下一个跨越式发展，是大势所趋。

狭义云计算是指 IT 基础设施的交付和使用模式，指通过网络以按需、易扩展的方式获得所需的资源（硬件、平台、软件）。提供资源的网络被称为“云”。“云”中的资源在使用者看来是可以无限扩展的，并且可以随时获取，按需使用，随时扩展，按使用付费。这种特性经常被称为像水电一样使用 IT 基础设施。

广义云计算是指服务的交付和使用模式，指通过网络以按需、易扩展的方式获得所需的服务。这种服务可以是 IT 和软件、互联网相关的，也可以是任意其他的服务。

云计算的“云”，可理解为“多”“大规模”。“云”是一些可以自我维护和管理的虚拟计算资源，通常为一些大型服务器集群，包括计算服务器、存储服务器、宽带资源等。云计算将所有的计算资源集中起来，并由软件实现自动管理，无须人为参与。例如，谷歌云计算有上百万台服务器。

从此可以看出，云机器人并不是指某一个机器人，也不是某一类机器人，而是指机器人信息存储和获取方式的一个学术概念。这种信息存取方式的好处是显而易见的。比如，机器人通过摄像头可以获取一些周围环境的照片，上传到服务器端，服务器端可以检索出类似的照片，可以计算出机器人的行进路径来避开障碍物，还可以将这些信息储存起来，方便其他机器人检索。所有机器人可以共享数据库，减少开发人员的开发时间。云计算就像是机器人的大脑，可以储存海量的信息，所有机器人将超越原先个体的限制，成为一个连接的整体。一个云机器人学会的技能，所有联网的云机器人都将获得，云机器人的智慧程度将呈现几何倍数的进步。

云机器人会对变电站机器人巡检运行、数据处理产生根本性的变革：

（1）导航方式：通过云服务，所有的变电站机器人可以共享网络的地图资源，形成机器人巡检全景化的点位地图，实现机器人巡检地图统一规划部署、多站式机器人的最优化路径规划。

（2）数据处理方式：通过云服务，所有的机器人可以处在一个庞大的网络数据之中，所有的机器人可以实现信息共享，相互学习，如同给所有的机器人安装一个巨大的大脑，使得机器人具有极强的自我学习能力，极大提高机器人的智能化水平，通过云上的大数据分析，提高机器人对电力设备的自诊断能力。

7.2 基于大数据的机器人智能诊断

目前，变电站机器人巡检都是通过对单一的感知对象进行识别判断，进行巡检数据的分析。由于电力设备的复杂性，设备故障状态的影响因素多，基于单一或少数状态参量以及统一的诊断标准，参数和阈值的确定主要基于大量实验数据的统计分析和主观经验，分析结果片面，无法全面反映故障演变与表现特征之间的客观规律。

随着智能电网的建设与发展，电力设备状态监测、生产管理、运行调度、环境气象等数据逐步在统一的信息平台上集成、共享，推动了电力设备状态评价、诊断和预测向基于全景状态的综合分析方向发展。然而，影响电力设备运行状态的因素众多，爆发式增长的状态监测数据加上与设备的状态密切相关的电网运行、气象环境等信息数据量巨大，现有方法难以对这些数据进行融合分析，这种背景下，大数据分析技术提供了一种全新的解决思路和技术手段。

近年来，现代通信技术的快速发展引发了数据迅猛增长，面向数据挖掘、机器学习和知识发现的大数据分析和处理技术得到广泛关注，成为推动行业技术进步和科学发展的重要手段。由于大数据对经济、社会和科研的巨大价值，美国、英国、日本等世界主要发达国家和地区纷纷给予高度关注，将大数据技术的研究和应用提升到国家战略层面，投入大量人力和财力进行研究。谷歌、亚马逊、微软、IBM 和 Facebook 等国际著名 IT 企业也将大数据技术列入重点发展计划。国内相关的研究起步稍晚，但呈现蓬勃发展的态势，以百度、腾讯、阿里巴巴、科大讯飞为代表的企业已将大数据技术成功应用于电子商务、金融、智能交通、公共管理、语音识别等领域。2015 年 9 月，国务院发布了《促进大数据发展行动纲要》，为推动我国大数据技术和产业进一步快速发展提供了有力支撑。

电力设备状态大数据分析主要利用日渐完善的电力信息化平台获取大量设备状态、电网运行和环境气象等电力设备状态相关数据，基于统计分析、关联分析、机器学习等大数据挖掘方法进行融合分析和深度挖掘，从数据内在规律分析的角度发掘出对电力设备状态评估、诊断和预测有价值的知识，建立多源数据驱动的电力设备状态评估模型，实现电力设备个性化的状态评价、异常状态的快速检测、状态变化的准确预测以及故障的智能诊断，全面、及时、准确地掌握电力设备健康状态，为设备智能运检和电网优化运行提供辅助决策依据。

电力设备状态数据具备典型大数据特征，传统的数据处理和分析技术无法满足要求，主要体现在：① 数据来源多。数据分散于各业务应用系统，主要来源包括设备状态监测系统、生产管理系统（production management system，PMS）、能量管理系统（energy management system，EMS）、地理信息系统（geographic information system，GIS）、天气预报系统、雷电定位系统、山火/覆冰预警系统等，各系统相对独立、分散部署，数据模型、格式和接口各不相同。② 数据体量大、增长快。电力设备类型多、数量庞大，与设备状态密切相关的智能巡检、在线监测、带电检测等设备状态信息以及电网运行、环境气象等信息数据量巨大且飞速增长。③ 数据类型异构多样。电力设备状态信息除了通常的结构化数据以外，还包括大量非结构化数据和半结构化数据，如红外图像、视频、局部放电图谱、检测波形、试验报告文本等，各类数据的采集频率和生命周期各不相同。④ 数据关联复杂。各类设备状态互相影响，在时间和空间上存在着复杂的关联关系。

电力设备在实际运行过程中会受到过负荷、过电压、突发短路、恶劣气象、绝缘劣化等不良工况和事件的影响使设备状态发生异常变化，这些异常运行状态如不及时发现并采取措施，会导致设备故障并造成巨大的经济损失。从不断更新的大量设备状态数据中快速发现状态异常变化的信号，是设备状态大数据分析的重要优势之一。

设备异常或故障类型很多，但故障样本很少，反映故障发展过程数据变化的样本更少，很难利用少量数据样本建立准确的异常检测模型，设定异常检测判断参数和阈值。大数据分析可以改变传统固定阈值的检测方法，基于海量的正常状态数据建立数据分析模型，利用纵向（时间）和横向（不同参数、不同设备）状态数据的相关关系变化判断设备状态是否发生异常，及时地发现潜在故障隐患。目前，一些研究采用聚类分析、状态转移概率和时间序列分析等方法进行状态信息数据流挖掘实现设备状态异常的快速检测，取得了一定的效果，基于高维随机矩阵、高维数据统计分析等方法建立多维状态的大数据分析模型，利用高维统计指标综合评估设备状态变化，也展现了良好的应用前景。

在多维度评价方面，基于电力设备物理模型特征参量的内在联系，结合主成分分析法、关联分析法等数据挖掘分析方法，确定与设备关键性能相关的特征参量及其与设备关键性能状态间的耦合关系，建立不同部件、不同性能对应的关键特征参量集，形成电力设备多维度状态评价的指标体系。

在差异化评价方面，传统的设备状态评价大都采用统一标准的计算模型参数、权重和阈值，难以保证对不同类型、不同地区设备的普遍适用性。大数据技术通过对大量设备状态历史数据、变化趋势以及缺陷和故障记录进行多维度统计分析和关联分析，获得数据的统计分布规律、相关关系和演变趋势，从而对不同设备类型、不同地区、不同厂家，甚至不同时间段的评价模型参数、权重和阈值进行修正和完善，实现设备状态的差异化评价。其中，各状态量的关联度、权重以及差异化阈值的确定是设备状态大数据评价的核心。

设备状态预测是从现有的状态数据出发寻找规律，利用这些规律对未来状态或无法观测的状态进行预测。传统的设备状态预测主要利用单一或少数参量的统计分析模型（如回归分析、时间序列分析等）或智能学习模型（如神经网络、支持向量机等）外推未来的时间序列及变化趋势，未考虑众多相关因素的影响。大数据分析技术可以挖掘设备状态参数与电网运行、环境气象等众多相关因素的关联关系，基于关联规则优化和修正多参量预测模型，使预测结果具备自修正和自适应能力，提高预测的精度。

设备故障预测是状态预测的重要环节，主要通过分析电力设备故障的演变规律和设备故障特征参量与故障间的关联关系，结合多参量预测模型和故障诊断模型，实现电力设备的故障发生概率、故障类型和故障部位的实时预测。目前的研究主要采用贝叶斯网络、Apriori 等算法挖掘故障特征参量的关联关系，进而利用马尔科夫模型、时间序列相似性故障匹配等方法实现不同时间尺度的故障预测。

对已发生故障或存在征兆的潜伏性故障进行故障性质、严重程度、发展趋势的准确判断，有利于运维人员制定针对性检修策略，防止设备状态进一步恶化。传统的故障诊断方法主要基于温度分布、局部放电、油中气体以及其他电气试验等检测参量，采用横向比较、纵向比较、比值编码等数值分析方法进行判断。由于设备故障机理复杂、故障类型和现场干扰的种类繁多，简单数值分析的诊断方法准确率不高，许多情况下需要多个专家进行综合分析确诊，诊断效率很低，且容易受到不同专家主观经验的影响。随着人工智能及机器学习算法的快速发展，神经网络、支持向量机、模糊推理、贝叶斯网络、故障树、随机森林等智能方法在电力设备故障诊断中得到不少应用，取得了较好的成效。基于一定规则综合利用多种智能算法、建立故障诊断相关性矩阵等融合分析方法，可以有效提高诊断的准确性。

随着通信技术、云技术和大数据处理的发展，将变电站机器人巡视数据通过云平台进行信息共享，利用大数据的处理，可提高对机器人的故障诊断水平（见图 7-1）。

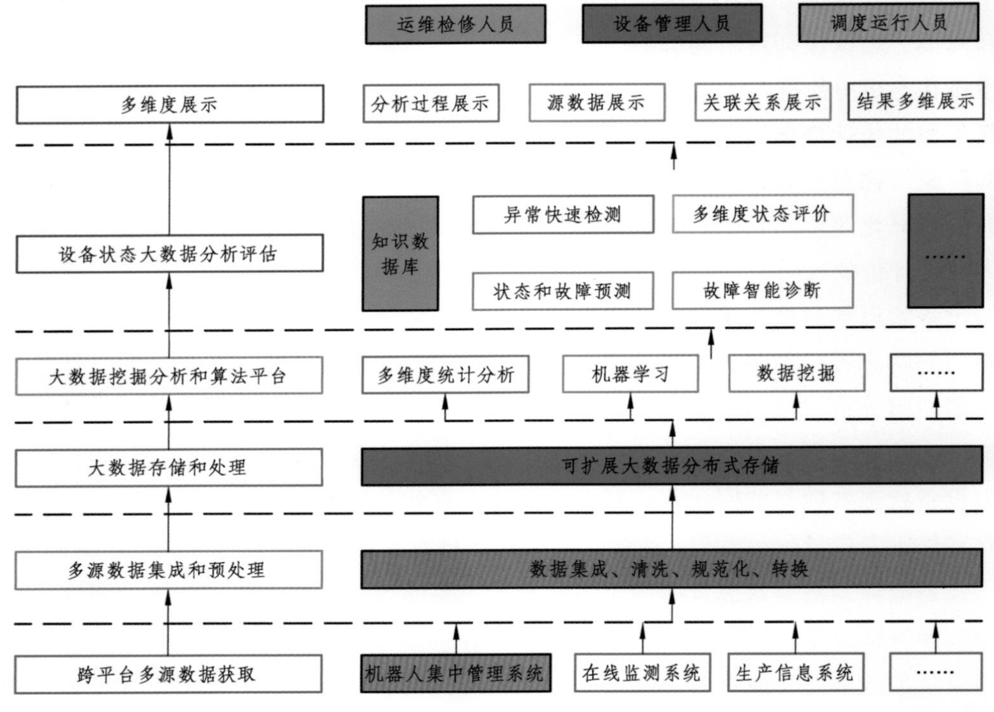

图 7-1　基于大数据的机器人智能诊断

7.3　机器人多传感器融合技术

所谓多传感器融合是指充分利用不同时间和空间的多传感器数据资源，采用计算机技术对按时间序列获得的多传感器观测数据，在一定准则下进行分析、综合、支配和使用，获得对被测对象的一致性解释和描述，进而实现相应的决策和估计。它从多信息的视角进行处理及综合，得到各种信息的内在联系和规律，从而剔除无用的和错误的信息，保留正确的和有用的成分，最终实现信息的优化，也为智能信息处理技术的研究提供了新的观念。

多传感器融合在结构上按其在融合系统中信息处理的抽象程度，主要划分为三个层次：数据层融合、特征层融合和决策层融合。

数据层融合：也称像素级融合，首先将传感器的观测数据融合，然后从融合的数据中提取特征向量，并进行判断识别（见图 7-2）。数据层融合需要传感器是同质的（传感器观测的是同一物理现象），如果多个传感器是异质的（观测的不是同一个物理量），那么数据只能在特征层或决策层进行融合。数据层融合不存在数据丢失的问题，得到的结果也是最准确的，但计算量大，且对系统通信带宽的要求很高。

特征层融合：特征层融合属于中间层次，先从每种传感器提供的观测数据中提取有代表性的特征，这些特征融合成单一的特征向量，然后运用模式识别的方法进行处理（见图 7-3）。这种方法的计算量及对通信带宽的要求相对降低，但由于部分数据的舍弃使其准确性有所下降。

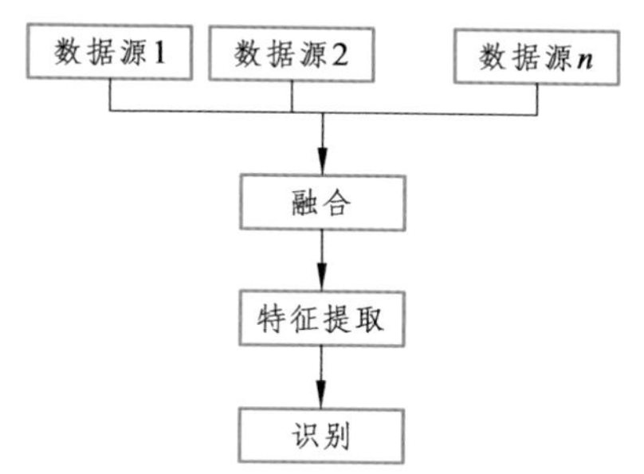

图 7-2　数据层融合

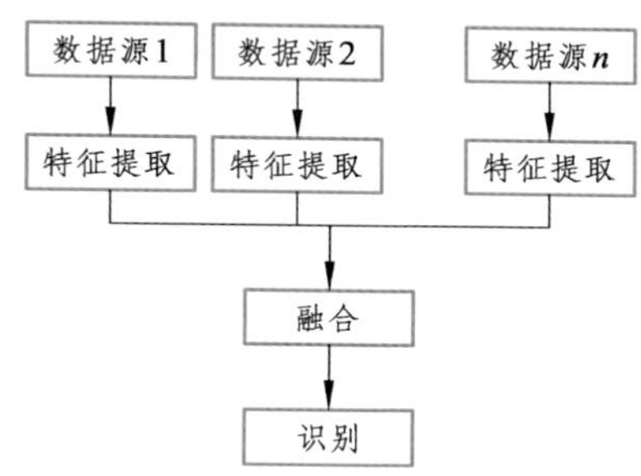

图 7-3　特征层融合

决策层融合：决策层融合属于高层次的融合，由于对传感器的数据进行了浓缩，这种方法产生的结果相对而言最不准确，但它的计算量及对通信带宽的要求最低（见图 7-4）。

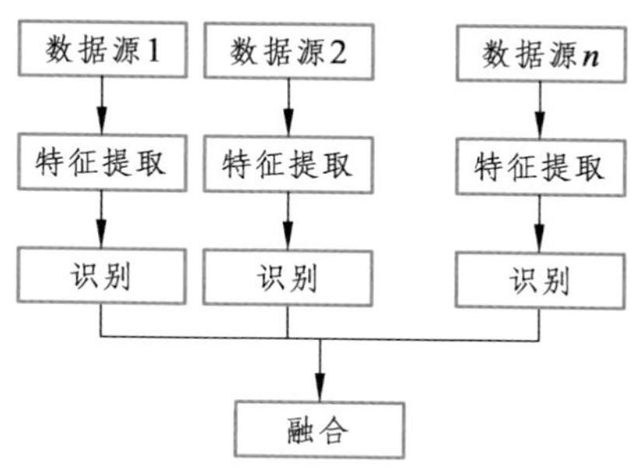

图 7-4　决策层融合

多传感器融合技术应用于电力机器人巡检的优点，可以体现如下方面：

（1）提高电力机器人的运动和操控性能，提高巡检机器人的环境适应性。电力巡检机器人工作在一个动态、不确定和非结构的环境中，这些不确定的环境要求机器人具有高度的自治能力和环境感知能力，通过多传感器融合技术可以提高机器人对外部环境的感知能力，使得机器人可以更好地与外部环境相适应。

（2）提高电力巡检机器人的巡检能力。比如，通过对机器人可见光、红外和紫外采集的信息进行融合处理，可以有效避免各自单一巡检识别中带来的问题：可见光适合在能见度较好的情况下对电力设备进行监测，红外热成像技术虽然可以检测各种致热型设备的温度，或者明火现象，但受日光照射的影响很大，容易出现误报警；紫外成像技术虽然可以检测到电晕、电弧等放电现象，但不能作出基于设备的故障判定，也存在一定的缺陷性。通过对机器人的多传感器信息融合，可以有效提高机器人对电力设备缺陷、故障的识别能力。

参考文献

[1] FANGRONG ZHOU, HAO PAN, ZHENYU GAO, et al. Fire prediction based on CatBoost algorithm[J]. Mathematical problems in engineering, 2021(4): 192.

[2] 黄绪勇，孙鹏，耿苏杰，等. 基于关联规则和变权重系数的 SF_6 高压断路器综合状态评估[J]. 电力系统保护与控制，2018，2（46）：34-37.

[3] 黄绪勇，聂鼎，何勇，等. 变电站巡检机器人的数字仪表自动化识别技术研究[J]. 机械与电子，2018，36（11）：60-64.

[4] 云南电网有限责任公司. 变电巡检机器人管理及技术规范[Z]. 2018.

[5] 中国南方电网有限责任公司. Q/CSG 1205020.8—2018 架空输电线路机巡标准[S].